プラズマ気相反応工学

武蔵工業大学教授
工学博士 堤井信力
武蔵工業大学教授
工学博士 小野 茂
著

内田老鶴圃

序　文

　プラズマの応用は，これまでの材料プロセスから，さらには環境汚染物質の処理へと大きく拡がりつつある．それにともない，応用研究に従事する人達にとって，必要となる知識が多くなってきた．すなわち，プラズマを構成する電子と正イオンの振舞だけでなく，それらと混在する中性気体粒子との間の衝突反応，および被処理対象物質，表面での相互作用などに対する理解と情報も極めて重要となってきている．また，技術的な面でも，多くの新しいプラズマ生成法や計測法が開発されている．

　本書は初心者を対象に，実験研究に必要となるこれらの知識を平易に解説することを目的としている．

　しかし，上記の内容は多くの分野にまたがっており，複雑多岐でかつ量的にも多い．研究者によっては，すべてを同時に知ることが必ずしも必要としないので，わかりやすくするために，著者らは，内容を粒子間衝突を主とする気相空間での反応に関する部分と，固体表面での相互作用を主とする固相反応に関する部分とに分けて記述することにした．

　したがって，本書ではまず気相反応に関する部分をとりあげ，固相反応については，後に続く別書でまとめることにする．

　本書は共著で全7章で構成されている．第1章は気相反応の基本である粒子間の弾性および非弾性衝突過程，第2章と第3章はプラズマの生成と制御，第7章は環境処理技術への応用を内容としており，堤井が執筆を担当した．また，第4章〜第6章は気相空間における粒子反応の重要な計測手段である分光法についてであるが，主に小野が執筆を担当した．

　本書の内容は最近の新しい研究にもとづくものが多く含まれており，執筆にあたっては，数々の論文や書物を参考または引用させていただいた．引用個所にはそれぞれ出典を明記してあるが，ここにあらためて，原著者のかたがた

に，深く感謝の意を表する次第である．

　本書は比較的入門的な事項を記述しており，新しい研究のより深い内容を知る必要があるばあいには，引用した原著論文を参照することをお勧めする，本書が最近のプラズマ応用の研究に従事する人達にとって少しでも役に立てれば幸いであると念じて止まない．

平成12年4月

著　者

目　次

序　文 ……………………………………………………………………… i

第1章　序　論　プラズマの反応基礎過程
§1.1　プラズマ気相反応とは？ ……………………………………………… 1
　　　　プラズマ物理とプラズマ化学・低温弱電離プラズマと高温熱プラズマ
§1.2　プラズマ粒子の弾性衝突過程 ………………………………………… 3
　1.2.1　平均自由行程と衝突周波数 ………………………………………… 4
　1.2.2　衝突拡散と拡散係数 ………………………………………………… 8
　1.2.3　電界による駆動と駆動速度 ………………………………………… 10
　1.2.4　荷電粒子の両極性拡散とその拡散係数 …………………………… 13
　1.2.5　プラズマの導電率 …………………………………………………… 15
§1.3　プラズマ粒子の非弾性衝突過程 ……………………………………… 16
　1.3.1　エネルギー吸収による電離，励起および解離反応過程 ………… 18
　　　　電離と電離断面積・励起と解離・分子のエネルギー準位とポテンシャル曲線・フランク-コンドンの原理
　1.3.2　再結合によるエネルギーの放出過程 ……………………………… 25
　　　　放射再結合と二重電子再結合・解離再結合と負イオン-正イオン再結合
　1.3.3　各種エネルギーおよび電荷交換反応過程 ………………………… 27
　　　　負イオン生成における付着と離脱・イオンと中性原子または分子の反応

参考文献 …………………………………………………………………… 33

第2章　プラズマの生成と制御1　理論と実際

§2.1　放電中におけるエネルギーの伝達過程とプラズマ諸量の形成 …………35
　2.1.1　電子によるエネルギーの輸送と分配 ……………………………35
　2.1.2　プラズマパラメータの形成を支配する3つの要素 ……………37
§2.2　定常状態におけるプラズマパラメータの制御 ……………………………41
　2.2.1　気体の種類および流速による制御 ………………………………41
　　　　　希釈ガス効果による粒子種の変化・ガス流速による電子温度の
　　　　　変化
　2.2.2　電極およびグリッドによる制御 …………………………………53
　　　　　ピン電極による電子温度およびエネルギー分布関数の変化・メ
　　　　　ッシュグリッドによる電子温度の制御
§2.3　非定常状態におけるプラズマパラメータの制御 …………………………59
　2.3.1　アフタグロープラズマ中の温度と密度 …………………………60
　　　　　パルスアフタグロープラズマ・フローイングアフタグロープラ
　　　　　ズマ
　2.3.2　くり返し放電によるエネルギーおよび粒子種の制御 …………69
　　　　　電子エネルギーの周波数依存性・パルス変調によるプラズマ粒
　　　　　子種の変化
参考文献 ………………………………………………………………………………76

第3章　プラズマの生成と制御2　新しいプラズマの発生法

§3.1　放電によるプラズマの生成 …………………………………………………77
　3.1.1　グロー放電とアーク放電 …………………………………………77
　3.1.2　パッシェンの法則と最適放電気圧 ………………………………79
　3.1.3　最適気圧領域外におけるプラズマの生成 ………………………81
　　　　　低気圧領域プラズマのばあい・高気圧領域プラズマのばあい
§3.2　低圧高密度プラズマの生成と大口径化 ……………………………………86

3.2.1　マグネトロンプラズマ ……………………………………………86
　3.2.2　有磁場のばあいの新しいプラズマ生成法 …………………………88
　　　　ECRプラズマ・ヘリコン波プラズマ
　3.2.3　無磁場のばあいの新しいプラズマ生成法 …………………………95
　　　　誘導結合プラズマ・表面波励起プラズマ
　3.2.4　その他のプラズマ生成法 ……………………………………………102
§3.3　大気圧非平衡プラズマの生成と効率化 ………………………………104
　3.3.1　3つの基本的な放電形式 ……………………………………………105
　　　　コロナ放電プラズマ・無声放電プラズマ・沿面放電プラズマ
　3.3.2　各種実用的放電装置 …………………………………………………108
　　　　コロナ放電型装置・無声放電型装置・沿面放電型装置・パルス
　　　　ストリーマ放電型装置
§3.4　熱プラズマ応用装置 ……………………………………………………114
　3.4.1　熱プラズマの特性と各種プラズマトーチ …………………………114
　3.4.2　実用的な熱プラズマ発生装置 ………………………………………117
参考文献 …………………………………………………………………………119

第4章　プラズマの診断1　分光法の原理と方法

§4.1　プラズマ分光法の基礎的事項 …………………………………………121
　4.1.1　プラズマ診断の対象と分光測定法 …………………………………121
　4.1.2　原子，分子の発光と光吸収 …………………………………………123
　　　　自然放射・吸収・誘導放射・A 係数と B 係数の間の関係
　4.1.3　分光によるプラズマ中の粒子計測 …………………………………128
§4.2　発光励起種の測定 ………………………………………………………129
　4.2.1　励起準位からの発光と発光スペクトル ……………………………129
　4.2.2　発光粒子種の密度測定 ………………………………………………133
　　　　粒子密度の相対値および絶対値の測定・プラズマ中の生成物の
　　　　密度測定
　4.2.3　振動温度の測定 ………………………………………………………137

4.2.4　振動温度, 回転温度の同時測定 …………………………… 143
　§4.3　非発光励起種の測定 …………………………………………… 145
　　4.3.1　自己吸収法による準安定粒子密度の測定 ………………… 145
　　4.3.2　コヒーレントアンチストークスラマン分光法による
　　　　　密度と内部状態分布の測定 ………………………………… 150
参考文献 ……………………………………………………………………… 156

第5章　プラズマの診断 2　非発光ラジカル種の新しい計測法

　§5.1　レーザの進歩と計測法の発展 ………………………………… 157
　§5.2　レーザ吸収法 ……………………………………………………… 158
　　5.2.1　原理と方法 ……………………………………………………… 158
　　5.2.2　遠赤外レーザ吸収法 …………………………………………… 161
　　5.2.3　可視色素レーザ吸収法 ………………………………………… 166
　§5.3　レーザ誘起蛍光法 (LIF) ………………………………………… 170
　　5.3.1　1光子励起レーザ誘起蛍光法 ………………………………… 170
　　5.3.2　2光子励起レーザ誘起蛍光法 ………………………………… 179
　　5.3.3　レーザ誘起蛍光測定の応用 …………………………………… 183
　§5.4　その他の測定法 …………………………………………………… 187
参考文献 ……………………………………………………………………… 193

第6章　プラズマの診断 3　分光器の原理と実際

　§6.1　分光器の原理と基本構成 ………………………………………… 195
　　6.1.1　分光測定総論 …………………………………………………… 195
　　6.1.2　分光器の基礎 …………………………………………………… 197
　　6.1.3　基本的な発光分光測定システム ……………………………… 202
　§6.2　分光器使用の実際 ………………………………………………… 204
　　6.2.1　スペクトルの同定・解析 ……………………………………… 204
　　6.2.2　光検出器 ………………………………………………………… 207

6.2.3　光電子増倍管の利用 …………………………………………210
　　6.2.4　マルチチャンネル分光システム …………………………213
　　6.2.5　超高速時間分解分光システム ……………………………214
　　6.2.6　フォトンカウンティング …………………………………216
§6.3　分光計測のトラブル対策 ……………………………………218
　　6.3.1　電磁シールドルーム ………………………………………218
　　6.3.2　分光システムの防振 ………………………………………220
参考文献 ………………………………………………………………221

第7章　プラズマ気相反応を用いた各種応用

§7.1　広がるプラズマ応用 …………………………………………223
§7.2　環境技術におけるプラズマ応用 ……………………………225
　　7.2.1　大気汚染物質の分解と無害化処理 ………………………226
　　　　　フロンガスの分解・NO_x, SO_xのプラズマ処理・揮発性有機物
　　　　　質の無害化
　　7.2.2　プラズマによる物質の合成 ………………………………232
　　　　　オゾンの生成と利用・その他の応用
　　7.2.3　ゴミ，廃棄物の処理とプラズマ減容 ……………………235
　　　　　ゴミ，廃棄物のプラズマ処理・熱プラズマによる焼却灰の減容
　　　　　処理
参考文献 ………………………………………………………………238

索　引 …………………………………………………………………239

第1章

序　論
――プラズマの反応基礎過程――

§1.1　プラズマ気相反応とは？

　プラズマは，ほぼ同数の正と負の電荷が混在し，それぞれ自由に運動し，かつその体積がデバイ長よりも大きい物質であると定義されている[1.1]．したがって，特徴としては，動きまわる多くの粒子が互いにひんぱんに衝突をくり返していることであり，衝突前と衝突後では，粒子のエネルギーと，ときには粒子の状態と構成までが変化する．全体としてのプラズマ特性は，最終的には，これらの変化の累積とバランスによって形成される．

　衝突反応は粒子間で行われるだけではなく，プラズマ粒子と容器壁や，プラズマ中に置かれた基板などの固体表面との間にも起こる．そのばあい，固体表面にも変化が生じ，現象はより一層複雑なものとなる．

　本書では，気体中で行われる**気相反応**と，固体表面での**固相反応**を区別し，ここでは気相反応が中心となる現象のみを取上げ，固相反応については別の機会に譲ることにする．

　したがって内容としては，気相反応の基礎となる各種衝突過程の概要，プラズマの生成とプラズマパラメータの制御，気相反応の重要な診断技術である分光法の理論と実際，気相反応を利用した各種応用などについて，実験的な部分に重点を置き，実例を多く入れて記述する．

プラズマ物理とプラズマ化学

　プラズマ粒子の衝突過程は，衝突後に運動エネルギーと運動方向だけが変わ

る**弾性衝突**と，内部エネルギーや粒子構成までが変わる**非弾性衝突**の2種類におおよそ分けられる．一般には弾性衝突だけを考えて，電界と磁界中における粒子の振舞いを扱った分野を**プラズマ物理**と呼んでいる．それに対して，非弾性衝突をも含めて考える分野を**プラズマ化学**と呼んでいる．したがって，本書で扱う気相反応工学は，主としてプラズマ化学の分野に属することになる．

　非弾性衝突は電子のエネルギーが大きいときによく起こる．また，その影響が顕著となるのは，中性粒子の数が多い比較的高いガス圧のばあいであるが，この気圧領域では，主役となる電子の衝突によって，中性粒子は励起，解離または電離される．それらの生成粒子が，さらに互いに衝突をくり返すので，プラズマ中には各種イオン，ラジカル，準安定粒子や，振動，回転励起された分子が存在するようになる．これらを扱うプラズマ化学は，プラズマ物理に比べて，より現象が複雑であるといえる．

低温弱電離プラズマと高温熱プラズマ

　実用的なプラズマは，主にグロー放電またはアーク放電によって作られるが，得られるプラズマの性質はかなり異なっている．グロー放電が比較的起こりやすい気圧領域は，おおよそ 0.1 から 10 Torr の範囲であるが，グロー放電によって，電子密度 $N_e \approx 10^{10}$ cm^{-3}，電子温度 $T_e \approx$ 数 eV 程度のプラズマが得られる．さらには，磁界や電磁波による励起などを工夫することによって，もう1桁程度，気圧を下げて，かつ電子密度を上げることが可能である．

　しかし，電子密度が $10^{10} \sim 10^{11}$ cm^{-3} 程度であっても，この値は中性粒子密度の 0.1% 以下に過ぎない．また，電子温度そのものは数 eV 程度と高いが，数が少ないので，プラズマ全体の温度は大部分を占める中性粒子によって決まり，室温程度にしかならない．したがって，このようなプラズマを，**低温弱電離プラズマ**または**低温非平衡プラズマ**と呼んでいる．

　低温弱電離プラズマ中では，中性粒子の数が圧倒的に多く，かつ電子は高いエネルギーを持っているので，非弾性衝突反応が支配的となり，プラズマ化学的扱いが必要である．

　グロー放電プラズマ中の電離は，主に高速電子の衝突反応によって行われる

が，放電電流を増やしていくと，電流加熱によって新たに熱電離が加わる．その相乗効果で，放電電流は急速に増大し，やがてアーク電流に移行する．

　安定したアーク放電は，数 Torr から大気圧までの気圧範囲で起こすことができる．アーク中心部では，気体温度は電子温度と同程度の数万度 K（数 eV）に達し，ほぼ熱平衡状態を保っている．そのために電子密度が高く，周辺部でも，$N_e = 10^{12} \sim 10^{15}$ cm^{-3} 以上のプラズマが得られる．このようなプラズマを**高温熱プラズマ**，または略して単に**熱プラズマ**と呼んでいる．

　高温熱プラズマは，高電子密度であると同時に高ガス圧であるばあいが多いので，非弾性衝突反応が盛んであり，低温弱電離プラズマと同様に，プラズマ化学的扱いが必要である．

　戦後日本におけるプラズマの研究は，核融合を目指すことによって始まったが，その後，材料プロセスから環境工学へと，応用が広がっていったことは周知の通りである．これらの応用では，前述の低温弱電離プラズマまたは高温熱プラズマのいずれかが使われている．したがって，本書でこれから記述する気相反応工学は，主に応用を目指したこれらのプラズマを対象とすることにする．

§1.2　プラズマ粒子の弾性衝突過程

　プラズマ粒子のエネルギーが小さいとき，**弾性衝突**(Elastic collision)が支配的となる．これは，すでに述べてあるように，衝突によって粒子の運動エネルギーと方向は変わるが，内部エネルギーや粒子の構成そのものは変化しない．しかし，衝突すると粒子は向きを変えて移動するので，プラズマ中における粒子の輸送に関しては，弾性衝突は最も基本的で，かつ重要な現象のひとつである．

　したがって，ここでは，まず弾性衝突とそれらによる粒子輸送に関係するいくつかの基礎的な量について，簡単に説明する．

1.2.1　平均自由行程と衝突周波数

　プラズマ中の粒子は，互いにひんぱんに衝突をくり返しながら運動しているが，そのうちの1つの粒子だけに着目して考えると，**図1-1**で示されるように，粒子は他の中性粒子の間を，衝突しながらジグザグした経路をたどって移動する．1回の衝突から次の衝突までの距離を**自由行程**と呼び，多くの自由行程を平均した値を**平均自由行程**(Mean free path)と呼んでいる．

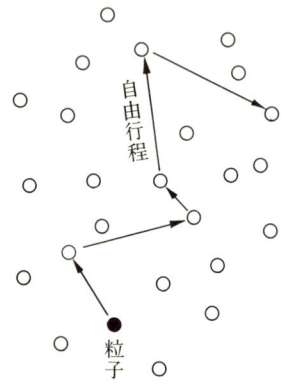

図1-1　衝突移動する粒子の軌跡．

　平均自由行程は，粒子の衝突回数や，衝突しながら移動する速さを見積もる重要なパラメータであるが，その値は以下のようにして求められる．すなわち，粒子のエネルギーが小さいとき，衝突は粒子と静止した他の中性粒子との間の剛体衝突と見なせるので，粒子に対する障害物の大きさは，中性粒子の半径を R とすると，$\pi(R+R)^2 = 4\pi R^2$ に等しい．この $4\pi R^2$ を σ で表し，**弾性衝突の断面積**(Cross section for elastic collision)と呼んでいる．

　粒子の平均自由行程を λ_g，粒子密度を N とすると，ある時刻において，1個の粒子が衝突なしで占有できる最大の空間は $\sigma \lambda_g$ であり，それが単位体積あたり N 個あるので，$N\sigma\lambda_g = 1$ が成立つ．したがって λ_g は

$$\lambda_g = \frac{1}{N\sigma} \tag{1.1}$$

§1.2 プラズマ粒子の弾性衝突過程

と表すことができる．

電子と中性粒子の衝突では，電子の半径は中性粒子に比べて零と見なせるため，電子に対する障害物の大きさは，中性粒子の半径だけで決まり，$\sigma = \pi R^2$ になる．したがって，電子の平均自由行程 λ_e は，λ_g に比べて4倍ほど大きいが，実際には，粒子間の相対速度をも考慮して，近似的に

$$\lambda_e = 4\sqrt{2}\,\lambda_g \tag{1.2}$$

で与えられる．

(1.1)式と(1.2)式から，粒子の大きさがわかれば，平均自由行程のおおよその値が得られる．**表 1-1** には，1気圧，0°Cにおける主な気体中の中性粒子の平均自由行程 λ_g を示してある．粒子密度 N は，気圧 p に比例し，温度 T に逆比例するので，λ_g は T/p に比例する．この関係を用いると，表 1-1 から，任意の気圧と温度における λ_g の値を求めることができる．

粒子の速度を v とすると，v を平均自由行程 λ で割った値

$$\nu = \frac{v}{\lambda} \tag{1.3}$$

表 1-1 主な気体の分子量，直径および平均自由行程 λ_g (15°C, 760 Torr)．

気体	分子量	直径(Å)	$\lambda_g(10^{-8}\,\text{m})$
H_2	2.016	2.74	11.77
He	4.002	2.18	18.62
CH_4	16.03	4.14	5.16
NH_3	17.03	4.43	4.51
H_2O	18.02	4.60	4.18
Ne	20.18	2.59	13.22
N_2	28.02	3.75	6.28
C_2H_4	28.03	4.95	3.61
C_2H_6	30.05	5.30	3.15
O_2	32.00	3.61	6.79
HCl	36.46	4.46	4.44
A	39.94	3.64	6.66
CO_2	44.00	4.59	4.19
K_2	82.9	4.16	5.12
Xe	130.2	4.85	3.76

は，粒子が1秒間に経験する衝突の回数であり，**衝突頻度**または**衝突周波数**（Collision frequency）と呼ばれている．また，ν の逆数は**平均自由時間**（Mean free time）とも呼ばれている．

実際のプラズマ中では，粒子はそれぞれ違った速度を持っているので，(1.3)式中の v は，マクスウェルの速度分布関数 $F(v)$ を考慮に入れた**自乗平均速度**（Root mean velocity）

$$\sqrt{\overline{v^2}} = \left[\int_0^\infty v^2 F(v) \mathrm{d}v\right]^{1/2} = \left(\frac{3kT}{m}\right)^{1/2} = v_R \tag{1.4}$$

を用いなければならない．したがって ν は

$$\nu = \frac{v_R}{\lambda} = \frac{1}{\lambda}\left(\frac{3kT}{m}\right)^{1/2} \tag{1.5}$$

で表すこともできる．ここで，T と m は，それぞれ粒子の温度と質量である．また，実用上重要である電子の衝突周波数 ν_e は

$$\nu_e = \frac{1}{\lambda_e}\left(\frac{3kT_e}{m_e}\right)^{1/2} \tag{1.6}$$

となり，電子の質量 m_e，温度 T_e および平均自由行程 λ_e で表される．

さて，これまで述べてきたのは，粒子のエネルギーが小さいばあいの話であるが，エネルギーが大きくなると，衝突断面積は粒子の大きさだけでは決まらなくなる．特に電子と中性粒子の衝突では，電子のエネルギーが中性の原子や分子が持つエネルギーに比べてかなり大きいばあいが多いので，接近した電子は，原子中の電子と複雑に作用し，その結果，実際の衝突断面積は，電子のエネルギーに大きく依存するようになる．

エネルギー依存性を考慮して，(1.1)式の中の全衝突断面積 $N\sigma$ は，電子に関しては，気圧 p を用いて

$$N\sigma = \frac{1}{\lambda_e} = P_c p \tag{1.7}$$

と書き直される．ここで，P_c (cm^{-1}・Torr^{-1}) は 1 Torr におけるエネルギーの関数としての全衝突断面積で，**衝突の確率**（Probability of collision）とも呼ばれている．

P_c と電子エネルギーの関係は実験によって得られるが，主な気体について

§1.2 プラズマ粒子の弾性衝突過程

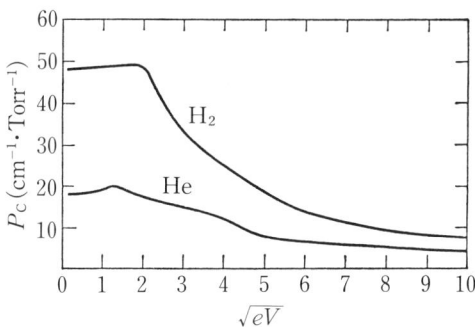

図 1-2 軽い気体の P_c と電子エネルギーの関係．

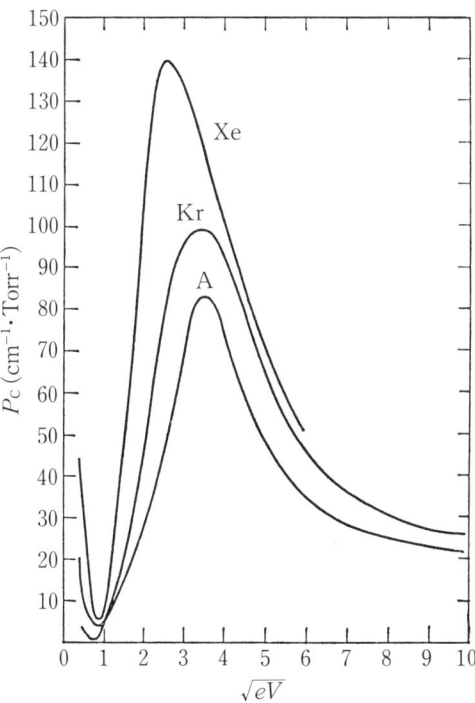

図 1-3 重い気体の P_c と電子エネルギーの関係．

の測定結果を図1-2と図1-3にそれぞれ示す[1,2].図から読みとったP_cを(1.7)式に代入すれば,任意のエネルギーと気圧における電子の平均自由行程λ_eの値が求まる.

このように,正確なλ_eの値を求めるためには,(1.7)式のP_cを用いなければならないが,P_cの実験値が,すべての気体について得られているわけではないので,P_cの値が得られない気体については,(1.1)式と(1.2)式を用いて,おおよその値を知ることができる.

弾性衝突をする2つの粒子の運動エネルギーと運動量は,衝突前後で保存されるので,質量m_1の粒子が静止している質量m_2の粒子に衝突して失うエネルギーの割合κは,簡単な運動量の計算から

$$\kappa = \frac{2m_1 m_2}{(m_1 + m_2)^2} \tag{1.8}$$

で与えられる.κは衝突における**損失係数**(Loss factor)と呼ばれている.

$m_1 = m_2$のとき,$\kappa = 0.5$であるが,m_1が電子で,$m_1 \ll m_2$のとき,κは

$$\kappa = \frac{2m_1}{m_2} \tag{1.9}$$

に近似され,極めて小さい値となる.定常的に電界が印加されているプラズマ中では,電子は弾性衝突によってエネルギーを失う一方で,電界加速によってエネルギーを与えられ,両者のバランスである一定の値の電子温度を維持することができる.しかし,電界の存在しないアフタグロープラズマ中では,電子は衝突をくり返すことによって一方的にエネルギーを失い,電子温度は周囲の中性気体温度にまで,急速に低下する.

1.2.2 衝突拡散と拡散係数

空間的に密度の変化がないばあい,衝突する粒子の運動方向はランダムであるが,空間的に密度の勾配があると,衝突によって粒子は,全体として見ると,密度の濃い方から薄い方に向かって流れるようになる.このような粒子の流れを,**拡散**(Diffusion)と呼んでいる.

拡散によって単位断面積を通って流れる**粒子束**(Particle flux density)Jの

大きさは，密度の勾配に比例するので，比例係数 D とベクトル演算記号 ∇ を用いて

$$J = -D\nabla N \tag{1.10}$$

と表すことができる．係数 D は，気体の種類，温度，気圧によって定まる量で，**拡散係数**(Diffusion coefficient)と呼ばれている．中性粒子だけが存在する空間の衝突では，拡散係数 D は，運動量の変化にもとづいた計算から，次のように与えられる[1.2]．

$$D = \frac{v_R^2}{3\nu} = \frac{1}{3}\lambda v_R \tag{1.11}$$

ここではそれぞれ，λ は平均自由行程，ν は衝突周波数，$v_R = (3kT/m)^{1/2}$ は自乗平均速度，k はボルツマン定数，T は温度，m は質量である．

すなわち，衝突拡散の速さは，温度に比例し，気圧に逆比例する．(1.11)式は拡散係数 D (cm²/sec) のおおよその値を計算するのに有用であるが，実際の値は，実験的にも色々と測定されている．**表 1-2** には主な気体の測定例を示してある[1.3]．

衝突する粒子が電荷を持ったプラズマであるばあい，電子の平均自由行程と自乗平均速度はいずれもイオンに比べて大きいので，(1.11)式からわかるように，電子の拡散速度はイオンに比べて格段に大きいはずである．しかし，実際

表 1-2 主な気体の拡散係数(CH_4 以外は 1 気圧での値)．

気体	温度 (K)	測定値 D (cm²/sec)
H_2	273	1.285
Ne	293	0.473
Ar	295	0.180
Kr	294	0.090
Xe	292	0.044
N_2	293	0.200
CH_4 (60 Torr)	292	26.32
HCl	295	0.125
HBr	295	0.079

には，拡散しようとする負の電子を，正のイオンがクーロン力で引きとめるため，全体の拡散係数は，結果的にはほぼイオンの拡散の速さで決まる値になる．このような拡散を，**両極性拡散**(Ambipolar diffusion)と呼んでいる．両極性拡散係数は，電荷が受ける力，すなわち電界にも関係するので，具体的な数式については，後の節で述べることにする．

1.2.3 電界による駆動と駆動速度

プラズマ粒子は電荷を帯びているので，衝突拡散のほか，電界によってもある一定の方向に移動する．衝突拡散のみのばあい，電子とイオンの流れは，いずれも密度の薄い方に向かうが，電界が印加されると，密度分布とは関係なく，正イオンは電界方向に，電子は電界の逆方向に移動する．

電界中におかれたプラズマ粒子が，衝突によってジグザグ運動をしながらも，全体としては電界によるある一定の方向に移動する現象を，電界による**駆動**または**ドリフト**(Drift)と呼んでいる．**駆動速度**(Drift velocity) v_d は，電界 E の大きさに比例し，比例係数 μ を用いて

$$v_d = \mu E \tag{1.12}$$

と表すことができる．μ は**移動度**(Mobility)と呼ばれる量で，次のようにして求められる．

すなわち，1個の電荷が電界 E から受ける力 eE は，駆動によって1秒間に生ずる運動量の変化に等しいので，衝突周波数 ν を用いて

$$eE = \nu m v_d \tag{1.13}$$

と表せる．ここで，e は電荷量，m は質量である．(1.12)式，(1.13)式および(1.3)式から

$$\mu = \frac{e}{m\nu} = \frac{e}{m} \cdot \frac{\lambda}{v} \tag{1.14}$$

となる．(1.14)式から μ は平均自由行程 λ に比例(気圧に反比例)することがわかる．これは，気圧が低いほど衝突妨害する粒子の数が減ることから理解できる．μ の単位は(1.2)式の定義から，$cm^2 \cdot sec^{-1} \cdot V^{-1}$ で表される．ただしここで，V は電圧のボルトである．

(1.14)式から，移動度 μ は電界とは無関係のように見えるが，実際には，電界によって熱運動速度が変わり，衝突周波数が変化するので，μ の値は電界にも依存し複雑である．また，電子とイオンでは電界による影響が異なる．

より厳密な理論計算によれば，電子の移動度 μ_e は，(1.14)式よりやや小さくなり

$$\mu_e = 0.75 \frac{e\lambda_e}{m_e v_e} \tag{1.15}$$

で表される．

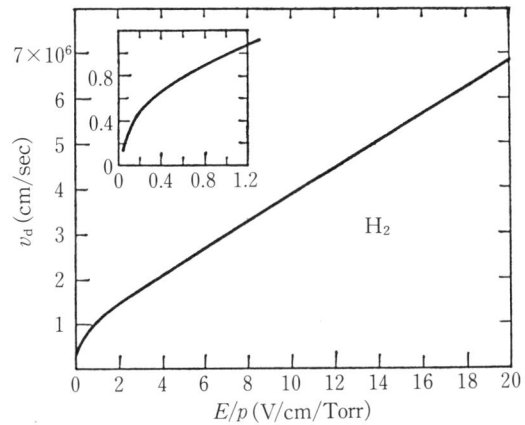

図 1-4　水素中の電子駆動速度と E/p の関係．

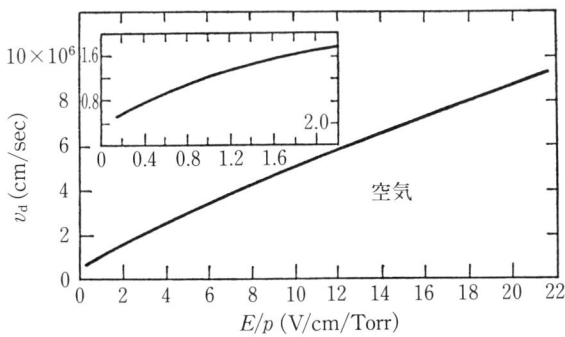

図 1-5　空気中の電子駆動速度と E/p の関係．

実験で得られた電子の駆動速度 v_d と E/p（E：電界，p：気圧）の関係の例を図1-4と図1-5に示す[(1,2)]．曲線の傾斜から μ_e が求まるが，μ_e は電界の関数となっている．

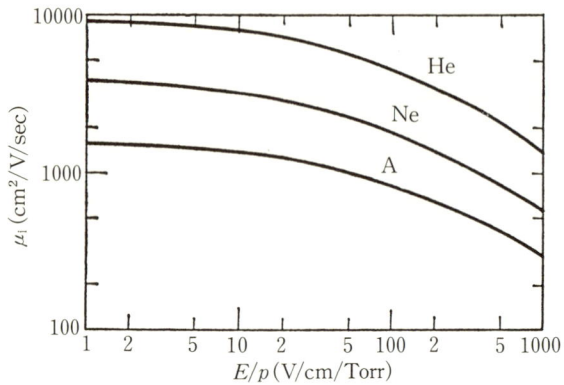

図1-6 希ガスイオンの移動度と E/p の関係．

表1-3 (1.16)式中の μ_0 と定数 C の値．

気体	μ_0 (cm²/V·sec)	C (Torr·cm/V)
He	9200	0.040
Ne	3500	0.040
Ar	1460	0.0264

同様に実験で得られたイオンの移動度 μ_I の例を図1-6に示す．このばあい，μ_I はおおよそ電界の平方根に逆比例し

$$\mu_I = \mu_0 \left\{ 1 + C\left(\frac{E}{p}\right) \right\}^{-1/2} \tag{1.16}$$

の実験式で表される．式中の定数 C と μ_0 の値は表1-3に示してある．

したがって，電界に依存しない(1.14)式は，移動度のおおよその値を与えるものであると考えればよい．また，式から，衝突周波数 ν が同じ温度依存性を持つと仮定すれば，混合ガス中での移動度 μ は

$$\frac{1}{\mu} = \frac{1}{\mu_1} + \frac{1}{\mu_2} + \frac{1}{\mu_3} + \cdots\cdots \tag{1.17}$$

で表せることがわかる．ここで，$\mu_1, \mu_2, \mu_3, \cdots$ は，各ガスの分圧における移動度である．

　移動度 μ と前節で述べた拡散係数 D は，ともに粒子の流れの速さを表す量であるが，(1.11)式と(1.14)式から，自乗平均速度 $v_R = \sqrt{3kT/m}$ を代入すると，D と μ の間には

$$\frac{D}{\mu} = \frac{kT}{e} \tag{1.18}$$

なる関係が存在することがわかる．これは **Einstein の関係式** と呼ばれるもので，色々な計算に使われる便利な式である．

1.2.4　荷電粒子の両極性拡散とその拡散係数

　すでに述べてあるように，プラズマ中では電子は身軽であるので，衝突によって拡散する速さは重いイオンに比べて断然速い．しかし実際には，電子が先に拡散すると**荷電分離**(Charge separation)が生じ，ずれた電子とイオンの間に電界が発生する．この電界によって電子は減速されて，逆にイオンが加速されて，両者のバランスがとれたある一定の速さで拡散するようになる．このような拡散を**両極性拡散**と呼んでいる．**両極性拡散係数**(Ambipolar diffusion coefficient)は，拡散による流れと，電界による駆動の両方を考慮して，次のようにして求められる．

　すなわち，簡単なため，一方向，例えば x 方向の流れのみを考えると，電子とイオンの流れる速度 v_e と v_i はそれぞれ

$$\left.\begin{array}{l} v_e = -\dfrac{D_e}{N_e}\cdot\dfrac{dN_e}{dx} - \mu_e E \\[2mm] v_i = -\dfrac{D_i}{N_i}\cdot\dfrac{dN_i}{dx} + \mu_i E \end{array}\right\} \tag{1.19}$$

で表される．式中，右辺第 1 項は拡散による流れ，第 2 項は電界駆動による流れをそれぞれ表している．

　プラズマ中では，電子密度 N_e とイオン密度 N_i は等しいので，$N_e = N_i = N$，また，両極性拡散によって $v_e = v_i = v$，$dN_e/dx = dN_i/dx = dN/dx$ となるので，これらを(1.19)式に代入し，連立した 2 つの式から電界 E を消去して整

理すると，最終的には(1.10)式に対応した粒子束 J の式

$$J = Nv = -\frac{\mu_i D_e + \mu_e D_i}{\mu_i + \mu_e} \cdot \frac{dN}{dx} = -D_a \frac{dN}{dx} \quad (1.20)$$

が得られる．したがって，両極性拡散係数 D_a は

$$D_a = \frac{\mu_i D_e + \mu_e D_i}{\mu_i + \mu_e} \quad (1.21)$$

で与えられる．D_a は D_e よりもかなり小さいが，D_i よりやや大きい値になる．

特に電子温度 T_e がイオン温度 T_i に比べて大きい $T_e \gg T_i$ のばあい，$\mu_e \gg \mu_i$ となるので，さらに(1.18)式の Einstein の関係式を用いて，(1.21)式は近似的に

$$D_a \simeq \frac{1}{\mu_e}(\mu_i D_e + \mu_e D_i) = D_i \left(1 + \frac{T_e}{T_i}\right) \simeq D_i \frac{T_e}{T_i} \quad (1.22)$$

と表される．すなわち，両極性拡散の速さは，主にイオンの拡散係数で決まることがわかる．**表 1-4** には，種々のガス中における両極性拡散係数の実測例が

表 1-4 主な気体中における両極性拡散係数（ガス温度 300 K）．

気体-イオン	$D_a p$ [(cm²/sec)·Torr]
He-He⁺	560
He-Ar⁺	905
He-N₂⁺	900
He-He₂⁺	697
Ne-Ne⁺	115
Ne-Ne₂⁺	450
Ne-O₂⁺	450
Ar-Ar⁺	150
Ar+Ar₂⁺	69
H₂-H⁺	700
H₂-H₂⁺	600
N₂-N₂⁺	150
N₂-N₄⁺	105
O₂-O₂⁺	110
O₂-O₃⁺	216

示されている$^{(1.3)}$.

1.2.5 プラズマの導電率

　均一に分布したプラズマ中では拡散は無視できるが，そのばあいでも，電界を印加すると電界駆動によって荷電粒子が移動し，電流が流れる．電流の大きさは，荷電粒子の流れやすさ，すなわち先に述べた移動度 μ によるが，回路的な扱いをするばあい，便宜上，流れる電流密度 J と印加電界 E の関係を比例係数 σ で表し，σ をプラズマの**導電率**(Conductivity)と呼んでいる．

　電界駆動によって流れる電流密度 J の大きさは，(1.12)式の駆動速度 $v_\mathrm{d} = \mu E$ を用いて

$$J = Nev_\mathrm{d} = Ne\mu E = \sigma E \tag{1.23}$$

と表せるので，導電率 $\sigma = Ne\mu$ になる．(1.14)式の μ を用いると，電子による導電率 σ_e とイオンによる導電率 σ_i はそれぞれ

$$\sigma_\mathrm{e} = \frac{N_\mathrm{e} e^2}{m_\mathrm{e} \nu_\mathrm{e}}, \quad \sigma_\mathrm{i} = \frac{N_\mathrm{i} e^2}{m_\mathrm{i} \nu_\mathrm{i}} \tag{1.24}$$

で与えられる．導電率 σ は荷電粒子の密度 N に比例し，衝突周波数 ν (したがって気圧 p) に逆比例する．また粒子の質量 $m_\mathrm{i} \gg m_\mathrm{e}$ であるので，$\sigma_\mathrm{e} \gg \sigma_\mathrm{i}$ となり，イオンの導電率 σ_i は電子の導電率 σ_e に比べて格段に小さく，無視できるばあいが多い．

　(1.24)式は直流電界に対する導電率であるが，高周波放電や電磁波との相互作用を議論するばあい，交流導電率を用いなければならないが，そのためには交流電界に対する移動度がまず必要である．交流電界を印加したばあいの移動度の計算は，(1.13)式の左側に電界の時間変化 $\exp(j\omega t)$ をかけて，右側に運動量の時間変化 $m(dv_\mathrm{d}/dt)$ を加算した式を解くことによって得られるが，結果のみをあげると以下のようになる．

$$\mu = \frac{e}{m(\nu + j\omega)} \tag{1.25}$$

したがって，導電率 σ は

$$\sigma = \frac{Ne^2}{m} \cdot \frac{1}{\nu + j\omega} \tag{1.26}$$

となり，複素関数で表される．ここで，ωは印加交流の角周波数であり，$\omega=0$のばあい，(1.26)式は直流のばあいの(1.24)式に帰着する．

§1.3 プラズマ粒子の非弾性衝突過程

　プラズマ中では，衝突反応にかかわる粒子(特に電子)のエネルギーが大きいとき，非弾性衝突が起こる．非弾性衝突によって，衝突前と衝突後では粒子の構成と内部エネルギーが変わり，各種イオンやラジカル，準安定粒子など，活性を帯びた粒子が新たに生成される．

　これらの非弾性衝突反応は，電離や励起をもたらすエネルギー吸収過程，輻射や再結合によるエネルギー放出過程および付着やイオン反応によるエネルギーおよび電荷交換過程の3つにおおよそ分けられるが，その主な素過程を**表1-5**に示す[(1.4)]．荷電粒子である電子とイオンの発生は，電子衝突による直接電離または累積電離によるが，準安定粒子同士の衝突電離によっても生成される．荷電粒子の消滅は，表の中の④～⑥の過程で示されるように，主に放射再結合と解離再結合によるが，負イオンの生じやすい分子ガス中では，負イオン-正イオンの再結合損失も無視できない．電子衝突の持つもうひとつの重要な役割は，⑦で示されるように粒子の励起であるが，これには分子の振動励起や回転励起も含まれる．この励起反応は，気体レーザなど多くの応用の基礎でもある．

　また，⑨～⑪における分子の解離と再結合は活性なラジカル種の生成に関係し，⑫～⑬の負イオン反応過程とともに，分子ガスプラズマ中では重要である．⑭～⑮の付加，引抜きは，固体表面でしばしば問題になる．⑯～⑰による分子イオンの生成は，気圧の高い希ガス中で，顕著である．⑱～⑲の電荷交換反応は，シランなどのような反応性ガスプラズマ中ではよく起こる現象である．これらのほかに，⑳の励起エネルギーの内部転換，㉑の共鳴移乗，㉒のエキシマ分子生成など，エネルギーの移動のみをともなう諸反応も，素過程に算入される．

　以上の反応過程のいずれが支配的となるかは，プラズマ母ガスの種類や放電

§1.3 プラズマ粒子の非弾性衝突過程

表 1-5 弱電離プラズマ中における粒子の主な反応素過程.

電離と再結合	①	$A+e \rightarrow A^+ +e+e$	直接電離
	②	$A^*+e \rightarrow A^+ +e+e$	累積電離
	③	$A^*+A^* \rightarrow A^+ +A+e$	準安定粒子衝突電離
	④	$AB^+ +e \rightarrow AB+h\nu$	放射再結合
	⑤	$AB^+ +e \rightarrow AB' \rightarrow A+B^*$	解離再結合
	⑥	$AB^+ +AB^- \rightarrow$ 生成物	正イオン-負イオン再結合
励起と脱励起	⑦	$AB+e \rightarrow AB^*$(またはAB')$+e$	直接励起(または超励起)
	⑧	$AB^* \rightarrow AB+h\nu$	発光遷移
解離と再結合	⑨	$AB^+ +e \rightarrow A^+ +B+e$	イオン解離
	⑩	$AB_2+e \rightarrow AB+B+e$	中性粒子解離
	⑪	$A+B+M \rightarrow AB+M$	中性粒子再結合
付着・引抜き・付加	⑫	$A+e \rightarrow A^-$	電子付着
	⑬	$A_2+e \rightarrow A+A^-$	解離付着
	⑭	$A+AB \rightarrow A_2B$	付加
	⑮	$A+AB \rightarrow A_2+B$	引抜き
分子イオン形成	⑯	$A^+ +2A \rightarrow A_2^+ +A$	三体衝突
	⑰	$A^*+A^* \rightarrow A_2^+ +e$	累積電離
電荷交換	⑱	$AB_3^- +B \rightarrow B_2^- +AB_2$	負イオン反応
	⑲	$AB_m +C^+ \rightarrow AB_n^+ +B_{m-n} +C$	正イオン反応
エネルギー移動	⑳	AB'(またはAB^*)$\rightarrow AB''$(または$AB^{*\prime}$)	内部転換
	㉑	$AB^* +C \rightarrow AB+C^*$	共鳴移乗
	㉒	$AB^* +AB \rightarrow (AB)_2^*$	エキシマ生成

条件によって決まる.また,相互の間にも色々と関係があるので,現象は極めて複雑である.したがって,詳細は別の書物に譲ることにし,ここでは,気相反応プラズマの実験に最低必要であると思われる,いくつかの基礎的な事項についてのみ,記述することにする.

1.3.1 エネルギー吸収による電離, 励起および解離反応過程

電離と電離断面積

電離とは，高速粒子(ほとんどのばあいは電子)の衝突によって，中性の原子または分子から電子が放出されて，電子と正イオンのペアーができることをいう．普通は一番外側軌道の電子が放出されて，1価の正イオンが発生するが，複数の電子を放出して多価の正イオンになることもある．

電離に必要とする**電離エネルギー**(Ionization energy)の大きさは，一般には，1価の正イオンができるのに必要な最小のエネルギーを指すが，主な気体の電離エネルギー(単位は eV)を**表 1-6**に示す．

表 1-6 主な気体原子および分子の電離エネルギー．

気体	電離エネルギー(eV)	気体	電離エネルギー(eV)
H	13.598	H_2	15.422
He	24.587	NO	9.25
N	14.534	N_2	15.576
O	13.618	O_2	12.20
Ne	21.564	CO	14.00
Ar	15.759	CO_2	13.70
Kr	13.999	H_2O	12.60
Xe	12.130	SF_6	15.80
F	17.423	Br_2	13.30
Cl	12.967	Cl_2	13.20

電子が中性原子と衝突して，単位時間，単位体積あたりに起こる電離の回数 F は，電子密度 N_e，中性原子密度 N および両者の相対速度 v に比例するので，比例係数を σ_i とすると

$$F = N_e N \sigma_i v = N_e N K \tag{1.27}$$

と書くことができる．ここで，電離反応の速さを表す $K = \sigma_i v$ は**反応速度定数**(Reaction rate constant)と呼ばれ，単位は (cm^3/sec) で与えられる．また，比例係数 σ_i は，弾性衝突のばあいの衝突断面積に対応し，**電離断面積**(Ionization cross section)と呼ばれ，単位は (cm^2) で与えられる．

§1.3 プラズマ粒子の非弾性衝突過程

電子が中性粒子と衝突して，電離エネルギー以上のエネルギーを与えても，中性粒子は必ずしもすべて電離するわけではないので，全衝突回数に対する電離回数の割合を P_i で表し，P_i を**電離確率**(Ionization probability)と呼んでいる．したがって，電離断面積 σ_i と全衝突断面積 σ の間には

$$\sigma_\mathrm{i} = \sigma P_\mathrm{i} \tag{1.28}$$

の関係がある．

これらの反応断面積や速度定数の定義は，他の反応諸過程にも同様に適用されるが，特に速度定数は，2種類以上の粒子が関与した反応過程にも用いられることから，一般にはその過程の**反応速度係数**(Reaction rate co-efficient)，または単に**反応係数**(Reaction co-efficient)とも呼んでいる．そのばあいの単位は，二体衝突反応の場合は $(\mathrm{cm}^3/\mathrm{sec})$ であるが，三体衝突反応の場合は $(\mathrm{cm}^6/\mathrm{sec})$ になる．

電離の多くは，1回の衝突だけで十分なエネルギーをもらって起こる電子の**直接電離**(Direct ionization)によって行われる．1個の電子によって単位時間，単位体積あたりに生ずる直接電離の回数 ν_di は，電子の速度 v_e に依存し，速度分布関数 $f(v_\mathrm{e})$ と中性粒子密度 N を用いて

$$\nu_\mathrm{di} = N \int_0^\infty \sigma_\mathrm{i}(v_\mathrm{e}) v_\mathrm{e} f(v_\mathrm{e}) \mathrm{d}v_\mathrm{e} \tag{1.29}$$

と表せる．ν_di は直接電離にかかわる**電離周波数**または**電離頻度**(Ionization frequency)と呼ばれている．σ_i，P_i および ν_di はいずれも電子エネルギーの関数であるが，理論計算のほかに，種々の放電条件のもとでの測定値も数多く報告されている．

励起と解離

電子のエネルギーが電離エネルギーに比べて小さいばあい，1回の衝突では電離に至らないが，そのエネルギーを吸収することによって，中性粒子は衝突前に比べて大きい内部エネルギーを持つようになる．このような反応を**励起**(Excitation)と呼んでいる．

励起された粒子は内部エネルギーを蓄えているので，2回目の軽い電子衝突

で，わずかなエネルギーを付加されても電離する．このような電離を**累積電離**(Cumulative ionization)と呼んでいる．また，励起された粒子同士の衝突では，内部エネルギーの合計が電離エネルギーを越えると電離することもある．

励起される粒子が分子のばあい，分子の振動や回転によっても，内部エネルギーが蓄えられる．このような励起を**振動励起**(Vibrational excitation)および**回転励起**(Rotational excitation)と呼んでいる．振動励起のばあい，振動による内部エネルギーがある一定の値を越えると，分子は壊れて原子状の粒子になる．このような現象を**解離**(Dissociation)と呼んでいる．安定した結合にある分子が解離して，不安定な状態になった粒子を**ラジカル**(Radicals)と呼んでいる．

粒子が持てる内部エネルギーの大きさは，エネルギー準位で表されるが，原子のばあい，その準位は電子の軌道半径に基づいて決まるので，**電子的状態**(Electronic state)と呼んでいる．それに対して分子のばあいは，電子的準位の上に，さらに分子を構成する原子間の振動による**振動準位**(Vibrational level)と，原子間の回転による**回転準位**(Rotational level)が付加されるので，内部エネルギーは複雑なものになる．

これらの励起された粒子は，光放射や他の粒子との衝突によってエネルギーを放出し，もとの**基底状態**(Ground state)に極めて短時間のうちに戻るが，一部の光学的遷移を禁止された準位では，衝突がない限り，励起準位に長時間滞在することもある．このような粒子で，10^{-7}秒以上の長寿命であるものを，一般には**準安定粒子**(Metastables)と呼んでいる．

原子，分子の励起については，色々と専門書が多いので，参考されるとよいが，ここでは，本書の後の章に関係の深い，分子の励起と解離についてのみ，N_2ガスを例に，基本的な部分を以下に説明する．

分子のエネルギー準位とポテンシャル曲線

分子のエネルギー準位は，一般には，原子と原子の間の距離(核間距離)を横軸に，分子が内部に持つポテンシャルエネルギーを縦軸にした**ポテンシャル曲線**(Potential curve)によって表される．一例として，2原子で構成される窒素

§1.3 プラズマ粒子の非弾性衝突過程

分子の主なポテンシャル曲線を図1-7に示す．1本の曲線が1つの電子的状態を表しているが，図には $X^1\Sigma_g^+$ （電子的基底状態），$A^3\Sigma_u^+$, $B^3\Pi_g$ と $C^3\Pi_u$ の4本が示されてある．曲線の上にある数字は振動準位 v を表している．振動励起された状態（$v \neq 0$）では，核間距離は $v=0$ の位置を中心に変化し，ある幅を持つようになる．振動準位の数は各電子的状態によって決まっているが，例えば基底準位 $X^1\Sigma_g^+$ のばあい，主なものは $v=0 \sim 27$ まである．図には示していないが，$C^3\Pi_u$ にも4つの振動準位がある．

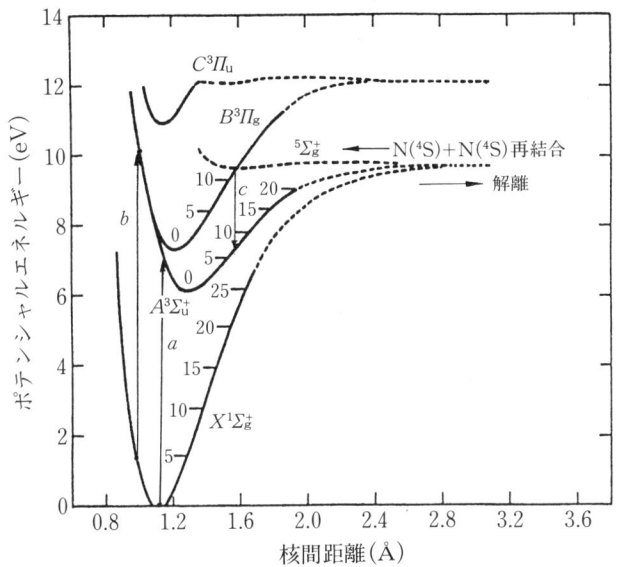

図1-7　窒素分子のポテンシャル曲線概略図．

振動準位間のエネルギー差は，一般には $0.1 \sim 0.3$ eV 程度であるが，回転準位間のエネルギー差はそのまた1桁ほど小さい．回転励起があると，そのエネルギーはさらに振動準位の上につけ加えられる．

振動励起によって核間距離は広がり，あるエネルギー以上になると分子は壊れて原子の状態になる．このような現象を**解離**(Dissociation)と呼んでいる．解離に必要なエネルギーは，電子的状態によって異なるが，基本となる電子的

基底状態の振動準位 $v=0$ からの解離エネルギー D_0 は，図 1-7 に示す N_2 分子のばあい，9.76 eV になる．すなわち，基底状態 $(X^1\Sigma_g^+)$ にある N_2 分子が 9.76 eV 以上のエネルギーで振動励起されると，図中の点線で示されるように，核間距離が無限大となり，分子は ^4S 状態の原子に解離する．解離エネルギーの大きさは，気体の種類とイオン化状態によって，ある一定の値を持っている．主な気体分子の D_0 の値は，**表 1-7** に示してある[1.5]．

表 1-7 主な 2 原子分子の解離エネルギー D_0．

中性分子	D_0 (eV)	正イオン	D_0 (eV)	負イオン	D_0 (eV)
CH	3.45	Ar_2^+	1.23	CH^-	2.93
CO	11.09	CH^+	3.80	Cl_2^-	1.3
Cl_2	2.498	CO^+	8.34	F_2^-	1.0
N_2	9.76	Cl_2^+	4.03	H_2^-	3.724
NO	6.50	H_2^+	2.65	NO^-	5.07
O_2	5.12	He_2^+	2.47	O_2^-	4.06
H_2	4.478	N_2^+	8.71	OH^-	4.77
D_2	4.56	NO^+	10.85	SO^-	2.56
CF	5.5	Ne_2^+	1.1		
		O_2^+	6.66		

解離によってできた窒素原子が互いに衝突すると，解離の逆過程である再結合によってもとの分子に戻るが，9.76 eV 程度のエネルギーを内部に持つので，再結合によってできた N_2 分子の多くは，図中 $^5\Sigma_g^+$ の点線と $B^3\Pi_g$ の曲線が交わる振動準位 $v=11$ の付近に励起される．

このように，励起は高速電子の衝突だけでなく，原子や分子間の衝突反応によっても起こる．励起された粒子はエネルギーを放出して下の準位に移るが，光放射によるものと，衝突損失だけによるものとがある．前者は **発光遷移**，後者は **非発光遷移** と呼んでいる．

N_2 分子のばあい，$C^3\Pi_u$ 状態から $B^3\Pi_g$ 状態への遷移および $B^3\Pi_g$ 状態から $A^3\Sigma_u^+$ 状態への遷移は発光遷移であり，放射する光の波長は各振動準位の組合せによって，わずかにずれた多数の波長の集まりとなる．これらの連続した波長の光の集まりを，便宜上，名前をつけて区別している．一般には，$B^3\Pi_g$

状態から $A^3\Sigma_u^+$ 状態への遷移によって放射される光のシリーズを**窒素の第1正帯**(First positive system bands of N_2), $C^3\Pi_u$ 状態から $B^3\Pi_g$ 状態への遷移による光を**窒素の第2正帯**(Second positive system bands of N_2)と呼んでいる．また，図1-7には示されていないが，電離された窒素分子イオンの $B^2\Sigma_u^+$ 状態から $X^2\Sigma_g^+$ 状態への遷移による光を，**窒素イオンの第1負帯** (First negative system bands of N_2^+) と呼んでいる．分光測定では，これらの光は幅を持ったひとまとまりのスペクトルとなるので，原子のはっきりした**線スペクトル**に対して，分子からの光はバンドスペクトルと呼んでいる．

放射光の強さは，遷移確率と粒子密度に関係する．低ガス圧の窒素放電では，一般には，窒素の第1正帯の上準位である $B^3\Pi_g$ 状態の振動準位 $v=11$ から下準位である $A^3\Sigma_u^+$ 状態の振動準位 $v=7$ への遷移，すなわち (11, 7) 遷移による 580.4 nm 波長の光，窒素の第2正帯の (0, 0) 遷移による 337.1 nm 波長の光，および窒素イオンの第1負帯の (0, 0) 遷移による 391.4 nm 波長の光などが強く観測される．

フランク-コンドンの原理

分子が衝突または輻射などによって，1つのポテンシャル曲線から他のポテンシャル曲線に遷移するとき，遷移に要する時間は核の振動運動に比べて非常に短いので，遷移の前後では，分子の核間距離や速度は変化しないものと考えることができる．これを**フランク-コンドンの原理**(Franck-Condon principle)と呼んでいる．すなわち，例えば図1-7の例では，垂線 a で示されるように，$X^1\Sigma_g^+$ の $v=0$ 準位から $A^3\Sigma_u^+$ のポテンシャル曲線に励起された粒子は，ある割合で，核間距離が同じである $v=4$ の準位に振動励起される．また，垂線 b のばあいは，解離エネルギー 9.76 eV よりも高い準位に励起されるので，励起と同時に解離する．

先に述べた ^4S 状態の窒素原子の再結合で，ポテンシャル曲線 $B^3\Pi_g$ の $v=11$ に振動励起された窒素分子は，図1-7中の垂線 c で示されるように，同じ核間距離である $A^3\Sigma_u^+$ の $v=7$ の準位に多く遷移する．したがって，窒素ガス放電中で，第1正帯 (11, 7) 遷移による 5804Å 波長の光が強く観測されるこ

とは，フランク-コンドンの原理からも理解できる．

しかし実際のばあい，振動する分子の核間距離は常に変動しており，任意の時刻，任意の位置での遷移が可能であるので，どの振動準位に遷移するかを定量的に評価するためには，それぞれの準位への遷移の割合を知る必要がある．この遷移の割合 $q_{v'v''}$ は**フランク-コンドン係数**(Franck-Condon factor)と呼ばれ，以下のように表すことができる．すなわち

$$q_{v'v''} = \left| \int \varphi_{v'} \varphi_{v''} dR \right|^2 \tag{1.30}$$

ここで，v' と v'' および $\varphi_{v'}$ と $\varphi_{v''}$ は 2 つのポテンシャル曲線の遷移に関係する振動準位とその状態における波動関数，R は核間距離をそれぞれ表す．

$q_{v'v''}$ はフランク-コンドンの原理を定量的に表したものであり，色々な条件のもとで，理論計算によって求めることができる．

また，波動関数 $\varphi_{v'}$ と $\varphi_{v''}$ が規格化されていれば，$q_{v'v''}$ は同様に，以下のように規格化することができる．すなわち

$$\sum_{v'} q_{v'v''} = \sum_{v''} q_{v'v''} = 1 \tag{1.31}$$

フランク-コンドンの原理は，光学的遷移と衝突遷移の両方に適用されるが，特に電子衝突による励起のばあい，ポテンシャル曲線のどの振動準位にどれぐらいの割合で励起されるかを知るのに有用である．すなわち，あるポテンシャル曲線の全励起断面積に $q_{v'v''}$ をかければ，特定の v' または v'' 準位への励起断面積が得られる．したがって逆に，あるポテンシャル曲線の励起準位における粒子密度分布から，励起前のポテンシャル曲線における粒子密度分布を推定することができる．

この原理は，本書の後の章で述べる分光による窒素の振動温度測定にとって，極めて重要である．非発光である窒素の電子的基底状態 $X^1\Sigma_g^+$ における振動温度を表す励起粒子の密度分布を，直接測定することができないので，一般には，発光遷移である窒素第 2 正帯などの光を測定することによって求める．窒素第 2 正帯の光測定によって得られた $C^3\Pi_u$ 状態の振動温度を，フランク-コンドン係数を用いて $X^1\Sigma_g^+$ 状態の振動温度に換算することができる．

1.3.2 再結合によるエネルギーの放出過程

電離または解離した粒子が,衝突によってエネルギーを放出し,もとの結合状態に戻ることを**再結合**(Recombination)と呼んでいる.しかし,中性原子から分子に変わるばあいは,色々な結合状態があるので,厳密に定義することが難しい.それに対して荷電粒子の再結合は,反応過程が比較的限定されて扱いやすいので,再結合という言葉は,一般には,正と負の荷電粒子が結合して中性粒子に戻る過程に多く使われている.したがってこの節でも,荷電粒子の再結合反応についてのみ,その内容を簡単に記述する.

荷電粒子の再結合反応には,反応の結果生じたエネルギーを,光の形で放出するものと,解離や励起によって放出するものとに大別される.主なものとしては,前者には**放射再結合**(Radiative recombination),**二重電子再結合**(Dielectronic ricombination),後者には**解離再結合**(Dissociative recombination),**負イオン-正イオン再結合**(Negative ion-positive ion recombination)などがある.以下それぞれについて述べる.

放射再結合と二重電子再結合

放射再結合は,電子が正イオンと衝突して再結合すると同時に,余剰エネルギーを直接光として放射するものであるが,基本的には,以下に示すような二体再結合と三体再結合の2種類に分けられる.

$$\left.\begin{array}{l} A^+ + e \longrightarrow A + h\nu \text{(二体再結合)} \\ A^+ + e + e \longrightarrow A + e + h\nu \text{(三体再結合)} \end{array}\right\} \quad (1.32)$$

三体再結合反応は,1個の正イオンが同時に2個の電子と衝突しなければならないので,確率は非常に小さいが,反応速度が電子密度 N_e の3乗に比例するので,電子密度の高いプラズマ中では支配的となる.しかし,通常のグロー放電プラズマ($N_e \simeq 10^{10}\,\mathrm{cm^{-3}}$)中では無視できるほど少ないので,プラズマからの放射光のほとんどは,二体再結合によるものと考えてよい.

二体再結合(Two body recombination)の速さを決める反応係数は,気体の種類にもよるが,おおよそ水素イオンの $4.2\times10^{-12}\,\mathrm{cm^3/sec}$ からカリウムイオ

ンの 2.6×10^{-12} cm³/sec の間にあり，かつ電子温度 T_e に対して，$T_e^{-0.7}$ にほぼ比例することが知られている．

二重電子再結合は，放射再結合のように直接光の放射をしないが，以下の反応式で示されるように，再結合によって粒子は一旦励起された後，別の準位に遷移することによって，そのエネルギー差を光として放射する．すなわち

$$A^+ + e \longrightarrow A^{**} \longrightarrow A^* + h\nu \tag{1.33}$$

この反応は電離層内でよく観測されるが，その反応係数は，1000 K 以下の低い温度では，前述の二体衝突による放射再結合の反応係数とはほぼ同じ 10^{-12} cm³/sec 程度であるが，電子温度依存性が $T_e^{-3/2}$ であるので，T_e の高い通常のグロー放電プラズマ（$T_e \simeq$ 数 eV）中では，ほとんど問題にならないほど小さい．

解離再結合と負イオン-正イオン再結合

光放射をともなわない解離再結合は，電子と分子イオンの衝突によって以下のように行われる，

$$AB^+ + e \rightleftharpoons AB^* \longrightarrow A + B \tag{1.34}$$

すなわち，分子イオン AB^+ と電子の再結合によって，いったん不安定な励起状態にある中性分子 AB^* を形成し，その後中性原子の A と B に解離して再結合反応を終了する．

解離再結合は，分子イオンが介在しなければならないが，反応係数は比較的大きく，実験的にはおおよそ $10^{-6}\sim10^{-7}$ cm³/sec の値が得られている．また電子温度依存性については，理論値の $T^{-0.5}$ に近い $T^{-0.4}\sim T^{-0.7}$ の値が実験的に得られている．

通常の希ガスグロー放電では，気圧が 10 Torr 前後を越えると，プラズマ中のイオンはほとんどが分子イオンとなるので，解離再結合の効果が無視できなくなる．解離再結合によって，気圧の上昇とともに電子損失が増大し，それを補うために電界が強まり，電子温度が上昇する現象も報告されている[1.6]．

もうひとつの負イオン-正イオン再結合に関しては，厳密にいえば，光放射をともなう反応が全くないというわけではない．しかし，この反応の反応係数

§1.3 プラズマ粒子の非弾性衝突過程　　　　27

はおおよそ 10^{-14} cm^3/sec 程度で極めて小さく，ほとんどのばあい無視できる．したがって，負イオン-正イオン再結合は，以下に示す2種類の光放射を直接ともなわない反応が，主なものとなる．すなわち

$$\left.\begin{array}{l} A^{+}+B^{-} \longrightarrow A^{*}+B^{*} \ (電荷交換再結合) \\ A^{+}+B^{-}+M \longrightarrow AB+M+エネルギー \ (三体再結合) \end{array}\right\} \quad (1.35)$$

電荷交換再結合(Mutual neutralization)は，正と負のイオンが衝突によって電荷の移動を行い，中性化すると同時に余剰エネルギーで励起されるが，粒子自身は互いに結合しない．それに対して，**三体再結合**(Three body recombination)は，第三体のMを介して衝突した正と負のイオンは，中性化するとともに，結合して分子になり，余剰エネルギーを運動エネルギーの形で放出する．

電荷交換再結合の反応係数は，1 Torr 前後の気圧で，かつ室温で，10^{-6} ～10^{-7} cm^3/sec 程度の値が実験的に得られている．また，ほぼ $T_e^{-0.5}$ の電子温度依存性がある．

三体再結合反応は，100 Torr 以上の高い気圧領域で顕著となるが，反応係数は 10^{-6} cm^3/sec 程度で比較的大きい．また，反応係数は温度よりも気圧に依存し，1気圧付近までは気圧とともに大きくなるが，1気圧を越えると 10^{-7} cm^3/sec 程度にまで小さくなることが，実験的にも，理論的にも知られている．

1.3.3　各種エネルギーおよび電荷交換反応過程

電離と再結合は，エネルギーの吸収または放出による電荷の発生または消滅を行う反応であるが，エネルギーが電荷の交換のみで，全体としては，電荷の発生また消滅がない反応過程も色々とある．これらの過程は，衝突相手によって，電子と中性粒子の衝突およびイオンと中性粒子の衝突の2種類におおよそ分けられるが，以下それぞれについて記述する．

負イオン生成における付着と離脱

低速電子が中性の原子または分子と衝突すると，電離または励起をせずに，

逆に原子または分子に捕獲されて，負イオンを形成する．電子が原子または分子に捕獲されて負イオンを形成することを**付着**(Attachment)，また，負イオンから電子を引き離してもとの中性原子や分子に戻ることを**離脱**(Detachement)とそれぞれ呼んでいる．

基底状態の負イオンから電子を離脱させて，基底状態の中性原子または分子に戻るために必要な最低限のエネルギーを，**電子親和力**(Electron affinity)と呼んでいる．電子親和力が大きいほど，電子は強く結合されるので，電子親和力が大きい原子や分子ほど負イオンになりやすい．**表 1-8** には主な負イオンの電子親和力を eV の単位で示してある．表 1-8 から，原子状塩素，フッ素および SF_6 などは，電子親和力が 3 eV 以上で，最も負イオンを形成しやすいことがわかる．酸素原子の電子親和力は酸素分子の約 3 倍であるので，酸素の負イオンはほとんどが原子の状態であると考えられる．また，ネオンやアルゴン，クリプトンなどの希ガスは，電子親和力がマイナスであるので，ほとんど負イオンを形成しない．

表 1-8 主なイオンの電子親和力．

イオン種	電子親和力(eV)
H^-	0.754
O^-	1.465
F^-	3.62
H_2^-	0.9
O_2^-	0.44
NO_2^-	1.6～4.0
Cl^-	3.76
SF_6^-	3.39
NO^-	0.09
$Ne^-,\ Ar^-,\ Kr^-,\ Xe^-$	<0

電子付着によって負イオンが形成される主な過程には，次のようなものがある．すなわち

§1.3 プラズマ粒子の非弾性衝突過程

$$
\begin{aligned}
&\text{(a)} \quad A+e \longrightarrow A^-+h\nu, \text{ または } AB+e \longrightarrow AB^-+h\nu \text{ (放射性付着)}\\
&\text{(b)} \quad A+e+M \longrightarrow A^-+M+\text{運動エネルギー (三体付着)}\\
&\text{(c)} \quad AB+e \longrightarrow [AB^-]^* \xrightarrow{M} AB^-+\text{エネルギー (衝突付着)}\\
&\text{(d)} \quad AB+e \longrightarrow [AB^-]^* \longrightarrow A+B^- \text{ (解離付着)}\\
&\text{(e)} \quad A+e \longrightarrow [A^-]^* \longrightarrow A^-+h\nu \text{ (二重電子付着)}
\end{aligned} \quad (1.36)
$$

（a）の**放射性付着**(Radiative attachment)は，付着によって生じたエネルギーを，光の形で放出するものであるが，反応係数は，酸素原子のばあい，おおよそ 10^{-15} cm³/sec である．酸素分子のばあい，値はさらに小さく，300 K でおおよそ 10^{-19} cm³/sec であるので，酸素原子に比べて無視できる．

（b）の**三体付着**(Three body attachment)は，第三体の M と衝突して電子が減速されて付着する反応であるが，余剰エネルギーは運動エネルギーに変わる．

（c）の**衝突付着**(Collisional attachment)は三体衝突の特別なばあいで，分子が電子を捕獲して，一時的に振動励起された負イオンを形成し，その後第三体の M と衝突することによって一部のエネルギーを放出し，安定化する．よく知られた例に以下のような酸素分子の付着がある．

$$
\left.\begin{aligned}
&O_2(v=0)+e \longrightarrow [O_2^-(v)]^*\\
&[O_2^-(v)]^*+M \longrightarrow O_2^-(v \gtrsim 4)+M
\end{aligned}\right\} \quad (1.37)
$$

すなわち，電子付着によって振動励起された酸素分子の負イオンは，M との衝突によって，最終的には振動準位 $v \gtrsim 4$ 状態の負イオンになる．

衝突付着の反応係数は，振動準位が介在するので，ガス温度依存性を持ち，おおよそ $5 \times 10^{-31} \sim 3 \times 10^{-30}$ cm⁶/sec の範囲で，ガス温度の上昇につれて大きくなる．この値は一般の三体付着反応係数(酸素分子のばあい，10^{-30} cm⁶/sec 程度)とほぼ同じであるが，前述の放射付着と後で述べる解離付着に比べると断然小さい．したがって，いずれも1気圧以上の高ガス圧のばあい支配的となるが，低ガス圧では無視できる．

（d）の**解離付着**(Dissociative attachment)は，電子付着によって励起され

た負イオン分子が，直後に解離を起こすことで，その励起エネルギーを吸収して安定化する反応である．この過程の反応係数は $10^{-11} \sim 10^{-12}$ cm³/sec の範囲にあり，電子付着の中では，最も大きい反応係数を持っている．したがって，多くの負イオンは，この反応によって作られる．

(e)の**二重電子付着**(Dielectronic attachment)は，電子を捕獲することで，一時的に準安定準位に励起された負イオンが，その後光放出をして安定化する反応である．この反応の係数は，一般には非常に小さいので無視できる．

さて，色々な反応過程によって生成された負イオンは，再び原子，分子または光と反応して電子を離脱し，中性化する．離脱反応過程は付着反応の逆過程であるので，やはり放射性付着の逆過程である**光離脱**(Photo detachement)と解離付着の逆過程である**協合離脱**(Associative detachment)が主なものになる．すなわち

$$
\begin{aligned}
&\text{(a)} \quad A^- + B \longrightarrow (AB^-)^* \longrightarrow AB + e \ \ (協合離脱) \\
&\text{(b)} \quad A^- + h\nu \longrightarrow A + e \ \ (光離脱)
\end{aligned} \quad (1.38)
$$

(a)の協合離脱は，原子と結合した負イオンが，一時的に励起された分子状態の負イオンになり，その後，励起エネルギーによって電子を離脱する．協同離脱の反応係数は比較的大きく，一部を除いて，おおよそ $10^{-9} \sim 10^{-10}$ cm³/sec の範囲にある．

(b)の光離脱は，電子親和力に相当する適当な波長の光を吸収させることによって，電子離脱を行う反応であるが，負イオンが分子の状態で，離脱と同時に解離する反応（すなわち，$AB^- + h\nu \longrightarrow A + B + e$）は別に**解離性光離脱**(Dissociative photo detachement)と呼んでいる．光離脱の速さは，離脱の断面積によるが，光離脱断面積の測定値は，原子のばあいはおおよそ 10^{19} cm²，分子のばあいはその約1桁小さい 10^{18} cm² 程度である．

以上で述べた主な離脱反応のほかに，**衝突離脱**(Collisional detachement)と呼ばれる反応がいくつかあるが，これらはどちらかといえば，先に述べた三体付着の逆過程であるので，低ガス圧ではあまり問題にならない．

§1.3 プラズマ粒子の非弾性衝突過程　　　　　　　　31

イオンと中性原子または分子の反応

この反応の特徴としては，主に反応粒子間で**電荷交換**(Charge transfer)が行われることであるが，反応前と反応後では，粒子のエネルギーや組成が変わることもある．実際の反応過程は，気体の種類によって数多くあるが，最近では，質量分析計などの測定技術が向上したこともあって，かなり多くの反応係数がわかってきている．反応の形としては二体反応が主であるが，稀には三体反応もある．二体反応の主なものとしては，以下の過程が知られている．

$$
\begin{aligned}
&\text{(a)} \quad A^+ + B \text{ (または励起された } B^*) \longrightarrow A + B^+ \\
&\text{(b)} \quad A^+ + BC \longrightarrow A + B^+ + C \\
&\text{(c)} \quad AB^+ + C \longrightarrow C^+ + A + B \\
&\text{(d)} \quad A^+ + BC \longrightarrow AB^+ + C
\end{aligned}
\quad (1.39)
$$

(a)は単純な電荷交換反応であるが，(b)と(c)は同時に解離が行われる．(d)は分子を構成する原子が入れ替わるので，特に**イオン-原子交換**(Ion-Atom interchange)反応と呼んでいる．また，式には示していないが，分子イオンが中性の分子に衝突して，その分子を構成する原子と原子交換する反応も時には起こる．この反応は**スイッチング反応**(Switching reaction)と呼ばれている．

イオンと分子の二体反応係数は，大体 $10^{-9} \sim 10^{-10}$ cm^3/sec の範囲にあり，一般の中性分子の反応係数が 10^{-11} cm^3/sec 以下であるのに比べると，非常に速い反応であることがわかる．

ガス圧が高いときに顕著となる三体衝突反応(例えば $A^+ + B + M \longrightarrow AB^+ + M$)は，**クラスタリング反応**(Clustering reaction)とも呼ばれ，その反応係数はおおよそ $10^{-29} \sim 10^{-32}$ cm^6/sec の範囲にあり，測定値によってかなりのバラツキがある．

以上，概要のみを述べてきたが，プラズマ中の非弾性衝突過程は極めて複雑であり，正確に知られていない部分がまだかなり多い．また，反応に関係する各種断面積や反応係数の値も，測定者や測定手段によって幅があり，使用する際には注意が必要である．

しかし，これらの非弾性衝突過程は，プラズマ粒子のエネルギーや構成を決

める重要な因子(factor)であり，後の章で述べるプラズマパラメータの生成と制御には欠かせないものである．したがって，各種反応係数の具体的な数値や関連する文献の詳細などについては，必要なばあいは，他の専門書などを参考されるとよい[1.3],[1.5],[1.7]．

参 考 文 献

1.1 堤井信力,「プラズマ基礎工学」増補版, 内田老鶴圃 (1995).
1.2 武田 進,「気体放電の基礎」, 東明社 (1973).
1.3 Chang, Hobson, 市川, 金田,「電離気体の原子・分子過程」, 東京電機大学出版局 (1982).
1.4 堤井信力, 電気学会誌, **107**, 1096 (1987).
1.5 ラドチグ, スミルノフ (遠藤訳),「原子物理と分子物理定数便覧」, 日・ソ通信社 (1978).
1.6 Y. Ichikawa and S. Teii, *J. Phys. D*, **13**, 2031 (1980).
1.7 例えば,「放電ハンドブック」改訂版, 電気学会編 (1998).

第2章
プラズマの生成と制御 1
―理論と実際―

§2.1 放電中におけるエネルギーの伝達過程とプラズマ諸量の形成

　実用的なプラズマは，基本粒子である電子と正イオンのほかに，実際には，多くの種類の中性粒子が混在した状態で構成されている．これらの粒子の密度と温度（またはエネルギー状態）を**プラズマパラメータ**（Plasma parameters）と呼んでいる．近年盛んに行われているプラズマ応用は，応用の内容によって利用する粒子の種類やエネルギーが異なるので，応用の効率化，高性能化を図るためには，最適プラズマ条件の探求と同時に，それらの条件に合致したパラメータを持つプラズマの生成が必要である．プラズマパラメータの制御は，プラズマ応用における重要な課題のひとつとなっている．

　プラズマは物質を電離することによって作られる．電離に必要なエネルギーの与えかたには，大きく分けて，放電電離，熱電離と光電離の3種類があげられるが，電離形式の違いによって，プラズマの生成とパラメータの制御のメカニズムも異なる．しかし，実用的なプラズマのほとんどは，放電電離によって作られるので，本書では，主に放電中におけるプラズマの生成と制御について記述することにする．

2.1.1 電子によるエネルギーの輸送と分配

　気体に強い電界を加えると，電極からの二次電子放出など，なんらかの理由で出現するわずかな数の初期電子が，電界によって加速されて，中性の原子または分子と衝突電離をくり返しながら増倍し，やがてプラズマが形成される．

このような放電空間におけるエネルギーの輸送と分配は，主に主役である電子によって行われるが，すでに第1章で述べてあるように，電子が中性粒子と衝突しても，すべてが電離に至るとは限らない．

衝突の結果は，電子が持つエネルギーによって，単なる弾性衝突のばあいもあれば，非弾性衝突のばあいもある．非弾性衝突のばあいには，電離のほかに各種の励起や解離およびその逆過程である脱励起や再結合など，複雑な反応が起こる．

電子はこれらの反応や容器壁との衝突でエネルギーを失う一方で，電界加速によって新たにエネルギーを得る．したがって，平衡状態では，各種反応の結果とエネルギー収支のバランスで，プラズマはある一定の値の温度と密度および粒子の種類を持つようになる．

図2-1には，放電中における電子によるエネルギーの輸送と分配の主な過程の流れを示してある．すなわち，ある入力電界によって加速された電子は，まず中性の原子または分子と衝突する．電子のエネルギーが小さいばあいには，弾性衝突によって一部のエネルギーのみが損失する．しかしエネルギーが大きいばあいには，電離，励起または解離反応によってエネルギーを失う代りに，色々な種類の粒子を新たに生成する．反応によってエネルギーを失ない低速となった電子は，再び電界によって加速される．

電子のエネルギー損失は，粒子との衝突反応によるものだけでなく，容器壁

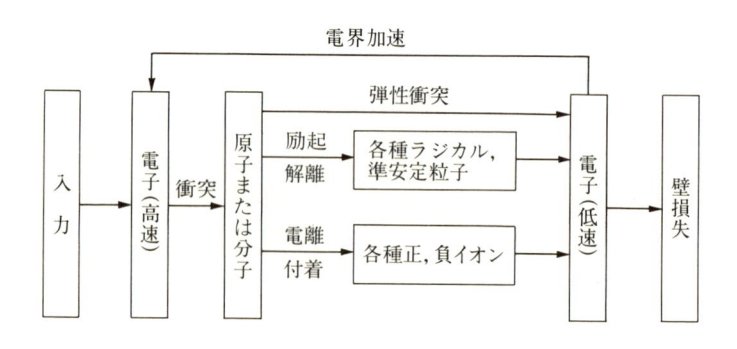

図2-1　電子によるエネルギーの輸送と分配．

§2.1 放電中におけるエネルギーの伝達過程とプラズマ諸量の形成　37

などを通じて外部へ損失する分も無視できない．また，エネルギーのやりとりのほかに，電子は拡散，再結合などによって消滅するので，数も変化する．

　実際の放電プラズマ中では，電子が中性粒子と衝突してまず起きる**一次反応**のほかに，図2-2で示されるように，さらに，電子衝突によって生成された各種イオン，活性粒子と電子の再衝突および活性粒子同士の衝突などの**二次反応**も起こる．

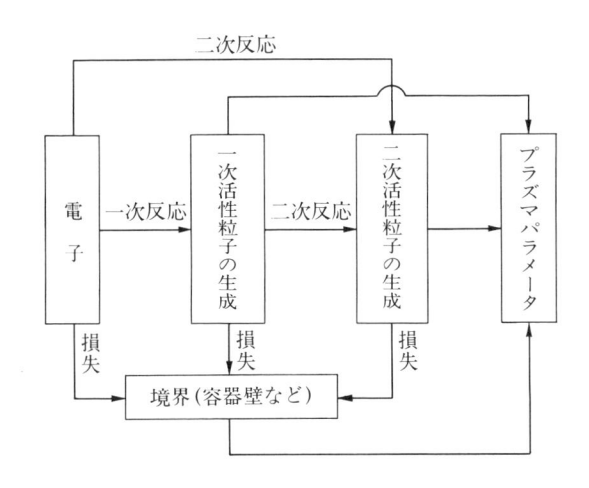

図2-2　プラズマパラメータの形成過程．

　また，各粒子が拡散によって容器壁や電極などの固体表面に到達し，そこで起きる再結合などによる**損失反応**も極めて重要である．各種プラズマパラメータの値は，厳密には，これらの反応を総合した結果として与えられる．

2.1.2　プラズマパラメータの形成を支配する3つの要素

　前述のように，プラズマの特性を決める各種プラズマパラメータは，電子を主役として，電子が引き起こす一次反応のほかに，生成された活性粒子による二次反応および容器壁などの境界への損失反応によって最終的に決定される．したがって，これらのプラズマ反応を，外部の放電条件と関連づけることができれば，放電条件を変えることによって，プラズマパラメータの制御がある程

度可能となるであろう．

すなわち，実用的な放電弱電離プラズマ中では，プラズマパラメータの形成を支配する放電条件は，図 2-3 で示されるように，おおよそ入力，気体および装置の 3 つの要素に分類される．

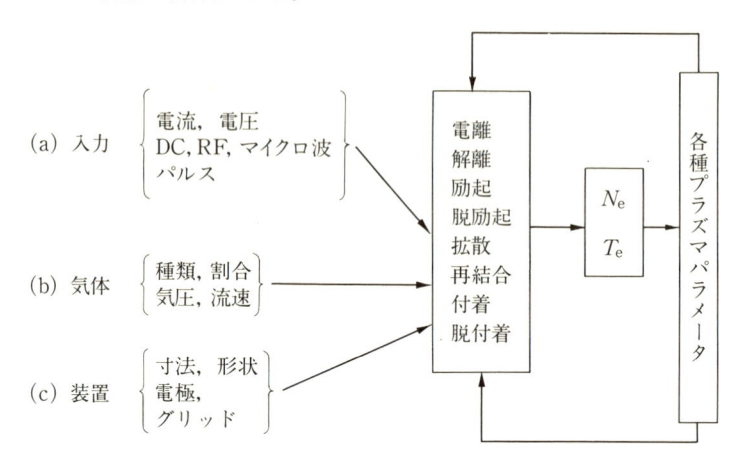

図 2-3　プラズマパラメータを支配する 3 つの要素．

放電入力は，電離や励起のエネルギーを供給するものであるので，生成粒子の密度と温度に直接関係する．一般には，放電電流を増やすほど粒子の密度は高くなる．また，放電電圧は，電子加速に必要な電界を与えるので，その立上りや立下りの速さによって電子のエネルギーが変化し，粒子の電離や励起に影響するようになる．照明に使われるネオン管の放電では，印加する三角波電圧の形状を変化させることによって，ネオン管の色を変えることができる[2.1]．実際のプラズマ生成には，直流，交流，高周波，マイクロ波電圧のほか，各種パルス電圧が使用される．入力方式の違いによって，得られるプラズマパラメータの値も異なる．例えば高周波放電のばあい，多重のコイルを巻いて行う誘導結合型よりも，直接電極を向かい合わせた容量結合型の方が，エネルギー注入効率がよく，電子密度が高くなりやすい．マイクロ波のばあいは，そのまま導波管で導入するよりも，空胴共振器を用いると，小さい容積ではあるが，共振器内で，$10^{11} \sim 10^{12}\,\mathrm{cm}^{-3}$ 程度の高密度プラズマが比較的容易に得られる．さ

§2.1 放電中におけるエネルギーの伝達過程とプラズマ諸量の形成　39

らに高い密度のプラズマを作るには，大電流パルス放電が用いられるが，このばあい，電子密度は時間とともに急速に変化する．また，高周波放電のばあい，後の節で述べるように，印加電圧の周波数を変えることによって，電子のエネルギー分布を変化させることができるので，プラズマ反応過程の制御に利用されている．

二番目の要素である気体は，質量と電離エネルギーの違いで電子とのエネルギーのやりとりも異なるので，気体の種類によって電子温度が変化する．したがって，適当な割合で混合することによって，電子温度を制御することができる．例えば，ヘリウムはネオンに比べて質量が軽く，電離エネルギーが高いので，同じ密度では，ヘリウムプラズマはネオンプラズマに比べて電子温度が高い．電子密度 N_{e0} を一定に保った円筒陽光柱のネオンプラズマ中に，ヘリウムを少しずつ混入すると，図 2-4 で示されるように[2.2]，電子温度 T_e は徐々に上昇し，やがてヘリウムプラズマの値に帰着する．

ヘリウムとネオンはいずれも希ガスで反応性が弱いので，電子温度は混合比によって単純に変化するが，反応性の強い分子ガスなどでは，複雑な反応過程

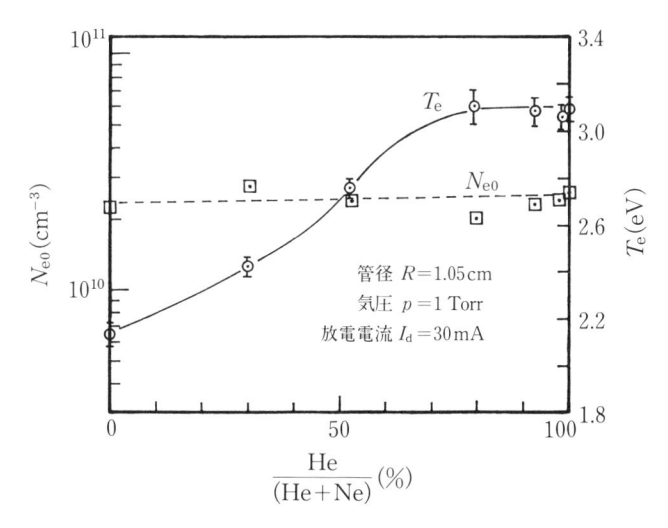

図 2-4　ヘリウム-ネオン混合ガスプラズマ中における電子温度の変化[2.2]．

によって，必ずしも単純に変化するとは限らない．

　また，気圧と流速は，衝突や拡散によるエネルギー損失に関係するので，同一または同じ混合比の気体では，気圧が低いほど，流れが速いほど，電子温度は高くなる．

　電子温度が変わると，図2-1，図2-2で示されるように，非弾性衝突による各種プラズマ反応過程も変化する．特に反応が複雑である分子ガスプラズマ中では，次節で述べるように，気体の種類や混合比を適当に変えることによって，励起や解離など特定の反応を選択的に強化し，結果的には特定のラジカルや励起粒子の種類と密度の生成と制御がある程度できるようになる．

　3つめの要素である寸法と形状は，主に電子の損失反応に関係する．陽光柱理論でよく知られているように，円筒型放電管では，気圧と放電電流が一定であれば，管径が小さいほど電子温度は高くなる．これは，管径が小さいほど，管壁への電子の拡散損失が増大するので，一定の放電電流(したがって一定の電子密度)を維持するためには，より高い電子温度が必要となるためである．

　放電管の形状に関しては，管壁への損失の違いから，断面が円形の放電管に比べて，その直径を1辺とした正方形の方が電子温度が低くなる．また，正方形に比べると，その1辺を高さとした矩形放電管の方が，さらに電子温度が低くなることなどが，数値解析によって知られている[2,3]．

　陽光柱プラズマ中では，電子は常に一定の放電電流を維持するために加速されるので，損失が大きいほど電子温度が高くなる．これに対して，放電維持を必要としない拡散領域などのプラズマ中では，エネルギー損失によって，逆に電子温度が低下する．

　したがって，拡散プラズマ中に針電極を挿入したり，メッシュグリッドを設置することなどによって，損失反応を積極的に制御し，電子温度を大幅に可変とすることもできる．これらの具体例については，以下の節で述べることにする．

§2.2 定常状態におけるプラズマパラメータの制御

　プラズマパラメータの形成は，すでに述べてあるように，エネルギーに関しては減速と加速，粒子に関しては発生と消滅のバランスによって実現される．しかし，図2-1，図2-2で示される諸反応過程は，それぞれにある一定の大きさの反応速度定数を持っている．また，生成または励起された粒子が，拡散や再結合または脱励起などによって失われる速さも異なるので，発生と消滅のバランスは，時間経過にしたがって変わってくるはずである．

　しかし定常的な放電では，発生と消滅のバランスは，すべての反応過程の時間平均値によって与えられるので，プラズマパラメータは，時間と関係なくある一定の値を持つ．それに対して，パルス放電などによる非定常状態のプラズマでは，電圧の立上がり時の発生量と，アフタグロー期間中の消滅量は，いずれも時間の関数であり，両者のバランスも時間経過によって異なってくる．したがって，適当な電圧印加時間とアフタグロー時間を組合せれば，さらに細かいパラメータの制御が可能となるであろう．

　以上のことから，プラズマパラメータの制御は，基本的には，定常放電のばあいと，パルス放電のばあいとに大別される．

　ここではまず定常放電のばあいについて，いくつかの主な例を具体的に紹介する．

2.2.1　気体の種類および流速による制御

A.　希釈ガス効果による粒子種の変化

　気体はそれぞれの電離電圧，質量やエネルギー準位が違うため，同じ放電条件のもとでも，違った電子温度や励起粒子の種類を持つが，それらを混合すると，互いの影響で，プラズマパラメータはさらに変化する．変化の中では，電子温度は比較的単純である．なぜなら，電離度の低い弱電離プラズマ中では，電子のエネルギー損失は，ほとんどが大部分を占める中性粒子との弾性衝突によるので，気圧が一定であれば，電子温度はほぼ電離電圧によって決まった値

となる．混合ガス中でも，弾性衝突が支配的であるので，希ガス同士の混合では，すでに前の節で述べてあるように，電子温度はおおよそ気体の混合割合に応じた変化をする．

しかし，プラズマ中の粒子反応過程は，電子温度に依存するので，電子温度のわずかな変化によっても，各励起粒子の種類と密度は大きく変わる．特に反応性の強い分子ガス中では，この変化は複雑である．したがって，プラズマ中の粒子種とその密度に関しては，ガスの種類と混合割合を工夫することによって，ある程度まで制御が可能である．

ここでは，プラズマプロセスによく用いられる酸素プラズマ中のイオンと活性粒子種が，ArやHeなどの希ガスを混合することによって，どのように変化するかについて述べる[2.4]．

定常放電中における粒子種の解析には，一般に**現代陽光柱理論**[2.5]がよく用いられる．これは，円筒放電管中で，粒子の容器壁への拡散損失が，プラズマ中の粒子反応によって生ずる正味の発生量によって補われるとして解析するものであり，粒子密度の基本方程式は，粒子束と連続の式から，以下のように表される．

$$\frac{d^2 N_j}{dr^2} + \frac{1}{r} \cdot \frac{dN_j}{dr} + \frac{G_j}{D_j} = 0 \tag{2.1}$$

ここで，Nは粒子密度，Gは単位時間，単位体積あたりの正味の粒子発生量，Dは拡散係数，rは円筒中心軸を原点とした，半径方向を示す変数である．また，添字jは各イオンまたは活性粒子の種類を表し，イオン種のばあい，D_jは両極性拡散係数を用いる．

(2.1)式は1つの粒子に対して1つ書けるので，粒子の数だけ式が存在する．また正味の発生項Gは，その粒子が関与するすべての反応過程における発生と消滅の代数和であるので，かなり複雑な項になる．しかし実際には，反応係数の大きい主なものだけを用いて整理簡単化し，中心軸上($r=0$)で$dN/dr=0$，管壁($r=R$，ただしRは管半径)で$N=0$という境界条件のもとで，電算機による数値解を求めることができる．すなわち，各粒子種密度N_jと中心軸上における電子密度N_{e0}の比は，結果的には

§2.2 定常状態におけるプラズマパラメータの制御   43

$$\frac{N_\mathrm{j}}{N_\mathrm{e0}} = f(R, p, N_\mathrm{e0}, T_\mathrm{e}) \tag{2.2}$$

なる関数として求まる．ここで，R は管半径，p は気圧，T_e は電子温度である．陽光柱プラズマのばあい，電子温度 T_e は，準中性条件 $N_\mathrm{e}+N^-=N^+$（ただし，N_e は電子密度，N^- は負イオン密度，N^+ は正イオン密度）を満たすことによって，数値解の過程で値が決まるので，(2.2)式から一定の R と p のもとでは，N_e0 を与えることによって，各粒子種密度 N_j が求まる．

管半径 $R=3\,\mathrm{cm}$，気圧 $p=0.4\,\mathrm{Torr}$，中心軸上の電子密度 $N_\mathrm{e0}=10^9\,\mathrm{cm}^{-3}$，中性ガス温度 $T_\mathrm{g}=300\,\mathrm{K}$ としたときの各イオン種の計算結果を図 2-5 と図 2-6 にそれぞれ示す．

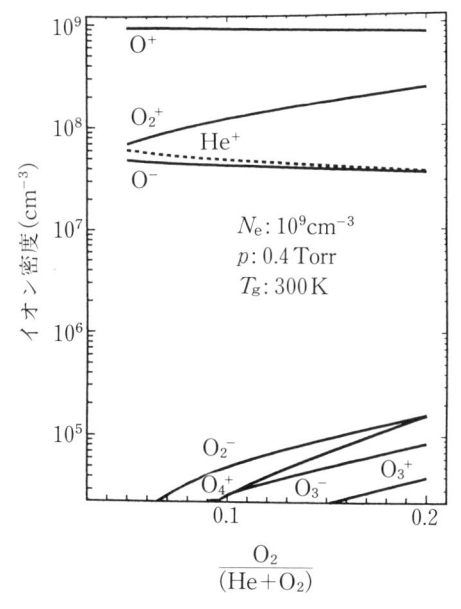

図 2-5 He+O_2 プラズマ中各イオン種の O_2 混合比依存性．

図 2-5 はヘリウムガスに酸素を混ぜた O_2-He 混合ガスプラズマのばあいであるが，横軸に酸素混合比，縦軸に各イオン種密度を示してある．図から，支配的なイオン種は O^+ であり，O_2^+ はその約1桁ほど小さい．酸素の混合比が増えるにつれて O^+ は減少し，O_2^+ は増加するが，いずれも He^+ や O^- よりも

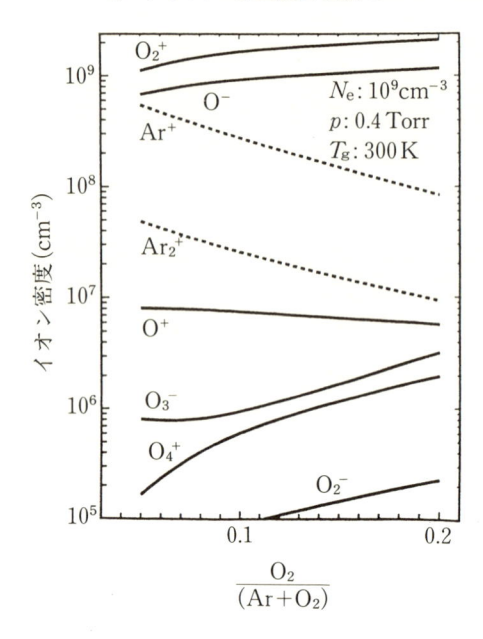

図2-6　Ar+O₂ プラズマ中各イオン種の O₂ 混合比依存性.

大きい値となっている．

　それに対して，図2-6はアルゴンガスに酸素を混ぜた O_2-Ar 混合ガスプラズマのばあいであるが，支配的なイオンは O_2^+ であり，O^+ は2桁以上も小さい．また負イオンである O^- の値は，O_2-He 混合ガスのばあいに比べて1桁以上も大きくなっている．

　同様の計算から得られた中性粒子種の密度をそれぞれ図2-7と図2-8に示す．いずれのばあいも，支配的な粒子種は O_2 であるが，図2-7の O_2+He 混合ガスのばあい，次に多い酸素原子 O の量は，図2-8で示されるように，O_2+Ar 混合ガスのばあいに比べて数倍多い．

　図2-9には計算の過程で得られた電子温度 T_e の値を示してある．電離電圧が高い He+O_2 混合ガスの方が電子温度が高く，O_2 の混合比が増えるにつれて低下する傾向となっている．

　O_2+He 混合ガスプラズマ中で，O と O^+ の生成量が多いのは，電子温度の

§2.2 定常状態におけるプラズマパラメータの制御

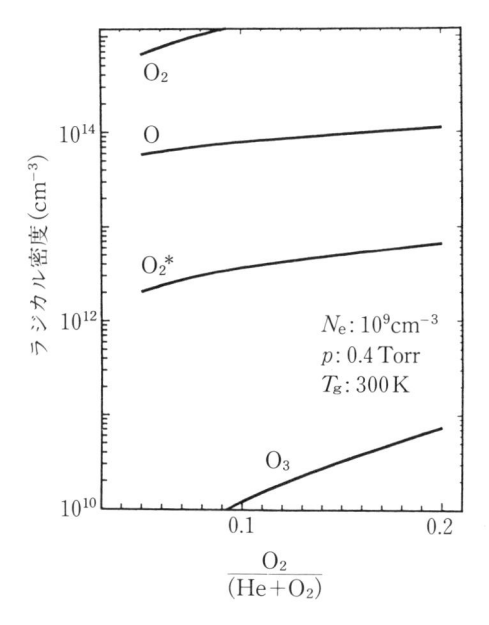

図 2-7 He+O_2 プラズマ中各ラジカル種密度の O_2 混合比依存性.

差が原因であると思われるが，O^+ に関しては，さらに第 1 章で述べてあるような各種**電荷交換反応**が寄与している．すなわち，電離された He^+ イオンはほぼ同等の反応速度で O^+, O_2^+ および分子イオンである He_2^+ に変換される．その後 He_2^+ は O_2^+ より O^+ に数桁速い速度で変換されるので，結果的には O^+ が支配的なイオンになる．

それに対して，O_2+Ar 混合ガスプラズマ中では，電子との反応速度が大きい Ar 原子がまず電子によって電離および励起されるが，その後，電離によってできた Ar^+ イオンは，イオン-分子電荷交換反応で O_2^+ イオンとなるか，または三体衝突反応でまず分子イオン Ar_2^+ に変換される．変換された Ar_2^+ イオンもその後速い反応速度で電荷交換によって O_2^+ イオンになるので，最終的には，O_2^+ が O_2+Ar 混合ガスプラズマ中の支配的なイオンとなる．

一方では負イオン O^- の生成は，第 1 章で述べてあるように，主に以下のような酸素原子と電子の**三体衝突付着**および酸素分子と電子の**解離付着**によって

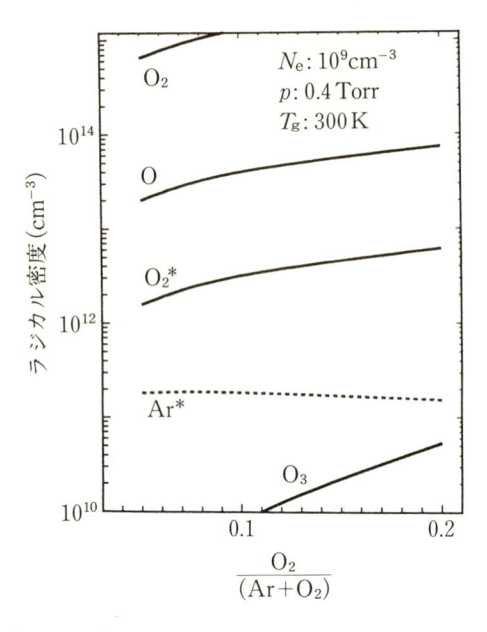

図 2-8　Ar＋O_2 プラズマ中各ラジカル種密度の O_2 混合比依存性.

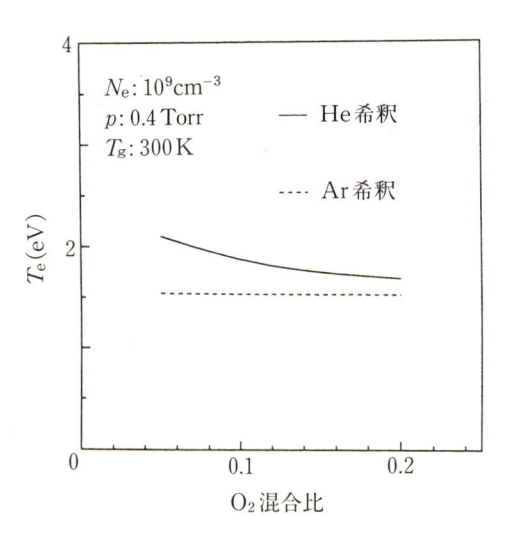

図 2-9　電子温度の O_2 混合比依存性.

なされる．すなわち

$$O + e + M \longrightarrow O^- + M \tag{2.3}$$

$$O_2 + e \longrightarrow O^- + O \tag{2.4}$$

双方の反応とも電子温度に強く依存し，電子温度が低いほど反応速度が大きい．したがって，電子温度の低い O_2+Ar 混合ガスプラズマの方が，O^- の密度が大きくなる．さらには，図2-8からわかるように，O_2+He 混合ガスプラズマ中では，酸素原子Oの量が多いので，(2.4)式で示される解離付着の逆過程である**協合離脱**反応によって O^- の量が減少し，結果的には，O_2+Ar 混合ガスのばあいに比べて，O^- の密度差が1桁程度に拡大したものと思われる．

また，図2-5，図2-6から見られるように，混合したガスの一方であるヘリウムとアルゴンの各イオン He^+ と Ar^+ の値は，いずれも酸素分子イオン O_2^+ に比べて小さい．これは，酸素分子 O_2 の電離電圧が 12.2（V：ボルト）で，ヘリウムの 24.58（V），アルゴンの 15.75（V）のどちらに比べても小さいためである．

したがって，このばあい，ヘリウムとアルゴンは，単に酸素プラズマのパラメータを左右する希釈ガスとしての役割しか担っていないように見える．これに対して，電離電圧が比較的近い，かつ複雑なエネルギー準位をもつ窒素ガス N_2（電離電圧 15.58 V，解離エネルギー 9.76 eV）を混ぜると，話はかなり違ってくる．放電によって窒素分子自身が解離または励起されるので，これらの活性粒子と酸素分子が反応して，より複雑な結果となる．

前述と同様の手法で計算された[2.6] O_2+N_2 混合ガスプラズマ中の中性粒子種の混合比依存性を**図2-10(a)**および**図2-10(b)**に示す．横軸は窒素の混合比，縦軸は粒子密度で，放電条件はHeやArのばあいと多少違って，気圧 $p=8$ Torr，電子密度 $N_e=4\times10^9$ cm^{-3} となっている．図の(a)は酸素粒子，(b)は窒素粒子を示しているが，いずれも N_2 と O_2 が支配的である．しかし，フリーラジカルである酸素原子Oの量は窒素原子Nに比べて数桁程度大きい．特に注目すべきは，O原子のばあい，窒素ガスを微量混入することによって急激に増大し，混合比10%付近で飽和傾向を示す．

O原子がN原子に比べて格段に多いのは，第1章で述べてあるように，O_2

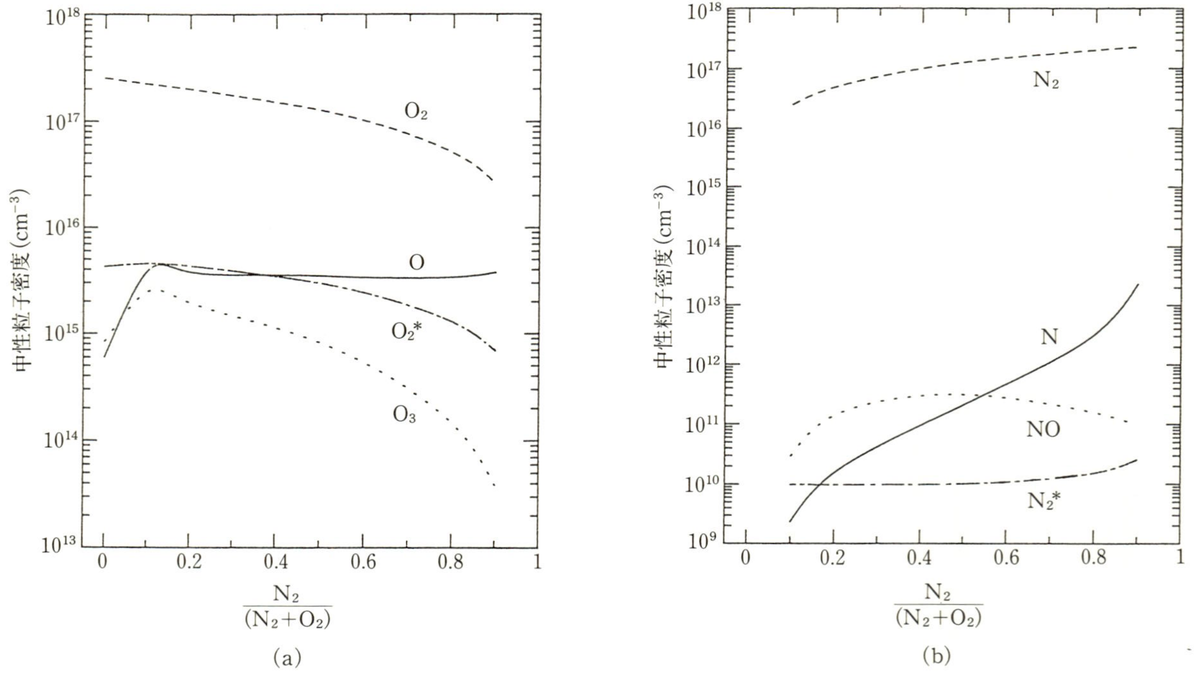

図 2-10 N_2+O_2 混合ガスプラズマ中における中性粒子種の N_2 混合比依存性．
(a) 酸素系粒子，(b) 窒素系粒子（ただし $p=8\,\mathrm{Torr}$, $N_e=4\times10^9\,\mathrm{cm^{-3}}$, $T_g=300\,\mathrm{K}$）．

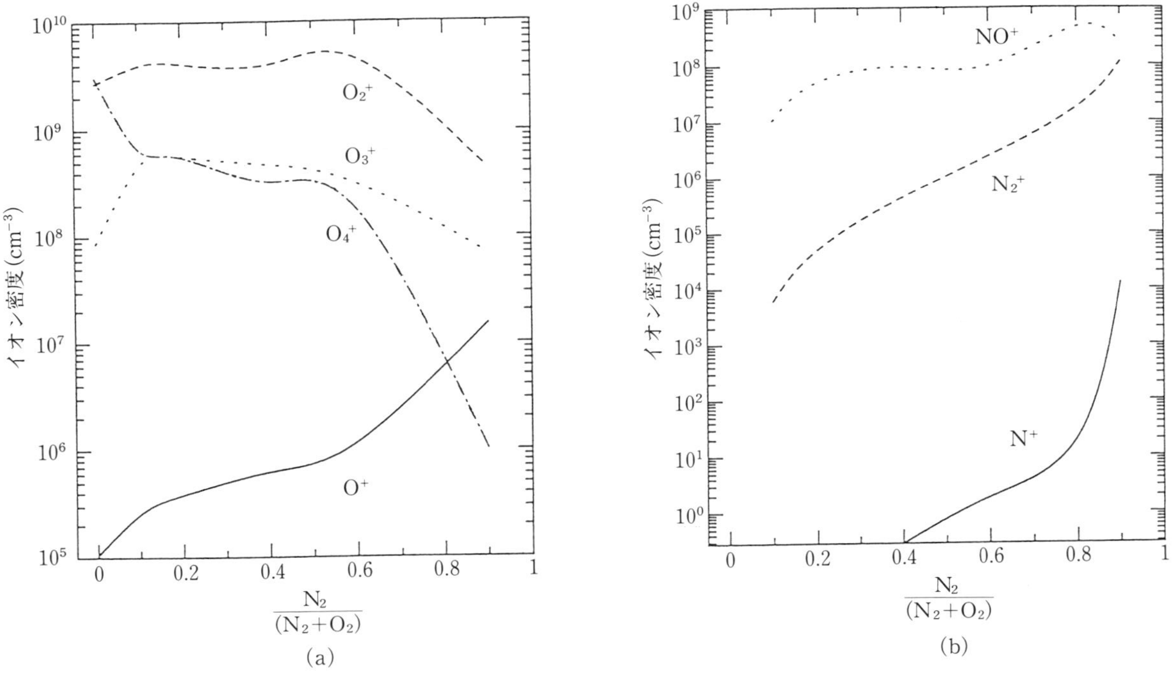

§2.2 定常状態におけるプラズマパラメータの制御　　49

図 2-11　N_2+O_2 混合ガスプラズマ中における各イオン種の N_2 混合比依存性.
(a) 酸素系イオン,(b) 窒素系イオン(ただし $p=8\,\text{Torr}$, $N_e=4\times10^9\,\text{cm}^{-3}$, $T_g=300\,\text{K}$).

の解離エネルギー(5.12 eV)がN_2の解離エネルギー(9.76 eV)に比べて小さいことも一因であるが，さらには，準安定状態に励起された窒素分子との衝突解離も無視できない．窒素分子の$A^3\Sigma_u^+$状態に励起された粒子は6.17 eV以上のエネルギーを持っているので，十分に酸素原子の解離に寄与することができる．したがって，微量の窒素を混入することによって，O原子の量は急激に増加するが，その後は，他の粒子との反応損失も増えるため，飽和傾向を示すものと思われる．

図2-11(a)と図2-11(b)には，同じ計算から得られた正イオン密度の混合比依存性を示す．混合比50%の所で比較すると，窒素分子イオンN_2^+の値は，酸素分子イオンO_2^+に比べて3桁ほど小さい．また，かなり多量のNO^+イオンが存在することが特徴的である．

O_2^+に比べてN_2^+が少ないのは，電離電圧の違いのほかに，以下の電荷交換反応が寄与しているものと思われる．すなわち

$$N_2^+ + O_2 \longrightarrow O_2^+ + N_2 \tag{2.5}$$

この反応の速度係数はおおよそ5×10^{-10} (cm^3/sec)で極めて大きい．

また，多量に存在するNO^+の生成には以下の反応があげられる．すなわち

$$O_2^+ + NO \longrightarrow NO^+ + O_2 \tag{2.6}$$

$$O_2^+ + N \longrightarrow NO^+ + O \tag{2.7}$$

上記反応の速度係数はそれぞれ4.8×10^{-10}および1.2×10^{-10} (cm^3/sec)で，他の反応過程に比べて大きい．反応の相手となるNOとN粒子の密度は，図2-10(b)から，いずれも10^{10} cm^{-3}以上であるので，O_2^+の密度よりも大きく，10^8 cm^{-3}程度のNO^+を生成するには十分であると思われる．

図2-12には同時に得られた電子温度の混合比依存性を示す．電子温度は窒素の混合比が増えるにつれて高くなっているが，これは希ガスのばあいと同様に，電子のエネルギー損失は，大部分を占める中性粒子との弾性衝突によるものが支配的であることを意味している．したがって，同じ気圧では，損失がほぼ一定であるので，電離電圧の比較的高い窒素分子の割合が大きくなるほど，電子温度が高くなる．

以上の結果から，ガスを混合することによって，ある程度まで電子温度の制

§2.2 定常状態におけるプラズマパラメータの制御　　51

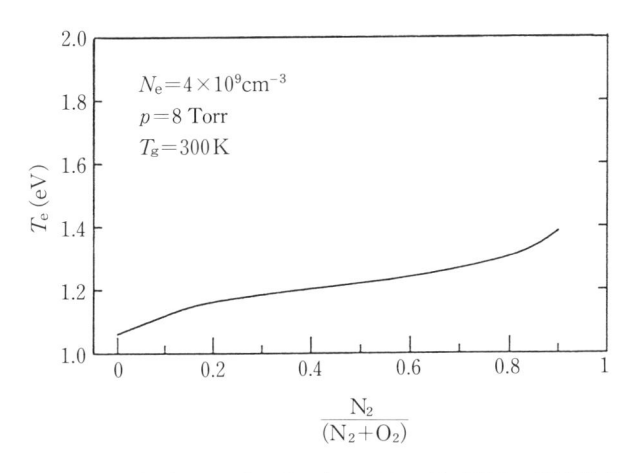

図 2-12　N_2+O_2 混合ガスプラズマ中における電子温度の混合比依存性.

御が可能ではあるが，それよりも，混合ガスの効果は，各粒子種とその密度の生成と制御にあると思われる．プラズマ中の反応過程を考慮しながら，適切なガスの種類と割合を選べば，特定の粒子種を選択的に励起または電離することが可能となるであろう．

　しかし実際には，プラズマ中の反応過程がすべて明らかになっているわけではない．また知られている反応についても，その反応速度係数が十分確定しているとは限らない．したがって，すべてを事前に理論的に予測することが難しいので，実用にあたっては，ある程度実験的に試行錯誤をくり返しながら，最適放電条件を見出すことも，現時点では必要であると思われる．

B.　ガス流速による電子温度の変化

　流速によって電子温度が変化することは，すでに前節で述べてあるが，ここでは，具体的な計算の1例[2.7]を紹介する．計算に用いたモデルを**図 2-13**に示す．半径 R_p の円筒放電管の軸方向に速度 u で気体を流し，リング状電極を用いて $2L$ の長さのプラズマを発生させる．

　プラズマ中の粒子密度と電子温度の計算は，前節で述べた現代陽光柱理論を用いるが，基礎方程式は以下のように示される．すなわち

(a)

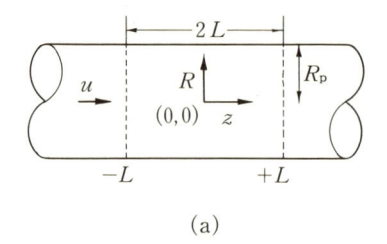

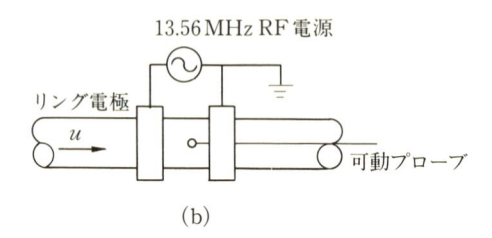

(b)

図 2-13 (a) 計算に用いたモデル，(b) 比較実験のための放電系．

$$\nabla^2 N_j + \frac{G_j}{D_j} - \boldsymbol{u} \cdot \nabla N_j = 0 \qquad (2.8)$$

ただしここで ∇^2 と ∇ はそれぞれベクトル演算記号のラプラシアンとグラディエントを表す．(2.8)式は前節の(2.1)式に流速による損失項 $\boldsymbol{u} \cdot \nabla N_j$ をつけ加えたものであるが，前節と同様に，密度の境界条件と電荷の準中性条件を用いれば，電算機による数値解を求めることができる．

管半径 $R_p = 1$ cm，プラズマ長の半分 $L = 1$ cm としたときの，ヘリウムガスについて計算された電子温度の値を図 2-14(a)と図 2-14(b)に示す．図(a)は管中心における電子密度 $N_{e\,max} = 1 \times 10^{10}$ cm^{-3} であるばあいの，流速 u (m/s) をパラメータとした気圧 p (Torr) と電子温度 T_e (eV) の関係，図(b)は気圧 $p = 5$ Torr のばあいの，$N_{e\,max}$ をパラメータとした u (m/s) と T_e (eV) の関係である．いずれのばあいも，ガスの流れが速くなるほど，T_e の値は大きくなる．これは，流速方向に生ずる対流損失を補い，一定の電子密度を維持するために，電子温度が上昇するものと思われる．

しかし，図からわかるように，流速による T_e への影響は，数 10 Torr 以上

§2.2 定常状態におけるプラズマパラメータの制御

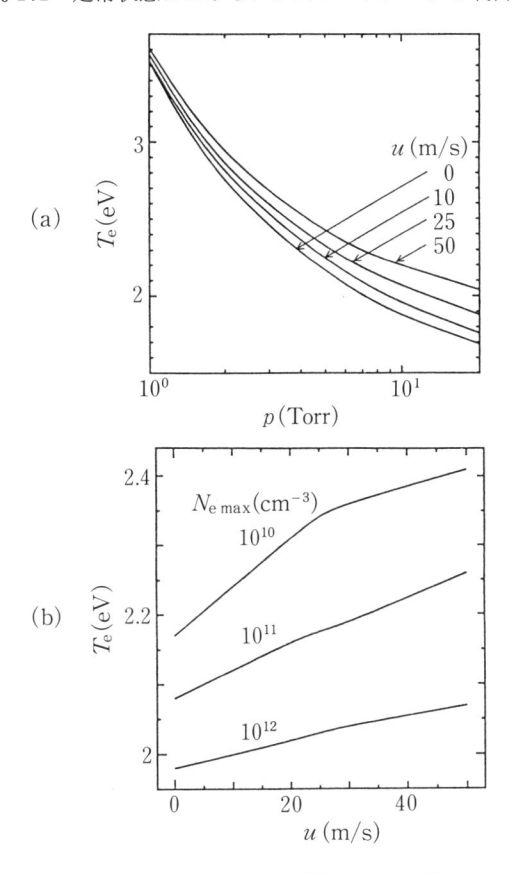

図 2-14 (a) 流速に対する気圧と電子温度の関係(ただし最大電子密度 $N_{e\,max}=1\times10^{10}\,\mathrm{cm}^{-3}$). (b) 最大電子密度に対する流速と電子温度の関係 (ただし気圧 $p=5\,\mathrm{Torr}$).

の高い気圧領域で顕著となるが，1 Torr 以下の低気圧グロー放電では，それほど問題にはならない．

2.2.2 電極およびグリッドによる制御

前節で扱った混合ガスの種類と割合による制御は，図 2-2 で示される**一次反応**および**二次反応**を利用するものであるが，それに対して，放電装置の形状や

寸法による制御は，図2-2で示される**損失反応**を利用する．前者は粒子種の制御が主となるが，後者は直接的には電子温度の制御であり，電子温度の変化によって，間接的には粒子種の制御も期待できる．

同じ気圧と放電電流では，放電管の半径を小さくするほど管壁への拡散損失が増えて電子温度が上昇すること，また，放電管の断面形状によって電子温度が変化すること，などはすでに述べてある．ここではさらに，プラズマ中に積極的にピン電極を挿入，またはメッシュグリッドを設置することによって，損失量を調節し，電子温度の値を大幅に可変とする実験について紹介する．

A. ピン電極による電子温度およびエネルギー分布関数の変化

佐藤ら[2.8]によるピンホローカソード電極放電の装置図を図2-15(a)に示

(a)

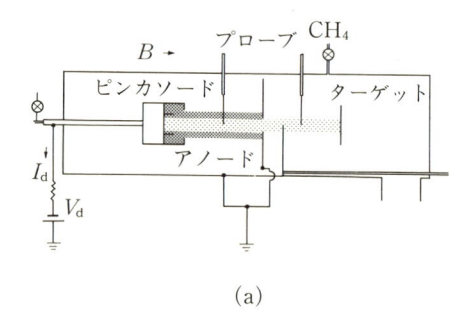

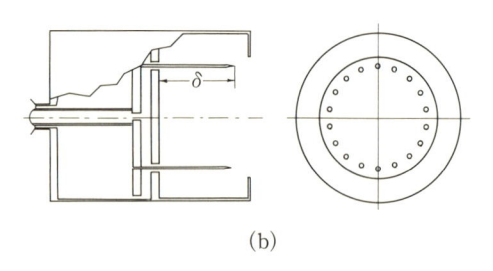

(b)

図2-15 (a)ピンホローカソードを用いた放電管と電極の配置図．(b)ピン電極の側面図と断面図[2.8]．

§2.2 定常状態におけるプラズマパラメータの制御

す．陰極には，通常の直径100 mm，開孔直径70 mmの円筒型ホローカソードを用い，**図2-15(b)** に示すようなピン電極をカソード外部から挿入できるようにしてある．ピン電極は直径2 mmのステンレス製で，直径60 mmの円板上に10 mm間隔で合計18本をリング状に配置し，挿入するピンの長さδは0から50 mmまで変えられるようになっている．

カソード開孔端から右側200 mmの位置に，直径30 mmの穴を開けた陽極（アノード）を設置し，さらにその右側にプラズマを終端する直径100 mmのターゲットが置かれてある．電子温度と電子密度の測定には，陽極両側にある2本の半径方向に可動なラングミュアプローブによって行われた．

ピン電極を挿入していない$\delta=0$ mmの状態で，軸方向に100～150ガウスの磁界を印加し，カソードと陽極間に300～400 Vの電圧を加えると，PIG放電と似た原理で，いわゆる**ホローカソード効果**によって，カソード内に閉じこめられた電子による効率的な衝突電離が行われ，5×10^{-4} Torrの極めて低い気圧のもとでも，安定したグロー放電が維持され，カソード開孔端と同じ直径70 mmのプラズマが陰極と陽極間に生成される．

このような状態のもとで，ピン電極を挿入すると，図2-15(b)で示されるように，ピン電極に囲まれたリングの内側部分の発光がだんだん弱まり，$\delta=50$ mmではほとんど発光が観察されなくなる．

気圧$p=8\times10^{-3}$ Torrのアルゴンガスプラズマを，中心軸の位置で測定したラングミュアプローブの電流-電圧特性と，その二階微分に比例する電子のエネルギー分布関数$f(V_p)$の結果を**図2-16**に示す．

図から，ピン電極を挿入すると，挿入しないばあいに比べてプローブの電子電流I_pは増加し，プローブ電圧V_pに対する傾きが急になる．すなわち電子密度が増加し，電子温度が低下する．この傾向は，挿入するピン電極の長さδが増えるほど顕著となる．

また，電子電流の二階微分で示される電子のエネルギー分布関数$f(V_p)$から，δが増えるほど，高エネルギー部分の電子が減少していることがわかる．

これは，ピン電極周辺にできた電界によって，電子がホローカソードの円筒内側と，リング状ピン電極外側の狭い空間内に強く閉じこめられて，より効率

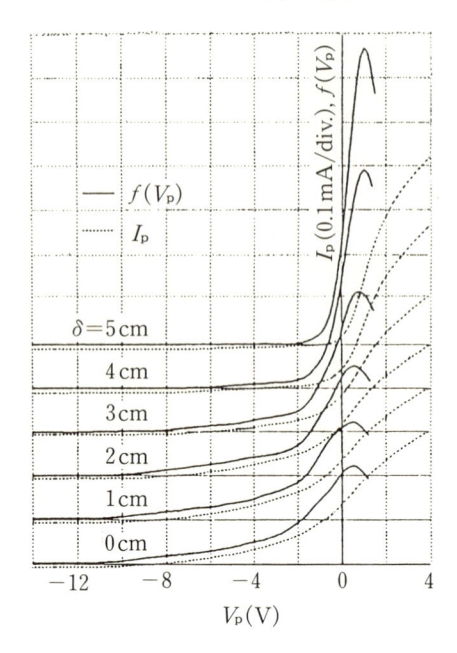

図2-16 ピン電極の長さ δ を変えたばあいのプローブの I_p-V_p 特性とその二階微分 $f(V_\mathrm{p})^{(2.8)}$.

的に衝突電離をくり返す,すなわち,ホローカソード効果が強化されるためであると説明されている.その結果,電離が増えて電子密度は増加するが,エネルギーの消耗によって高エネルギー電子が減少して,電子温度が低下する.

電離によってできたこれらの電子は,電界と磁界の駆動(ドリフト)によって,ピン電極の隙間を通り抜けて中心部に集まるので,中心軸付近では,電子密度は高いが,高エネルギーの電子が少ないため,プラズマの発光は弱まる.

この実験では,プローブ測定の結果から,ピン電極の長さを 0 から 50 mm まで変えると,中心軸上における電子密度は $4\times10^9\,\mathrm{cm}^{-3}$ から $7\times10^9\,\mathrm{cm}^{-3}$ へと約 1.75 倍に増えるが,電子温度は逆に 4 eV から 0.3 eV に低下する.すなわち,δ を変えることによって,電子温度を約 1 桁程度連続的に制御できることがわかる.

一般には,原子分子の諸反応過程における反応(または衝突)断面積は,電子

温度に大きく依存する．電子温度が変わることによって反応速度が変わり，結果的にはプラズマ中の粒子の組成も変わることが期待できる．佐藤氏らの実験では，アルゴンガス中に微量のメタン(CH_4)ガスを混入し，ピン電極によって電子温度を低下させると，粒子の組成が大きく変化し，特に水素の負イオンが大量に生成されることも同時に報告されている．負イオンの大量生成は，電子温度の低下によって，電子の付着反応が活発に行われたためであると思われる．

B. メッシュグリッドによる電子温度の制御

放電空間以外の拡散プラズマ領域では，強い電界が存在しない，すなわち電子に対する新たなエネルギーの供給がないので，損失を増やすことによって，電子温度を2桁程度大幅に低下させることができる．

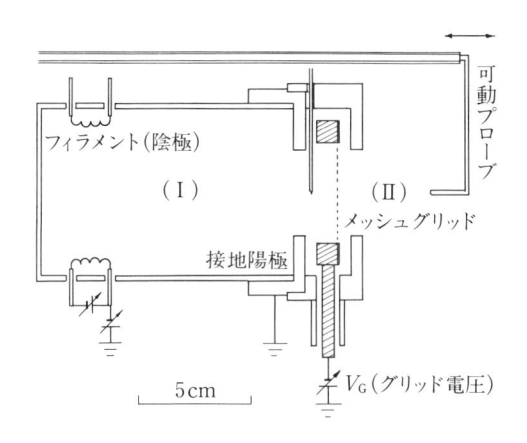

図 2-17　放電電極とメッシュグリッドの配置図[2.9]．

加藤ら[2.9]は，図 2-17 で示されるメッシュグリッドをつけた装置で実験を行った．陰極にはタングステンフィラメントを用い，接地されたステンレス製陽極との間で放電を行い，プラズマを生成する．生成されたプラズマは，陽極の右側に設置されたメッシュグリッドを通って拡散する．したがって，プラズマはメッシュグリッドによって，左側の放電領域Ⅰと右側の拡散領域Ⅱとに分

断される.メッシュのサイズには,6.8, 5.1, 3.4, 1.7, 0.51 および 0.25 mm の 6 種類を用い,接地陽極に対して負のバイアス電圧が加えられるようにしてある.プラズマパラメータは,領域 I と領域 II にそれぞれ設置されたラングミュアプローブによって測定を行った.

気圧 0.4 Pa ($=3.08\times10^{-3}$ Torr) のアルゴンプラズマ中で測定された領域 II における電子温度とバイアス電圧 V_{Gs} の関係を図 2-18 に示す.図から,0.25 と 0.51 mm の細いメッシュグリッドを用いたばあい,-5 V 程度のわずかな負バイアス電圧を加えるだけで,電子温度は 2 桁ほど急激に低下する.それに対して,メッシュサイズが粗くなると,温度低下に必要な負バイアス電圧は大きくなり,最も粗い 6.8 mm メッシュのばあい,-40 V 加えてもほとんど低下しなくなる.低下した電子温度はいずれも室温に近づく傾向を示している.

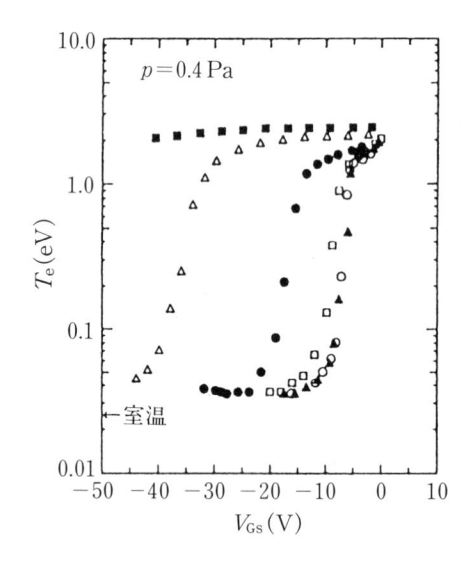

図 2-18 領域 II における電子温度と領域 I の空間電位を基準としたグリッド電位 V_{Gs} の関係.
　　メッシュサイズはそれぞれ
　　■(6.8), △(5.1), ●(3.4), □(1.7), ▲(0.51), ○(0.25 mm)[2.9].

一方では，電子温度の低下にともなって領域IIにおける電子密度は逆に増加する．メッシュサイズ3.4 mmの例では，-15 Vの負バイアスによって，電子温度は1.3 eVから0.035 eVに低下するが，それに対して，電子密度は2.5×10^8 cm^{-3}から2×10^9 cm^{-3}へと，1桁ほど大きくなる．

これらの現象は次のように説明されている．すなわち，負のバイアス電圧を乗り越えられた少数の高速電子が，領域IIで中性粒子と衝突し，累積電離によって電子密度を増大させる．領域IIの拡散領域では，電子を加速する電界が存在しないので，電子は累積電離によって一方的にエネルギーを失い電子温度が低下する．したがって，負のバイアス電圧で高速電子の量を調節することによって，電子温度の値を2桁ほど可変とすることができる．

さて，これまで述べてきた方法は，電子温度を制御する良い方法ではあるが，しかしいずれも，体積中における再結合損失が無視できる極めて低い気圧（1×10^{-2} Torr以下）のプラズマにしか適用できない．気圧が高くなると，電子の平均自由行程が短くなり，体積中での再結合損失が増大し，前述のように，電極やグリッドで簡単に損失量を調節することができなくなる．

同軸円筒型電極を用いた放電では[2.10]，内側電極の隙間を通って円筒中心部に拡散したプラズマは，気圧が高くなるほど，体積再結合によって密度は低下するが，電子温度に関しては，衝突緩和によって，ほぼ放電空間内のプラズマと同じ値を保っていることが知られている．

したがって，気圧の高い定常放電プラズマ中では，電子温度は放電領域の値でほとんど決まるので，電子温度を制御するためには，放電空間における気圧や管半径を変えたり，さらには，図2-4や図2-9で示されるように，適当な混合ガスを用いるなどの工夫が必要である．

§2.3　非定常状態におけるプラズマパラメータの制御

連続放電中のプラズマパラメータは，各反応過程の時間平均値で決まるが，間欠的なパルス放電プラズマ中では，プラズマパラメータは各時刻における発生と消滅のバランスで決まることは，すでに述べてある．しかし一般には，粒

子が脱励起または消滅する時間は，励起または発生する時間に比べて長いものが多いので，単発のパルス放電のばあいと，前のパルスによる影響が残るくり返し放電のばあいとでは，得られる結果が異なるはずである．したがってここでは，両者を分けて，それぞれのばあいの放電特性とプラズマパラメータの制御について述べる．

2.3.1 アフタグロープラズマ中の温度と密度

A. パルスアフタグロープラズマ

単一パルスによる放電では，電圧印加時間中に生成されたプラズマ粒子は，電圧が印加されなくなると，衝突拡散および再結合によって消滅する．電圧遮断後消滅するまでのプラズマを，一般に**アフタグロープラズマ**(Afterglow plasma)と呼んでいる．

アフタグロープラズマ中では，電子は中性粒子との衝突によってエネルギーを失う一方で，拡散と再結合によって消滅する．アフタグロー中には加速電界が存在しないので，電子温度は**図 2-19** で示されるように，室温近くまで急速

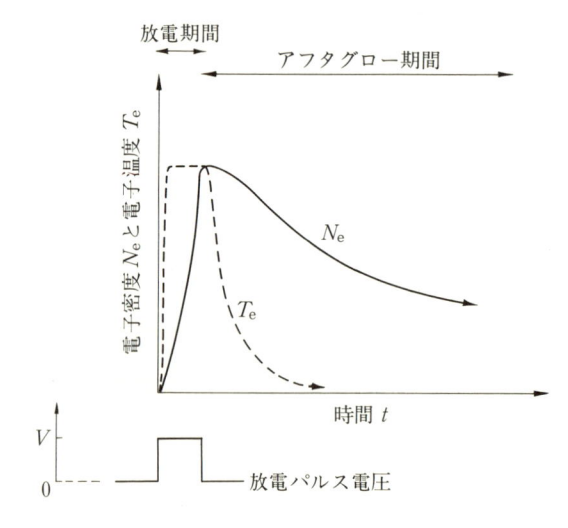

図 2-19 アフタグロー中の N_e と T_e の時間推移概念図.

に低下する．それに対して，電子密度の消滅は放電管半径と気圧に依存し，一般には図で示されるように，電子温度の減衰に比べて十分に遅い．

アフタグロープラズマ中における電子密度の減衰は，電子の拡散および再結合の結果であるので，従来からその減衰の速さを測定することによって，拡散係数または再結合係数を求める手段として利用されている[2.11]．

しかしパラメータ制御の観点からいうと，アフタグロープラズマは，高電子密度，低電子温度プラズマを作る極めて良い方法でもある．近年，プラズマプロセスでは，生産性の向上と併せて，膜や基板の損傷を減らすなど，色々な理由で低温高密度プラズマが必要とされている．高電圧パルス放電によって発生した高密度の電子は，中性粒子との衝突で大量のラジカル種を生成する．パルス電圧が終了したアフタグロー期間では，電子温度は弾性衝突によって急速に低下するが，寿命の長いラジカル種は基板に堆積して良質の膜を形成する．

幅 20 μs，周期 2 ms，すなわち 1% の低い**デューティーサイクル**（電圧印加時間とくり返し周期の比）で，-1 から $-2\,\mathrm{kV}$ の矩形波電圧を印加したパルス**プラズマ CVD**（PCVD, Plasma Chemical Vapor Diposition）法を用いて，光伝導度の良い a-SiGe：H 膜が得られる実験などが報告されている[2.12],[2.13]．

アフタグロー中では加速電界がないので，電子温度と密度は，一般には弾性衝突によって単純に減衰するが，ガスの種類によって，時には違った振舞をすることもある．

ネオンやヘリウム，アルゴンなどのような，準安定粒子のできやすい気体では，アフタグロー中で，電子と準安定粒子の衝突による**累積電離**によって，一旦低下した電子密度が再び上昇することがしばしば観測されている．また，反応性の強い分子ガス中では，寿命の長い活性粒子が大量に生成されるので，これらの粒子がアフタグロー中で互いに反応をくり返し，電子が再加熱されて電子温度が上昇するなど，複雑な現象を示すこともある．電子再加熱現象については，次の節で紹介することにする．

B. フローイングアフタグロープラズマ

パルス放電によるアフタグロープラズマは，数 msec 以下の短時間で消え去

るばあいが多いので，プラズマパラメータの測定は比較的難しく，工夫を要する．それに対して，図 2-20 のような流し放電プラズマでは，プラズマの時間的変化を，空間的距離に置きかえることができるので，測定が容易になる．すなわち，放電管にガスを流しながら，上流に設けたマイクロ波キャビティ(空胴共振器)などで放電を行う．生成されたプラズマは，ガス流の駆動によって下流に流され，衝突反応をくり返しながら，拡散と再結合によって減衰する．流速 v がわかれば，位置 z における時刻 t は，$t=z/v$ から換算できる．このようなプラズマを，フローイングアフタグロープラズマ(Flowing afterglow plasma)と呼んでいる．

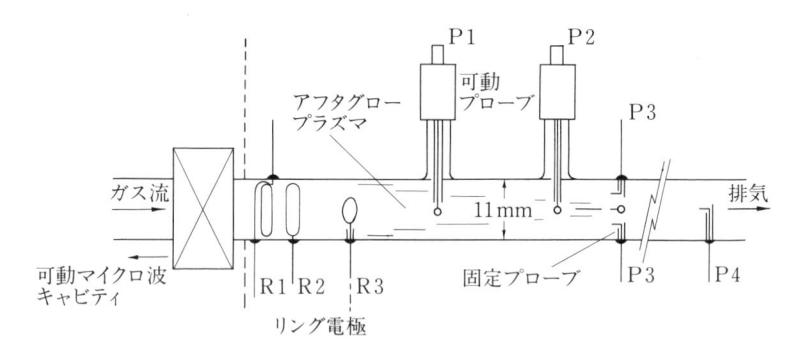

図 2-20　フローイングアフタグロープラズマの発生装置．

フローイングアフタグロープラズマは，上流にある主放電の影響がある程度重畳される．また，下流へ向けて長い管壁の効果が無視できないなど，パルス放電によるアフタグロープラズマと異なる部分があるが，パルス放電と違って，定常状態でパラメータの測定ができるため便利であり，原子分子反応の実験的研究によく用いられている．

さて，図 2-20 で示す放電管は[2.14] 内径 10 mm のパイレックスガラス製であるが，上流の放電部分には融点の高い石英ガラスをつなぎ，エバンソンタイプと呼ばれる 2.45 GHz の円筒型マイクロ波キャビティで放電できるようになっている．

プローブ測定のために，上流のキャビティ付近にリング状基準電極を設けて

§2.3 非定常状態におけるプラズマパラメータの制御

ある．径方向の測定には半径方向に可動なプローブを用いるが，軸方向の測定のばあいは，放電キャビティの位置を移動することによって行う．

流速 20 m/sec，気圧 1 Torr のばあいの電子温度の測定結果を**図 2-21** に示す．気体は純度 99.95％の N_2, O_2, Ar, He, Ne および空気の 6 種類を用いた．横軸は一番上流で測定可能なキャビティから 25 mm の位置を $d=0$ mm として距離を表示してある．縦軸は $d=0$ mm で得られた値で規格化した電子温度で，規格化に用いた電子温度の値(eV)は，それぞれガス記号わきの括弧内に示してある．

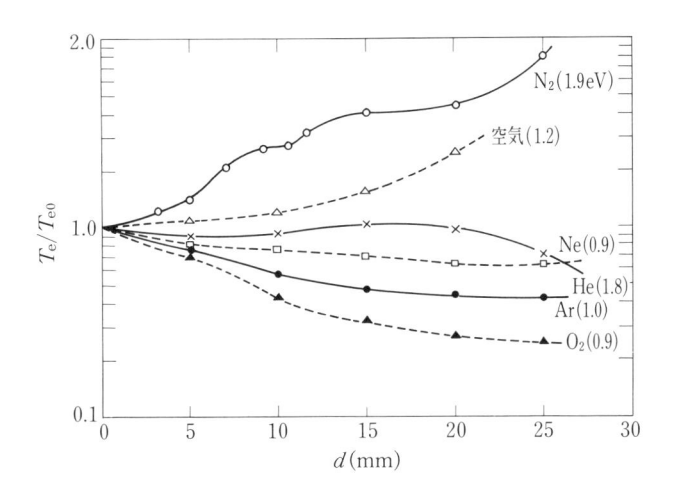

図 2-21 フローイングアフタグロープラズマ中の電子温度の流れ方向変化．

図から，窒素と空気プラズマの電子温度は，下流に行くほど上昇するのに対し，ヘリウム，ネオン，アルゴンおよび酸素ガスプラズマは，下流に行くほど低下する．

アフタグロープラズマ中で電子温度が上昇するのは，電子が窒素原子や分子との非弾性衝突反応で，再加熱されるためであると説明されている．すでに第1章でも述べてあるように，窒素は特有の極めて複雑な内部エネルギー構造をもっている．放電空間で解離，再結合などによって励起された長寿命の活性粒子は，アフタグロー中で電子と衝突することによってそのエネルギーを転嫁

し，電子を再加熱する．ネオン，ヘリウム，アルゴンや酸素ガスプラズマは，**再加熱効果**(Reheating effect)よりも，弾性衝突損失の方が支配的であるので，電子温度が低下する．

窒素ガスを用いたフローイングアフタグロープラズマ中では，窒素原子や分子の複雑な衝突反応によって生ずる色々と特異な現象が観測されている．最も典型的なものとしては，**ルウイス-レイリー・アフタグロー**(Lewis-Rayleigh afterglow)がある．これは第1章で述べた**窒素の第1正帯**(First positive system bands of N_2)の振動準位11から7への遷移にともなう波長5804Åの光を主としたアフタグローで，見た目には黄色い発光をしている．このアフタグローは，気圧数 Torr から数 10 Torr の間で簡単に発生し，数 msec から数秒の長寿命であるので，数 10 cm 長の放電管内はもちろんのこと，ときには最下流の排気ポンプの入口まで続いた発光が観測される．

ルウイス-レイリー・アフタグローの成因はおおよそ次のように考えられる．上流のキャビティ内で，放電によって解離生成された大量の窒素自由原子 N が，下流のアフタグロー中で，以下のような三体衝突反応によって再結合し，$^5\Sigma_g^+$ の電子的励起状態から，高い振動準位の $B^3\Pi_g$ 状態に励起される．すなわち

$$N(^4S)+N(^4S)+M \longrightarrow N_2(^5\Sigma_g^+)+M \quad (再結合エネルギー 9.76\,\mathrm{eV}) \quad (2.9)$$
$$\longrightarrow N_2\,(B^3\Pi_g,\,v \neq 0)$$

$^5\Sigma_g^+$ 状態のポテンシャルカーブは，第1章の図1-7で示されるように，窒素分子 $B^3\Pi_g$ 状態の振動準位 $v=10\sim11$ 付近と交差しているため，$^5\Sigma_g^+$ 状態から $B^3\Pi_g$ 状態 ($v=10\sim11$) への遷移が高い確率で起こり，結果的には窒素の第1正帯 ($B^3\Pi_g \longrightarrow A^3\Sigma_u^+$) の発光が強く観測されるようになる．

さらには，気圧と流速の組合せを変えて色々と調節すると，黄色いルウイス-レイリー・アフタグローの中から，忽然として，小さいピンク色をした部分が現れる．これはピンクアフタグロー(Pink afterglow)と呼ばれるもので，**窒素イオンの第1負帯**(First negative system bands of N_2^+, $B^2\Sigma_u^+ \longrightarrow X^2\Sigma_g^+$) の振動準位0から0への遷移にともなう3914Å波長の強い発光が観測される．

§2.3 非定常状態におけるプラズマパラメータの制御   65

　放電管の内径が 10 mm のばあい，ピンクアフタグローは，おおよそ流速 10 m/sec 前後，気圧 3～10 Torr 範囲で，キャビティから下流 40～60 mm 付近の位置で，幅 20 mm 程度の大きさで現れる．

　流速 $v=10$ m/sec，気圧 $p=9$ Torr のピンクアフタグローが発生している状態で，軸方向に沿ってラングミュアプローブで測定した電子温度 T_e (eV) と電子密度 N_e (cm^{-3}) の1例を図 2-22(a) と図 2-22(b) に示す[2.14]．

　この実験では純度 99.997% の窒素ガスを用いているが，図(a)中の曲線

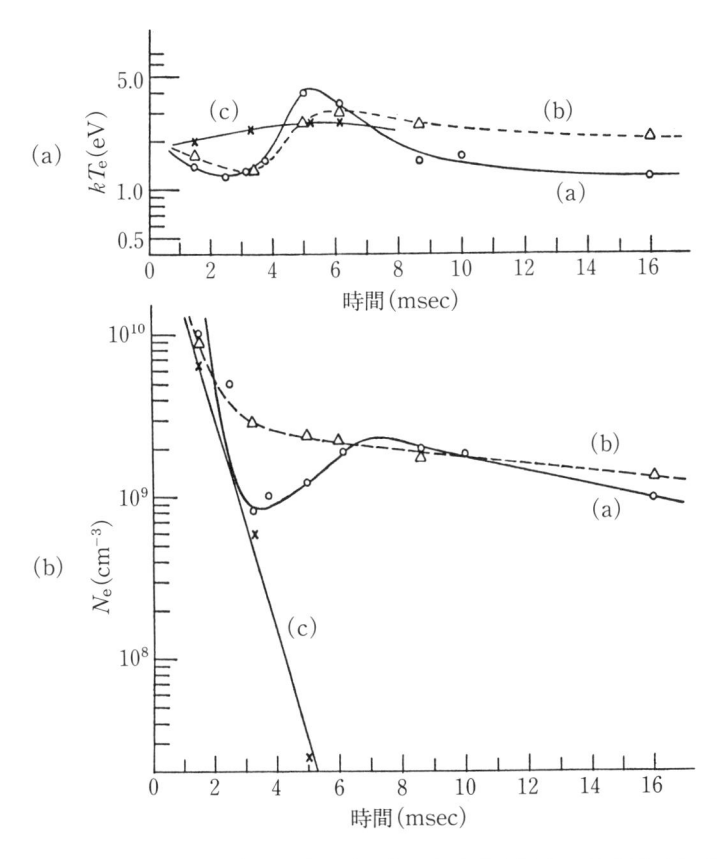

図 2-22　窒素ピンクアフタグロープラズマ中の(a)電子温度，(b)電子密度の時間変化[2.14]．

(a)がピンクアフタグローが最も強く現れているばあいの電子温度，曲線(b)はごく微量の空気を不純物として混入したばあい，曲線(c)はキャビティ上流にTi-Zrトラップを設けて，窒素ガスをさらに加熱純化したばあいの，それぞれの電子温度である．図(b)には同時に測定された電子密度の値を示してある．

図から，ピンクアフタグローが顕著に現れている状態では，電子温度は，距離から換算したアフタグロー時間約2.5 msec付近から上昇をはじめ，5 msec付近で4 eV程度の最大値を示した後，下流に向かって再び1 eV近くまで低下する．この傾向は，同時に測定された3914Å波長の発光強度とほぼ一致する．

電子密度に関しては，電子温度と同じ変化を示すが，ピーク値（$\simeq 2.5 \times 10^9$ cm^{-3}）の位置が2 msecほど下流にずれている．微量の空気を導入すると，ピンクアフタグローの発光は弱くなり，逆にTi-Zrトラップで完全に純化すると，アフタグローは消失する．これらのことから，窒素アフタグローの形成には，不純物としての酸素ガスの量がかなり影響することがわかる．

主放電からエネルギーの直接的な供給がないアフタグロープラズマ中で，電子が加熱され，さらには電離増倍し，高いエネルギー準位である窒素イオンの第1負帯からの発光をする不思議なピンクアフタグローの形成メカニズムについては，前述の実験結果から，以下のように電離と励起の2段階反応で説明されている．すなわち，まず(2.9)式で示される窒素原子の三体衝突反応の結果生成された大量の振動励起分子 N_2 ($B^3\Pi_g, v \neq 0$) の一部が**準安定粒子**（Metastables）N_2^* に変換される．エネルギー的に見ると，$^5\Sigma_g^+$状態付近では，$A^3\Sigma_u^+$（エネルギー 6.17 eV, 寿命 10 sec），$^3\Delta_u$ ($\simeq 7.1$ eV, $\simeq 1$ sec)，$a'^1\Sigma_u^-$ (8.4 eV, 0.7 sec) $a^1\Pi_g$ (8.55 eV, 1.7×10^{-4} sec) など，比較的長寿命の準安定粒子が可能である．これらの準安定粒子が下流に向かって蓄積されて，やがて十分な量となり，互いの衝突によって電離し，電子密度が上昇するようになる．すなわち

$$N_2^* + N_2^* \longrightarrow N_2^+(X) + N_2(X) + e \quad \text{（電離エネルギー 15.6 eV）} \quad (2.10)$$

この反応では，$a'^1\Sigma_u^-$ と $a^1\Pi_g$ 状態の準安定粒子同士が衝突すれば，電離に

§2.3 非定常状態におけるプラズマパラメータの制御

必要なエネルギーは十分であるが，$^3\Delta_u$ と $A^3\Sigma_u^+$ のばあいでも，不足するエネルギーの一部を第三体としての電子や振動励起分子によって補足されれば，電離が可能である．

一方では，振動励起分子や準安定粒子との非弾性衝突によって，4 eV 程度にまで加熱された高速電子は，引き続き第2段階反応として，(2.11)式で示されるように，窒素分子イオンを $B^2\Sigma_u^+$ 状態に励起する．すなわち

$$N_2^+(X) + e(\sim 4\,\text{eV}) \longrightarrow N_2^+(B) + e(\sim 1\,\text{eV}) \tag{2.11}$$

その結果，窒素分子イオン第1負帯 ($B^2\Sigma_u^+ \longrightarrow X^2\Sigma_g^+$) の $(0,0)$ 遷移である波長 3914Å（3.2 eV のエネルギー相当）の光が強く放射される．励起後の電子温度は再び 1 eV 程度に低下する．

窒素の励起粒子による電子の再加熱現象は，20～80 Torr の比較的高い気圧のプラズマジェット内でも観測されている[(2.15)]．このばあいは，直径 3 mm の小さなノズルを設けた銅製アノードと，近接して配置したタングステン製棒状カソードとの間に，数10アンペアの大電流アーク放電を行い，プラズマを生成する．毎分 10 l 程度の流量で気体を流し，ノズルを通じてプラズマをジェット流として，直径 100 mm のガラス製減圧チェンバー内に噴出させる．

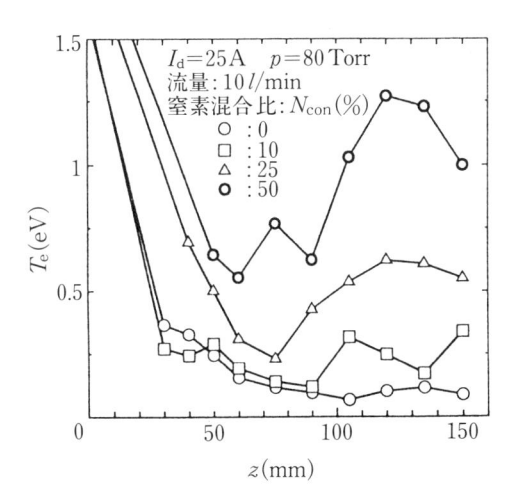

図 2-23　プラズマジェット中の電子温度の軸方向変化．

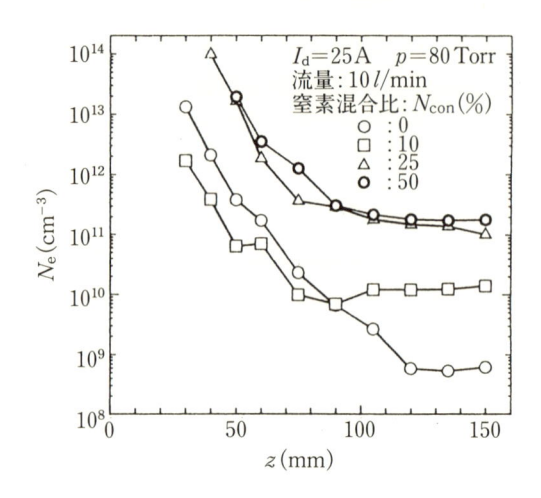

図 2-24　プラズマジェット中の電子密度の軸方向変化．

　この実験でのプラズマジェットは，チェンバーの半径が大きいので，前述の細い管のばあいとでは，多少管壁の効果が異なるが，基本的には，フローイングアフタグロープラズマの一種であると考えられる．

　チェンバー内圧力 $p=80$ Torr，放電電流 $I_d=20$ A のアルゴン-窒素混合ガス放電プラズマを，ダブルプローブで測定した電子温度，電子密度の結果をそれぞれ図 2-23 と図 2-24 に示す．

　図 2-23 では，横軸にノズルの位置を基準としたジェット下流に向けての距離 z (mm) を，縦軸には，窒素の混合比をパラメータにした電子温度 T_e (eV) を示してある．図から，純アルゴンガスのばあい，電子温度は下流に向かって一方的に減衰するが，窒素を混合すると，T_e は下流で再び上昇する．この傾向は窒素の混合比が大きくなるほど顕著となる．図 2-24 は電子密度 N_e のばあいであるが，窒素を混合すると，T_e が上昇するあたりから，N_e は減衰せずにほぼ一定の値を保つようになる．この値は，窒素の混合比が大きくなるほど大きい．窒素プラズマジェット中の電子再加熱現象は，前述と同様に，電子と振動励起された窒素分子の第 2 種非弾性衝突による以下の反応で説明されている．すなわち

$$\mathrm{N_2}(v) + \mathrm{e}(低速) \longrightarrow \mathrm{N_2}(v') + \mathrm{e}(高速) \tag{2.12}$$

ここで，vは上位の振動励起準位，v'は下位の振動励起準位である．このような加熱機構は，分光的手段による窒素振動温度の測定や，理論解析などによっても確かめられている[2.15]．

以上のことから，アフタグロー内の種々の粒子反応をうまく利用すれば，ある程度まで，プラズマパラメータの制御が可能であることがわかる．しかし，単発のパルスアフタグロープラズマや，フローイングアフタグロープラズマによる制御は，あくまでも消滅過程の制御が主であり，制御の範囲が限られる．放電領域における発生過程の制御も組合せることができれば，さらに違った制御が期待できる．そのためには，くり返し放電による変調プラズマが有効であり，近年，それらに対する関心が高まっている．具体例については，次の節で紹介することにする．

2.3.2 くり返し放電によるエネルギーおよび粒子種の制御

A. 電子エネルギーの周波数依存性

電子は電界加速でエネルギーを得る一方で，中性粒子との衝突でエネルギーを失うので，正弦波電圧を印加したばあい，電子が持つエネルギーは，電源周波数ωと衝突周波数νの比ω/νにほぼ比例する．したがって，一定の気圧のもとでは，電源周波数を変えると，ω/νが変わるので，電子温度も変化する．

また，ヘリコン波など，プラズマ中に励起された波に共鳴する電源周波数を印加すると，電子は波乗りの原理によって効率的に加速される[2.17]．

電源周波数は電子温度だけでなく，電子のエネルギー分布関数にも影響を与える．周波数が低い間，電子は電界の変動に追随できるので，周波数が高くなるほど，単位時間あたりの注入エネルギーが多くなる．Ar-$\mathrm{CH_4}$混合ガス放電で，周波数9 MHzから19 MHzまで変えた実験では，周波数が高くなるほど，高速電子が増えて，電子温度が高くなる測定結果が報告されている[2.16]．

それに対して，周波数の高いUHFプラズマでは，周波数が高くなるほど，逆に高速電子が減少し，エネルギー分布が非マクスウェル的になることが，モンテカルロシミュレーションの結果から知られている[2.17]．これは，高い周波

数に電子が追随できなくなり，電子への効率的なエネルギーの供給が減少するためであると考えられる．

すでに前述のように，電子のエネルギーは，気体分子の解離や励起に密接に関係する．同じ気圧 3 mTorr，入力 850 W，流量 50 sccm の塩素ガス放電では，低速電子が多い UHF（500 MHz）プラズマと，高速電子が多い誘導結合型プラズマ ICP（13.56 MHz）では，発光スペクトルがかなり異なる[2.18]．UHF プラズマでは Cl_2 および Cl_2^+ の発光強度が強く，ICP プラズマでは Cl および Cl^+ の発光強度が強い．これは，ICP プラズマ中の高速電子によって，塩素ガス分子の解離が進んだためであり，ICP に比べて UHF は低解離のプラズマを生成するのに適していることを意味する．

以上のことから，電源周波数は，電子温度および電子のエネルギー分布を制御する良い手段のひとつであると思われる．プラズマプロセスの効率化のためにも，周波数変化による電子エネルギーの制御に対する研究が，さらに発展することが望まれる．

B. パルス変調によるプラズマ粒子種の変化

2.3.1 節では，単発のパルスによるアフタグロー中の現象について述べてきたが，くり返しのパルスでプラズマを変調すると，放電の ON，OFF 期間中の反応が影響しあうので，現象はさらに複雑となる．

電圧が印加されている放電期間中，電子温度が高いので，各種電離，励起や解離が盛んに行われるが，電圧が OFF となるアフタグロー期間中では，電子温度の低下による負イオンの形成や各種ラジカル反応が重要となる．

放電期間の応用は主に光源などで見られる．パルスの立上り波形の違いによって電子温度が異なるので，それを利用して気体粒子を選択的に励起し，光源の色を可変とする研究はすでに述べてある[2.1]．それに対して，アフタグロー期間を組合せることによって低電子温度を実現することができるので，最近のプラズマプロセスへの応用では，パルス変調プラズマは極めて重要な手段として注目されている．

プラズマを用いた高速で超微細な**エッチング**(Etching)技術や**堆積**（Chemical Vaper Deposition，略してCVD）技術では，いずれも10^{-2} Torr以下の低ガス圧，10^{11} cm^{-3}以上の高電子密度で，かつ1 eV以下の低電子温度が必要であるとされている．

電子温度が高いと，プラズマ中におかれた基板や加工対象物の表面に，負の電位をともなった厚いイオンシースが形成される．この負電位は電子の蓄積によるもので，電子温度が高いほど大きい．表面の凹凸やプラズマの空間的不均一性によって電荷の蓄積はさらに増強されて，サイドエッチングや絶縁破壊などの問題を引き起こすようになる．

また，電子温度が高いと，放電プラズマ中でガス分子の解離が進み過ぎて，プロセスに必要な比較的高分子のラジカル種の密度が減少することも生ずる．

したがって効率よく，かつ良質のプロセスを行うためには，低電子温度のプラズマが必要であるが，それを実現することがなかなか難しい．

現在，低圧高電子密度を作る主な手段としては，**ECR**（Electron cyclotron resonant）プラズマ，**HWP**（Helicon wave excited plasma）および**ICP**（Inductively couppled plasma）などが用いられている．気圧$p=10^{-2}$ Torr以下で電子密度$N_e=10^{11}$ cm^{-3}程度以上のプラズマを作ることはできるが，電子温度は

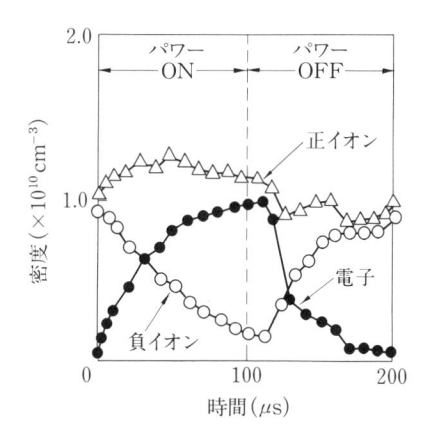

図 2-25　パルス変調塩素プラズマにおける電子，正負イオン密度の時間変化（$p=3$ mTorr，流量50 sccm，入力1 kW）[2.19],[2.20]．

いずれも数 eV 以上であるので，対策が必要である．そのためには，パルス変調プラズマが用いられているが，低温度の実現に有効であることが，色々と報告されている[2.19]．

パルス変調プラズマは，放電電圧を矩形波状にくり返し印加するものであるが，変調の時間幅によって，制御の対象が異なる．数 10 μsec 以下の短い時間幅の変調では，電圧の OFF 期間中に荷電粒子が十分存在するので，主として電子温度とイオン種の制御になる．それに対して，数 msec 以上の長い時間幅の変調では，単一パルスのアフタグローのばあいと同様に，長寿命のラジカル種の制御が可能となる．

図 2-25 にはパルス変調した ECR プラズマ中の電子，正イオンおよび負イオン密度の典型的な時間推移を示す[2.19],[2.20]．気圧 3 mTorr，流量 50 sccm，入力 1 kW の塩素プラズマのばあいであるが，電子密度は電圧の ON 期間に増大し，OFF 期間に減少する．それとは逆に負イオン密度は ON 期間に減少し，OFF 期間に増大する．正イオン密度は ON，OFF 期間を通じて大きな変化を見せていない．

電圧が ON の期間では，電子温度が高いので，電離のほかに，負イオンからの電子の**離脱反応**（$Cl^- + e \longrightarrow Cl + 2e$）によって，電子密度は急速に増大する．電圧が OFF の期間では，電子温度が低いので，逆に電子の**付着反応**（$Cl + e \longrightarrow Cl^-$）で電子密度が減少し，負イオン密度が増大する．OFF から 50 μsec 以後には，負イオン密度は飽和し，プラズマはほぼ正イオンと負イオンによって構成される極めて低温の状態となる．電子がほとんどなくなるため，基板表面のシースも消え去り，電位も 2〜3 ボルトまで減少している．

電圧の OFF 期間中でも，ある程度の正イオン密度が維持されているのは，大量に存在する負イオンによって，正イオンがトラップされているためだと思われる．

この結果から，パルス変調によって，低電子温度でかつ負イオンの割合が大きい高密度プラズマが得られることがわかる．正イオンと負イオンで構成されるプラズマは，いずれも質量が大きく，磁界や電界の影響を受けにくいので，空間的には比較的均一に分布しやすい．したがって，大面積で均一なプラズマ

§2.3 非定常状態におけるプラズマパラメータの制御

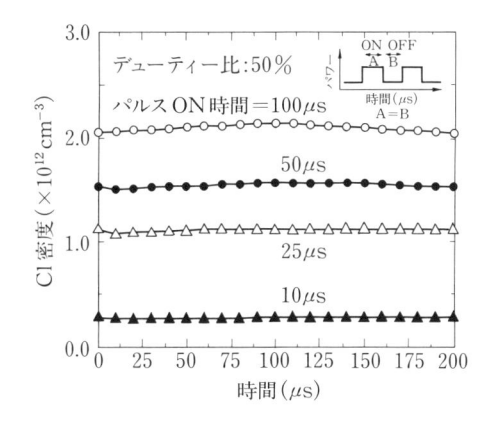

図 2-26 パルス変調 ECR プラズマ中の塩素ラジカル密度の時間変化
($p=3$ mTorr，流量 50 sccm，入力 1 kW)[2.20].

を生成するためにも，好都合である．

図 2-26 は，同じパルス変調 ECR プラズマ中の塩素ラジカル密度を，発光分光法およびモンテカルロシミュレーションで見積もったものである[2.20]．変調パルスのデューティー比（周期に対する電圧印加時間の割合）を 50％一定とし 10 μsec から 100 μsec まで変えてある．塩素ラジカル Cl は，電圧印加時間中には，主に高速電子($\sim$9 eV)の**衝突解離**($Cl_2+e \longrightarrow Cl+Cl+e$)によって生成されるが，電圧の OFF 期間中でも，**解離性電子付着**($Cl_2+e \longrightarrow Cl^-+Cl$) によっても生成されるので，拡散損失とのバランスで，全周期を通じてある一定の密度を維持するようになる．この密度は，電圧印加時間が長いほど大きくなるので，印加時間を変えることによって，ラジカル密度の制御が可能となる．

連続放電プラズマでは電子温度が高いので，解離反応が進み過ぎて，CF_2 および CF ラジカル濃度が減少し，エッチングにおける選択性が劣化するなどの問題がある．パルス変調プラズマを用いると，電圧 OFF 時に電子温度の低下によって解離反応が停止するため，改善が期待される．

図 2-27[2.21] は，10 μsec 程度の短いパルス変調ヘリコン波プラズマ中の CF_x

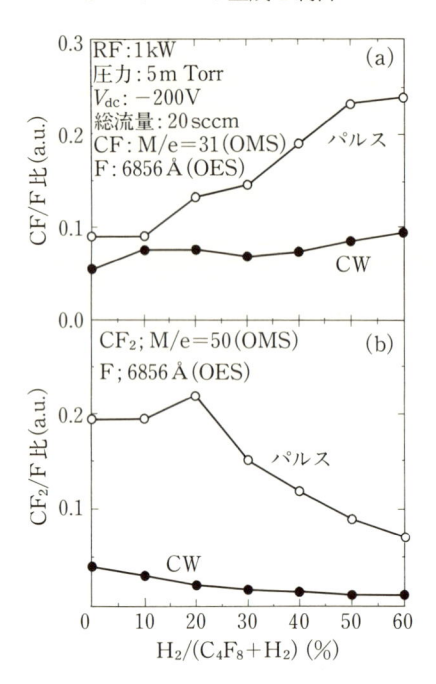

図 2-27 ヘリコン波プラズマにおける CF_x ラジカル種の水素混合比による変化.
(a) CF/F のばあい, (b) CF_2/F のばあい[2.21].

ラジカル密度を, 出現質量分析装置などによって見積もったものであるが, CF および CF_2 の F に対する割合は, H_2 の含有量にもよるが, パルス変調では連続放電(CW)のばあいのおおよそ 2～3 倍となっている. このことから, パルス変調プラズマは, 解離のし過ぎを抑制するには有効であることがわかる.

これまでは数 10 μsec の短いパルス変調プラズマについての特性を述べてきたが, 数 msec から数秒程度の長いパルス変調プラズマでは, 電圧の OFF 期間中には, 荷電粒子はほとんど消え去り, 寿命の長いラジカルのみが存在する. したがって, アフタグローの時間を変化させると, ラジカルの寿命に応じた濃度比の変化を実現することができる.

図 2-28[2.22] は, 30 msec の周期でパルス変調された CHF_3 プラズマ中のラ

§2.3 非定常状態におけるプラズマパラメータの制御　　　75

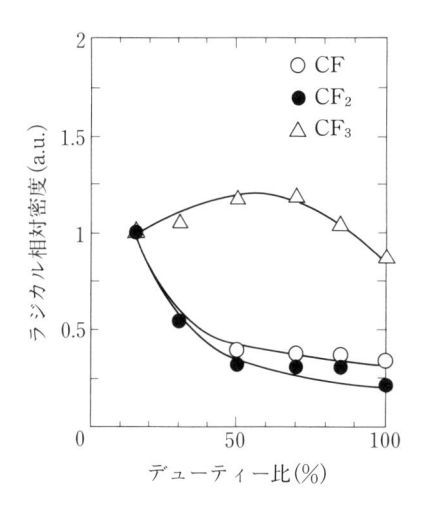

図 2-28 長いパルス変調プラズマにおける CF_x ラジカル密度のデューティー比に対する変化[2.22].

ジカル密度を，赤外吸収分光法で測定した1例であるが，デューティー比をパラメータにしてある．デューティー比を変えることによって CF_x ラジカル（CF, CF_2, CF_3）の組成が変わる．この方法は，ラジカル種を選択的に使用する上で有効であり，アモルファスシリコンやアモルファスカーボン膜などの堆積速度や膜質改善に役立っている．

　パルス変調プラズマは，超微細プロセスに必要なプラズマパラメータの制御には，極めて有効な手段であると思われるので，これからの研究発展が期待される．

参 考 文 献

2.1 板谷, 久保, 電気学会プラズマ研究会資料, EP 73-2（1968）および, R. Itatani, et al., *Proc. 7th Symp. Plasma Process*, p. 1（Tokyo, 1990）.
2.2 市川幸美, 武蔵工業大学電気工学専攻博士論文（1979）.
2.3 J. S. Chang, Y. Ichikawa and S. Teii, *Jpn. J. Appl. Phys.*, **18**, 847（1979）.
2.4 小野, 堤井, 茅根, 加藤, J. S. Chang, 電気学会誌, **116-A**, 604（1996）.
2.5 Y. Ichikawa and S. Teii, *J. Phys. D*, **13**, 2031（1980）.
2.6 S. Ono, Y. Nishimura and S. Teii, *Abstracts of ESCAMPIG 96*, Poprad, Slovakia, p. 443（Aug., 1996）および, 西村善幸, 武蔵工業大学電気工学専攻修士論文（1997）.
2.7 S. Ono, Y. Matsushima, S. Teii and J. S. Chang, *J. Phys. D*, **28**, 280（1995）.
2.8 N. Sato, S. Iizuka, T. Koizumi and T. Takada, *Appl. Phys. Lett.*, **62**, 567（1993）.
2.9 K. Kato, S. Iizuka and N. Sato, *Appl. Phys. Lett.*, **65**, 816（1994）.
2.10 S. L. Chen and M. Kamitsuma, *Rev. Sci. Instrum.*, **48**, 261（1977）.
2.11 堤井信力,「プラズマ基礎工学」増補版, 第2章, 内田老鶴圃（1995）.
2.12 T. Yoshida, Y. Ichikawa and H. Sakai, *Proc. 9th EC Photovoltaic Solar Engergy Conf.*, p. 1006（Freiburg, 1989）.
2.13 T. Sakai, Y. Ichikawa, H. Sakai, H. Kito and S. Teii, *Plasma Sources*, **2**, 30（1993）.
2.14 S. L. Chen and J. M. Goodings, *J. Chem. Phys.*, **50**, 4335（1969）.
2.15 高倉, 小野, 堤井, 電気学会誌, **114-A**, 579（1994）.
2.16 T. Shoji, T. Mieno and K. Kadota, *Proc. 6th Symp. Plasma Process*, p. 8（Kyoto, 1989）.
2.17 板谷良平, 応用物理, **64**, 526（1995）.
2.18 寒川誠二, プラズマ核融合学会誌, **74**, 354（1998）.
2.19 寒川誠二, 応用物理, **66**, 550（1997）.
2.20 T. Mieno and S. Samukawa, *Jpn. J. Appl. Phys.*, **34**, L1079（1995）.
2.21 K. Kubota, H. Matsumoto, H. Shindo, S. Singubara and Y. Horiike, *Jpn. J. Appl. Phys.*, **34**, 2119（1995）.
2.22 K. Takahashi, M. Hori and T. Goto, *Jpn. J. Appl. Phys.*, **33**, 4181（1994）.

第3章 プラズマの生成と制御 2
――新しいプラズマの発生法――

§3.1 放電によるプラズマの生成

3.1.1 グロー放電とアーク放電

　プラズマは気体を電離することによって得られるが，すでに述べたように電離の主な方法としては，**光電離**，**熱電離**と**放電電離**がある．その中でも，応用に必要とされる大容積で安定したプラズマの生成は，ほとんどが放電電離によって行われる．

　放電の基本的形態としては，まず**グロー放電**(Glow discharge)があげられる[3.1]．これは，気体中にある初期電子が印加電界によって加速されて，くり返し衝突電離を行い増倍しながら，やがて発生と消滅のバランスがとれたある一定の安定した状態に達し，それを長時間維持する，最も簡単な放電形態である．

　グロー放電によるプラズマは，電子温度が約数 eV，電子密度が約 $10^9 \sim 10^{11}$ cm^{-3} の範囲内にある．この電子温度はイオン温度に比べて1桁ほど高く，また周囲の中性ガス温度に比べて2桁ほど高い．電子密度は中性気体粒子密度に比べて5～10桁程度低いので，全体としての温度は，大部分を占める中性粒子の温度によって決まる．したがって，グロー放電プラズマは，**弱電離プラズマ** (Weakly ionized plasma)，または**低温非平衡プラズマ**(Non-Thermal plasma)と呼ばれている．

　グロー放電の放電電流は大体1 A 以下であるが，電圧を上げて，放電電流

を数Aから数10A以上に増やしていくと，だんだん放電が不安定になり，やがて強い光を発する**アーク放電**(Arc discharge)に移行する．これは，放電電流を増やすと電子密度がほぼ比例して増えるので，中性粒子との衝突加熱が盛んになりガス温度が上昇する．ガス温度の上昇にともなって熱電離が上乗せされるようになり，それによってさらに電離と加熱が進み，最終的にはほぼ**完全電離**に近い状態になるからである．この状態では，**放電電離**よりも**熱電離**の効果が支配的であるので，放電維持のための電圧も低下する．したがって，アーク放電は，低電圧大電流放電を特徴とする．

アーク放電プラズマ中の電子温度は，グロー放電と同じ程度の数eV(熱平衡温度に換算して数万度K)であるが，イオン温度も周囲の中性ガス温度も，ほぼ同じ数万度の状態にあるので，**熱平衡プラズマ**(略して**熱プラズマ**)(Thermal plasma)と呼ばれている．

アークプラズマの中心部では，電子密度は極めて高いが，衝突拡散によって周辺部に向かって急速に低下し，空間的にはかなり大きい温度，密度の勾配を持っている．高温のため，中心部での測定は難しいが，周辺部でも電子密度が$10^{15} \sim 10^{16}$ cm^{-3}，電子温度が10^4 K以上であることが，プローブ測定の結果から知られている[3.2]．

グロー放電プラズマは，全体としての温度は低いが，電子だけは非平衡的に高い温度であるので，その高速電子を用いて気体粒子を効率的に励起，解離させることが可能であり，半導体のエッチング，薄膜の堆積や大気汚染物質の分解などに広く利用されている．それに対して，アーク放電プラズマは，高ガス温度と高電子密度であることから，その特徴を生かして，廃棄物の処理や高融点物質の高速分解，溶射，微粒子化などに利用されている．

このように，プラズマパラメータは，放電形態によって基本的に異なるので第2章で述べたプラズマパラメータの制御は，当然のことながら，前述の3つの制御要素である放電入力，気体の種類と装置ファクターを，これらの放電形態とさらに組合せた状態で考えなければならないのは，いうまでもないことであろう．

さて，グロー放電とアーク放電は放電における最も基本的な形態であり，適

当な気体のもとで，比較的簡単な装置で実現できる．しかし，最近のプラズマ応用の範囲拡大につれて，通常の手段で得られるグロー放電やアーク放電では，対処しきれないばあいが多くなってきている．

すなわち，グロー放電に関しては，放電が起きにくい気圧領域で，かつ高密度のプラズマを生成することが望まれている．また，アーク放電に関しては，高温による熱破壊を防ぎ，効率よくプラズマが利用できる安全な装置の工夫が必要である．これらのためには，グロー放電やアーク放電をベースにした，色々と新しいプラズマ発生法や発生装置が研究開発されている．

新しい発生法のほとんどは，特定のパラメータを持ったプラズマを生成するので，パラメータ制御の観点からは興味深いものが多い．以下の節では，主なものについて，順を追って記述することにする．

3.1.2 パッシェンの法則と最適放電気圧

すでに述べてあるように，放電電離の主役は電子である．一般には，印加電界によって加速された電子が，中性粒子との衝突電離によって増倍し，電子なだれとなって電極間を導通したとき，放電が開始したと定義する．そして電界が印加されている間，放電は維持される．

衝突電離による増倍の速さは，電子が加速によって得るエネルギーの大きさと，中性粒子との単位時間あたりの衝突回数，すなわち，**衝突頻度**(Collision freqency)に依存する．この両者はいずれも気圧と関係する量である．

気圧 p が高くなると，単位時間あたりの衝突回数は増えるが，電子の**平均自由行程**が短くなるので，1回の衝突と次の衝突との間に，電子が得られる加速エネルギー eE (e は電子の電荷，E は電界強度)は小さくなる．したがって，衝突によって電離を可能とするためには，電界 E を強くする，すなわち印加電圧 V を大きくしなければならない．

逆に気圧が低くなると，電子の**平均自由行程**が長くなって，衝突と衝突の間に得るエネルギーは大きくなるが，単位時間あたりの衝突回数が減少するので，やはり放電がしにくくなる．したがって，同様に印加電圧を大きくして，**電離確率**を増やすようにしなければならない．

このようにして，高い気圧と低い気圧のいずれのばあいも，より高い放電開始電圧を必要とするので，両者の間に，最も小さい印加電圧で放電が生ずる**最適気圧**が存在することになる．

この放電最適気圧は，研究の結果から，気体の種類，電極の材質と表面状態，初期電子の供給方式などに依存することが知られている．また同じ印加電圧でも，電極間隔によって電界 E の強さが変わるので，電極間隔 d にも関係する．

これらの関係を具体的な式で表したのが，かの有名なパッシェンの**法則**(Paschen's law)で，以下のように示される[3.1]．すなわち

$$V_s = B \frac{pd}{\ln\left[\dfrac{Apd}{\ln\left(1+\dfrac{1}{\gamma}\right)}\right]} = B\frac{pd}{\text{Const} + \ln(pd)} \tag{3.1}$$

ここで，V_s は電極間に印加した放電開始に必要な電圧で，**火花電圧**(Spark voltage)とも呼ばれている．A と B は**衝突電離係数**(Ionization coefficient by collision) α に関係した定数で，ガスの種類によって与えられる．γ は陰極に衝突する正イオン1個あたりに放出される平均二次電子数で，二次電子放出係数と呼ばれ，電極の材質や表面状態に依存する．

(3.1)式から，ガスと電極の状態が一定であれば，V_s は pd のみの関数となる．空気放電のばあいの1例を**図 3-1** に示す[3.1]．図から，V_s は気圧 p が低下するにつれ小さくなるが，ある最小値を経て再び大きくなる．すなわち，最小火花電圧 $V_{s\min}$ が存在する．このような V_s と pd の関係は，電極を直接プラズマ中に用いない高周波無極放電のばあいにも，ほぼ定性的に適用できることが知られている[3.1]．

さて，(3.1)式または**図 3-1** からわかることは，通常の実験室や生産現場では，安定したグロー放電が行える気圧領域は，かなり限定された範囲内にあることがわかる．なぜなら，通常のプラズマ装置では，放電間隔は大体数 cm から数 10 cm の範囲内にあるので，1 kV の電圧を印加したばあい，図 3-1 から，放電可能な気圧は，おおよそ 10^{-2} Torr から数 Torr の間となる．無極放

§3.1 放電によるプラズマの生成

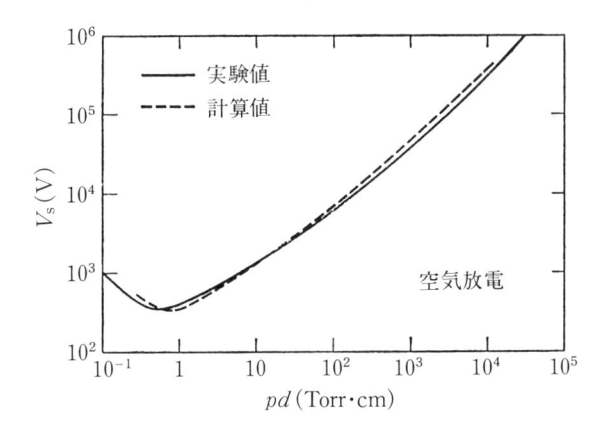

図3-1 空気放電における V_s と pd の関係.

電のばあいも，印加電圧と平均自由行程の関係から，ほぼ同じ結果を得る．

　実際の放電では，電極の状態や，電界の空間的分布および予備電離や熱電子放出などの補助的手段によって，放電可能な気圧範囲も変わるが，上記の**放電最適気圧領域**は基本的目安として有用である．

　すなわち，必要な気圧に合わせた放電装置の設計をすれば，比較的簡単にグロー放電によってプラズマを作ることができる．しかし，最適放電気圧以外の気圧領域では，安定したプラズマを得るためには，色々と工夫が必要となる．

3.1.3 最適気圧領域外におけるプラズマの生成

　すでに述べてあるように，最近のプラズマ応用では，最適気圧領域外でのプラズマ生成を必要とするばあいが多い．その方向としては，おおよそ 10^{-3} Torr 程度の低気圧領域プラズマと，大気圧近辺の高気圧領域プラズマに分けられる．

　最適気圧領域よりも気圧が高くなっても，あるいは低くなっても，図3-1で示されるように，それ相応に印加電圧を大きくすればよいはずであるが，実際には困難がある．なぜなら，電圧を大きくすると，いずれのばあいにも，もともと存在している電極や基板のエッジにあるひずみ(歪み)電界が強調されて強くなり，そこから火花放電が発生し，放電全体が空間的にも時間的にも不安定

になる.したがって,低気圧のばあい,高密度のプラズマを作ることが難しい.また,高気圧のばあいには,局所的な火花がアーク放電に移行して,装置に損傷を与える恐れが生ずる.これらの問題を避けて,効率よくプラズマを生成するためにはどうすればよいであろうか? 以下それらの対策の基本的な考えについて述べる.

A. 低気圧領域プラズマのばあい

最近の電子デバイス製造における超微細加工では,10^{-2} Torr 以下の極めて低い気圧領域でのプラズマが要求されている.これは,低い気圧では,平均自由行程が長くなるので,電子やイオンに対する加速や制御が容易となり,0.1 μm 程度またはそれ以下の精密なエッチングや膜堆積が可能となるためである.しかし,すでに述べてあるように,平均自由行程が長くなることは,すなわち衝突回数が減ることでもあるので,放電が起きにくくなる,または放電が起きても局所的で,高い密度のプラズマが得られない.

さらには,プラズマプロセスでは,高周波無極放電が多く用いられる.このばあい,印加された電界は周期的に向きを変えるので,加速された電子がそのエネルギーを衝突によって中性粒子に与える前に,向きが変わって減速されると,元の状態に戻ってエネルギーが得られない.すなわち,電子の中性粒子との**衝突頻度**(Collision frequency)を ν,電源周波数を ω とすると,低い気圧では $\nu/\omega \lesssim 1$ となり,プラズマに対する効率的なエネルギーの注入ができなくなる.

これらの問題の対策としては,磁界印加,電磁波の共鳴吸収または両者の併用などによる色々な放電形式が工夫開発されている.

磁界印加によって,低気圧領域で放電をしやすくする方法は,古くから**PIG**(Philips Ionization Gauge)放電[3.1]などによってよく知られている.磁界中では電子は磁力線に拘束されて,磁力線を中心に,**サイクロトロン運動**(Cyclotron motion)と呼ばれる円運動を行う.円運動の半径 r を**ラーマ半径**(Larmor radius)と呼び,

§3.1 放電によるプラズマの生成 83

$$r = \frac{mv}{eB} \tag{3.2}$$

また，回転の速さである**サイクロトロン角周波数**(Cyclotron angular frequency) ω は

$$\omega = \frac{v}{r} = \frac{eB}{m} \tag{3.3}$$

とそれぞれ表せる．ここで，e と m は電子の電荷と質量，B は磁束密度，v は円周方向の速度である．

一例として，電子温度 $T_e=4$ eV のばあい，$1/2\ mv^2=eV$ から，$v \simeq 1.19 \times 10^6$ m/sec となるので，(3.2)式に代入して $r(\text{cm})=6.75/B$（ガウス）を得る．100 ガウスの磁界を印加すると，ラーマ半径は 0.675 mm となり，電子は極めて密接に磁力線に拘束されていることがわかる．ちなみに，気圧 7.6×10^{-3} Torr のヘリウムプラズマのばあい，電子の平均自由行程は，第1章の表1-1と(1.2)式を用いた換算から，おおよそ 10.52 cm であり，ラーマ半径の155倍にもなる．これは，磁界の印加によって電子の行動範囲が大幅に制限されることを意味する．

また，このばあいの電子の中性粒子に対する**衝突頻度** ν は，同じく第1章の(1.3)式から，$\nu \simeq 11.31$ MHz を得る．それに対して，100 ガウスの磁界による**サイクロトロン角周波数** ω は(3.3)式から 1.76 GHz となり，同様に衝突頻度 ν の約155倍になる．サイクロトロン角周波数が即衝突頻度と同じ効果を持つとはもちろん限らないが，磁界の印加によって，電子が狭い空間に閉じこめられて，激しく回転運動を行うため，実質的に衝突電離の回数が増えて，低気圧下でも比較的高密度のプラズマが生成されることは，PIG 放電を含めて，多くの実験で知られている．

一方では，磁界印加による電子のサイクロトロン運動と電磁波周波数との共鳴現象を利用して，エネルギーを効率的にプラズマ中に注入することもできる．例えば，875 ガウスの磁界を印加すると，(3.3)式から，電子のサイクロトロン角周波数 ω は 2.45 GHz となるが，これと同じ 2.45 GHz のマイクロ波電力を入射すると，誘起された円偏波によって電子は直流的に加速されて，

大きなエネルギーを持つようになる．磁力線のまわりを回転しながら大きなエネルギーを持った電子は，次々と衝突電離をくり返し，高密度プラズマを生成する．これが後の節で述べる**電子サイクロトロン共鳴**(Electron Cyclotron Resonant，略して ECR) プラズマの原理でもある．

B. 高気圧領域プラズマのばあい

高気圧領域とは，実用的な見地からは大抵が大気圧を指しているが，このばあいに必要とされるプラズマは，空間的に均一であるばあいと，空間的に不均一でもよいばあいの 2 種類に大別される．

空間的に均一な大気圧プラズマは，大出力炭酸ガスレーザなど，気体レーザの励起に必要である．一般にレーザの出力は，ほぼ励起対象となる気体粒子密度の 2 乗に比例する．出力を大きくするためには，気圧を上げなければならない．また，プラズマが空間的に不均一であると，レーザ光の屈折や回折損失などで出力が低下する．しかし，前述のように，気圧が高いと放電印加電圧を大きくしなければならないが，その結果，ひずみ電界によって放電が不安定になる．

大気圧下で空間的に均一かつ安定したプラズマを得る方法としては，従来から**予備電離**(Pre-ionization)なる手段が用いられている[3.1]．これは，電極形状の工夫や，紫外光，電子線などを入射することによって，主放電の前にまず予備電離による薄いプラズマを発生させ，その後主放電を行うものであるが，大量の初期電子を供給することによって，比較的空間的に均一なプラズマが得られる．特に電子線制御方式が実用的には多く用いられている．

一方では，最近の環境技術の中で，空気中汚染物質の分解処理に用いられている大気圧非平衡プラズマは，必ずしも空間的な均一性を必要としない．不均一では体積全体を有効に使えない悩みはあるが，放電がしやすくなる．

大気圧下における電子の平均自由行程は第 1 章の表 1-1 から 1×10^{-3} mm 程度であり，極めて短い．放電を行うには，パッシェンの法則からわかるように，数 mm の電極間隔でも，数 kV から数 10 kV の印加電圧が必要である．一般には，このような高電圧のもとでは，前述のように，電極のエッジや表面

§3.1 放電によるプラズマの生成

のわずかな凹凸によるひずみ電界が強調されて強い不平等電界を形成し，そこから**コロナ**(Corona)と呼ばれる糸状の**部分放電**が発生する．コロナ放電によって生じた初期電子は，衝突電離をくり返し，なだれ(雪崩)状に増倍するが，その電荷に吸引されて正イオンも流入し，プラズマ状態を保ちながら，樹枝のようになって対向電極に向かって伸展する．この樹枝状の細いプラズマを**ストリーマ**(Streama)と呼んでいる．

高密度の電子とイオンによって構成されたストリーマが，対向電極に到達すると，そのエネルギーを吸収して電極は局所的に高温となり，融溶気化し，さらには熱電離によってアーク放電に移行する．その結果，電極が損傷を受け，放電が維持できなくなる．

したがって，大気圧下で高密度プラズマを生成するためには，いかに効率よくエネルギーを注入するかと同時に，いかにアーク放電の発生を抑えるかが，重要課題となる．

現在主に用いられている大気圧下での非平衡プラズマの生成法は，おおよそ次の3つの基本的な放電形式，すなわち，(イ)**無声放電**(Voiceless discharge)，(ロ)**沿面放電**(Surface discharge)，(ハ)**コロナ放電**(Corona discharge)に大別される．これらはいずれも，電極の構造や誘電体の併用によって不平等電界を形成し，放電を容易にするものであるが，同時に，誘電体による遮蔽や，パルス電圧の時間制御によって，ストリーマの伸展を阻止し，アーク放電への移行を防止するものである．

実際の装置では，上記放電形式を目的に合わせて改良したものや，効率を上げるために組合せ使用したものが多い．また，高電圧を印加するので，ほとんどのばあい交流またはパルス電源が用いられている．以下の節では，それぞれについて具体例を紹介する．

§3.2 低圧高密度プラズマの生成と大口径化

3.2.1 マグネトロンプラズマ

磁界印加は，低圧下で高密度プラズマを生成する有効な手段であるが，その代表的なものとして，**マグネトロンプラズマ**(Magnetron plasma)があげられる[3.3]．

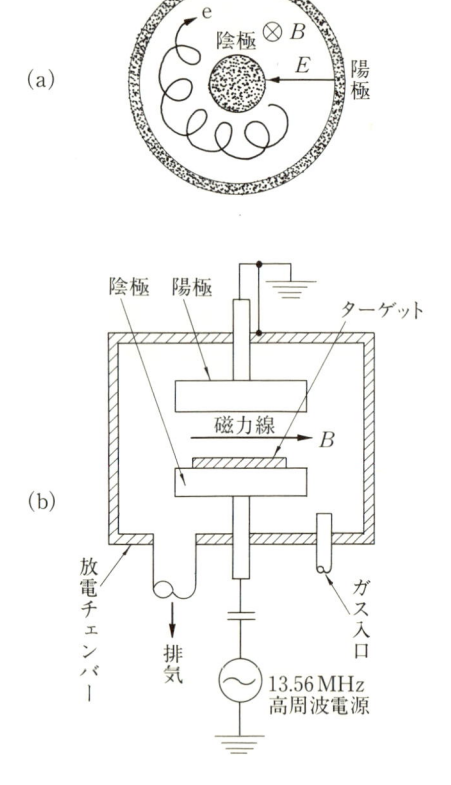

図3-2 (a)同軸円筒電極間における電子のサイクロトロン運動と $E \times B$ ドリフト，(b)平行平板型マグネトロンスパッタリング装置．

これは，図 3-2(a) で示される**マグネトロン発振器**の原理にもとづくものであるが，陰極を中心に，外側に陽極を配置した同軸円筒電極間に電界 E，軸方向に磁界 B を印加する．陰極から放出された電子 e は，磁力線に拘束されてサイクロトロン運動を行いながら，$E \times B$ ドリフトによって円周方向に沿って螺旋状に回転し，陰極と陽極間に長時間閉じこめられる．その結果，前述の **PIG 放電**のばあいと同様に，実質的に衝突回数が増えて，10^{-2} Torr 以下の低気圧でも $10^{11} \sim 10^{12}$ cm^{-3} 程度の比較的高い密度のプラズマが得られる．

マグネトロンプラズマは，**イオンスパッタリング**(Ion sputtering)による薄膜製造に多く使われているが，円筒型では不便であるので，実用装置の多くは，図 3-2(b) で示される平行平板型電極の構造になっている．すなわち，陰極付近に設置された磁石によって，陰極表面に磁力線を発生させる．陰極表面に平行な磁力線に拘束された電子は，衝突電離によって陰極近傍に高密度プラズマを生成する．プラズマ中の正イオンは，陰極に向かって加速されて，陰極表面に置かれたターゲットに激突し，クラスター状の微粒子を空間に飛散させる．これらの微粒子に電子が付着して負の極性を持ち，陽極に向かって加速され，陽極上にある基板に堆積して膜を形成する．実際の応用では，図のように，直流放電よりも高周波放電が多く用いられるが，そのばあいでも，接地されていないターゲット側電極がセルフバイアスで負極性となり，陰極の役割を果たすようになる．

図 3-2(b) では，磁力線が陰極表面に平行しているので，陽極との間に印加された垂直電界 E によって，駆動力が働き，プラズマは $E \times B$ の方向にドリフトする．ドリフトによってプラズマが空間的に不均一になるので，交流電界を印加し，ドリフトの向きを交互に変えることによって，ある程度均一化することが可能である．大面積成膜用に，複数の分割電極を用い，対称型低周波電源によって電子が閉じた $E \times B$ ドリフト軌道を画くようにした，**ニューマグネトロンプラズマ装置**などが工夫されている[3.4]．また，両電極に位相差が制御できる同じ周波数の高周波電圧をそれぞれ印加する**スーパマグネトロンプラズマ発生装置**なども開発されている[3.5]．

電子が磁力線に拘束される性質を利用して，低圧で高密度プラズマを生成す

る方法は，他にも電界や磁界の配置を工夫した色々なものがあるが，マグネトロンプラズマを含め，いかに空間的均一性を実現するかが，今後の課題であると思われる．

さて，すでに述べてあるように，最近の半導体デバイスの高集積化にともなう超微細加工では，高品質性を保ちながら量産を可能とするためには，低圧高密度のほかに，さらに 1 eV 以下の低電子温度と，直径 30 cm 程度の空間的に均一（$\Delta N_e/N_e \leqslant 3\%$）な大口径プラズマの実現が望まれている．そのためには，単に磁力線で電子を拘束するだけでは十分でなく，電子と電磁波の相互作用を利用して，エネルギーを大量に，かつ効率的に注入する工夫も必要である．

これらの要求に沿って開発されてきた最近の新しい低圧高密度プラズマの発生法は，磁界を用いないものもあるが，いずれも上記の必要とする条件にかなり近いプラズマを生成することができる．しかし，大口径化や低電子温度化を含めて，解決しなければならない問題もまだ数多く残っている．ここでは，それら主な生成法を，有磁場のばあいと無磁場のばあいとに分けて，記述することにする．

3.2.2　有磁場のばあいの新しいプラズマ生成法

磁界中に入射したマイクロ波または高周波によって誘起された電磁波動と電子の相互作用によるエネルギー吸収を利用して，高密度プラズマを発生させることができる．主なものに **ECR** プラズマ（Electron Cyclotron Resonant Plasma，略して ECR）と**ヘリコン波プラズマ**（Helicon Wave Excited Plasma，略して HWP）がある．

A.　ECR プラズマ

図 3-3 に ECR プラズマ装置の概念図を示す．真空チェンバー上端に，誘電体で作った真空窓を介して導波管を接続し，軸方向に磁界を印加する．磁力線は下方に向かって広がるので，下方にいくにつれて磁界は弱まる．導波管を通じて角周波数 ω のマイクロ波を入射し，チェンバー内にプラズマを生成する．プラズマ中の電子は，磁力線を中心に，前節(3.3)式で示される．$\omega_c = eB/m$

§3.2 低圧高密度プラズマの生成と大口径化

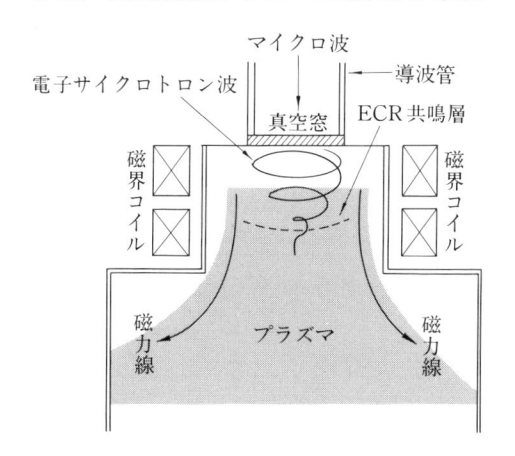

図3-3 ECRプラズマ装置の概念図．

の角周波数を持つ**サイクロトロン運動**を行いながら，磁力線に沿って下流に流れる．ω_cは磁束密度Bに依存するので，位置によって値が異なる．

一方，上端の強磁場側から入射したマイクロ波は，プラズマ中を浸透し，**電子サイクロトロン波**(Electron cyclotron wave)と呼ばれる同じ角周波数ωの右まわりの円偏波を励起し，下流の弱磁場側に向かって伝播するが，$\omega=\omega_c$となる共鳴層(図では破線で示される位置)で急激に減衰する．

これは，共鳴層で電子の旋回方向がマイクロ波電界の偏波面と常に一致するため，電子が絶え間なく加速されて，効率よくマイクロ波のエネルギーを吸収するからである．一般によく用いられる2.45 GHzのマイクロ波のばあい，共鳴磁場は875ガウスになる．共鳴層でエネルギーを増大させた電子は，次々と効率よく衝突電離をくり返し増倍し，磁力線に沿って弱磁場方向へ拡散しながら広がるので，下流で比較的大面積の高密度プラズマが生成される．

ECR装置によって得られるプラズマは，一般には気圧$p=10^{-2}\sim 10^{-4}$ Torrのもとで，電子温度$T_e\simeq 5\sim 15$ eV，電子密度$N_e\simeq 10^{11}\sim 10^{12}$の範囲にあり，$T_e$が比較的高いのが特徴的である．

ECRプラズマの生成には，2.45 GHzのマイクロ波が多く使われているが，導波管の寸法の制限から，ある程度の高密度を確保するためには，拡散領域で

のプラズマの直径を 10 cm 以上に拡げることが難しい．したがって，大口径化のためには色々と工夫が必要である．

ECR プラズマの大口径化に関しては，多くの方法が試みられているが，**スロットアンテナ方式**が最も有望であり，これによって，直径 20～40 cm 程度の大口径プラズマが実現されている[(3.6)～(3.10)]．

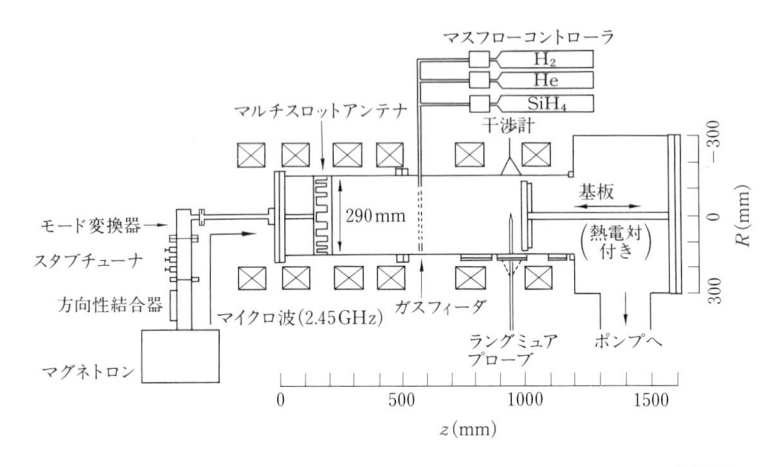

図 3-4 マルチスロットアンテナを用いた大口径 ECR プラズマ生成装置[(3.7)]．

スロットアンテナ方式は，導波管またはチェンバー壁に，数 mm 幅のスリット(間隙)を入れてアンテナとし，これらのスリットを多数配列することによって，広範囲にマイクロ波を入射し，大口径で均一なプラズマを生成するものであるが，一例を図 3-4 に示す[(3.7)]．図にある**マルチスロットアンテナ**は，直径 28 cm の円筒金属電極表面に，矩形状に連なった幅 2 mm 程度の狭いスリットを入れたものであるが，スリットの長さは印加するマイクロ波の半波長に選び，定在波がたつように一端を短絡してある．この種のアンテナは，考案者の名前を冠して，**リジターノコイル**と呼ばれている．マイクロ波はスリットを通して入射されるが，定在波によってコイル円周に沿って電界の向きがそろうので，コイルの軸を磁力線の方向と一致するようにして共鳴磁界の位置に置くと，共鳴吸収が起こり，ECR プラズマが生成される．この実験では，直径 20 cm にわたって，±3% 以下の均一なプラズマが得られている．

§3.2 低圧高密度プラズマの生成と大口径化

リジターノコイルによるプラズマは，コイルを大きくすることによって，直径 40 cm の大口径プラズマを作ることも可能である[3.6]．また，装置をコンパクト化するために，磁場コイルの代わりに永久磁石を用いた，平面型スロットアンテナも開発されており，それによる直径 30 cm 以上の大口径 ECR プラズマが得られている[3.8]．

スロットアンテナ方式は，アンテナの配列や寸法を工夫することによって，いくらでも大きいプラズマが作れるように思えるが，しかし原理的には，共鳴層で生成されたプラズマを拡散させるので，密度が低下することと，空間的に不均一になりやすいことなどが問題である．

均一性に関しては，入射マイクロ波のモードを工夫することによって，ある程度改善が期待できるが[3.11]，10^{11} cm^{-3} 程度以上の高密度を維持しながら大口径で，かつ均一なプラズマを実現するためには，入射電磁波の周波数を下げることが最も簡単な方法であると思われる．

周波数が低いと，相対的に導波管や真空容器の寸法が大きくなり，それにともなう電源や部品が高価になる欠点はあるが，共鳴層による吸収領域が長くなって，電力の注入がしやすくなる．

通常用いられている 2.45 GHz の代わりに，**UHF 帯**(Ultra high frequency band)に属する 915 MHz と 500 MHz の電源で励起した UHF 帯 ECR プラズマでは，10^{11}〜10^{12} cm^{-3} 程度の電子密度で，直径 30 cm の比較的均一なプラズマが得られている[3.12]．また，電子温度は，周波数が低いほど低下し，500 MHz のばあい，2.45 GHz によるプラズマの約半分となっている[3.13]．これは，周波数が低いほど共鳴層における電子のサイクロトロン角周波数が低いので，単位時間あたりに吸収するエネルギーが小さいためであると思われる．

ECR プラズマは電子温度が高いことが短所のひとつとなっているが，UHF 帯を用いることによって低電子温度化が実現できることから，大口径化の可能性と併せて，UHF 帯 ECR の今後の発展が期待される．

B. ヘリコン波プラズマ

1960 年に Aigrain が低温金属内を伝わる波をヘリコン波と呼んだのが，ヘ

リコン波(Helicon wave)の名称の始まりであるとされている[3.14]．この波は，分散式から，本質的には磁界中に励起される気体プラズマのホイスラー波と同じであり，電離層プラズマ中に励起される右まわりの円偏波も，ヘリコン波の一種であることが知られている．

ヘリコン波をプラズマの生成に利用する研究は，すでに1960年代から始まっていたが[3.15]，1980年代に入って，オーストラリアのBoswellらが，プラズマプロセスやアルゴンイオンレーザ用の低圧高密度プラズマとして有用であることを示してから[3.16],[3.17]，一躍注目されるようになってきた．

ヘリコン波によるプラズマ生成の原理は，まだ十分明らかにされてはいないが，アンテナ表面近くで誘起された電場の中で，磁場の一方向に加速された電子が，ちょうど下流に伝播するヘリコン波の位相速度程度のエネルギーになると，波動のポテンシャルに捕捉されて，振動しながら下流に運ばれる．すなわち，波に乗った状態で，絶え間なくエネルギーを吸収増大させながら衝突電離をくり返し，高密度プラズマを生成する．

ヘリコン波によるプラズマ生成は，周波数としては，マイクロ波帯でも可能であるが，通常は数MHzから数10MHzのものが用いられるので，電源が比較的安価である．また，ECRプラズマのように，特定の磁場強度による共鳴吸収を利用しないので，数10ガウスから数キロガウスの広い磁場範囲に渡ってプラズマ生成が可能である．したがって，プラズマ生成の効率がよく，比較的低電力で高密度のプラズマが実現できることを特徴としている．

これまでの実験では，すでに10^{-2}〜10^{-3} Torrの低圧力領域で，電子温度$T_e \simeq 5$〜10 eV，電子密度$N_e \simeq 10^{11}$〜10^{13} cm^{-3}程度の高密度プラズマが得られている．

実際のヘリコン波プラズマ発生装置は，図3-5[3.1]に示されるように，ECRプラズマのばあいとよく似ている．ただし，チェンバー上端には，導波管の代わりにヘリコン波励起用アンテナを設置し，高周波電源に接続する．高周波電場によって生成されたプラズマ中の電子は，ヘリコン波に加速されて，さらに電離増倍しながら拡散し，下流で高密度プラズマを形成する．電源周波数には13.56 MHzがよく用いられ，印加磁界は1キロガウス以下で十分である．

§3.2 低圧高密度プラズマの生成と大口径化

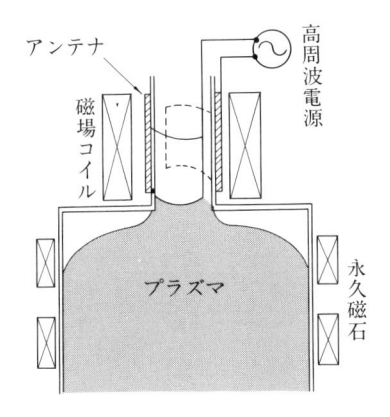

図3-5 HWPプラズマ装置の概念図.

ヘリコン波励起用アンテナは，ガラス放電管の外部に設置するものが多く，典型的なものとしては，図3-6(a),(b),(c)で示される3つのタイプがある[(3.18)]．タイプによって励起する波動のモードが異なる．

図(a)はループ状アンテナで，磁場が中心部で強い軸対称の $m=0$ モードを励起するのに適している．図(b)は2枚の向かいあった電極によるアンテナで，それぞれ右まわりと左まわりの円偏波である $m=\pm 1$ モードを励起する．図(c)はヘリカル状アンテナで，空間的に高周波磁場が回転するため，静磁場の向きによって $m=+1$ または $m=-1$ の波が左右に分かれて励起される．

ヘリコン波によるプラズマ生成結果の典型的な一例を図3-7に示す[(3.19)]．この実験は，$m=0, -1, +1$ モード励起のアンテナを，直径5cmの石英管の外側に配置して行った．アルゴンガス圧力 3.5×10^{-3} Torr，印加磁界1キロガウスで，電子温度 $T_e \simeq 4$ eV，電子密度 $N_e \simeq 2\sim 3\times 10^{13}$ cm^{-3} の極めて高密度のプラズマが得られている．

また，図から，入力電力依存性に関して特異な現象が見られる．すなわち，入力電力が400〜700W付近で，電子密度が数倍から1桁以上に急上昇する．この現象は**モードジャンプ**と呼ばれ，ヘリコン波プラズマの特徴のひとつとなっている．

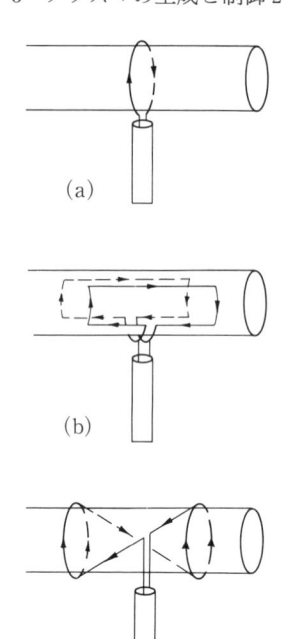

図 3-6　ヘリコン波励起用アンテナの概念図[3.18].
　　　　（a）$m=0$ モードループアンテナ，（b）$m=\pm1$ Kharkov アンテナ，
　　　　（c）$m=+1$, -1 ヘリカルアンテナ.

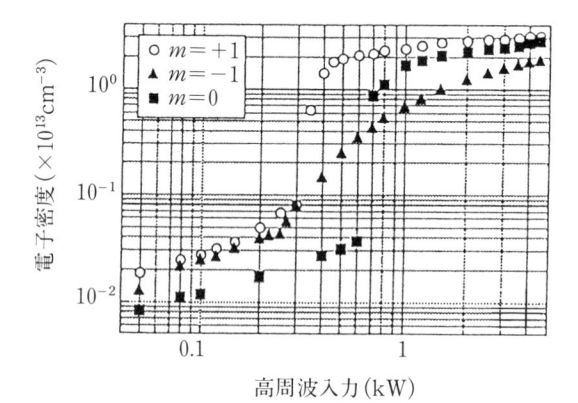

図 3-7　ヘリコン波プラズマにおける各モード別電子密度の入力依存性[3.19].

モードジャンプが起きる理由としては，低入力のばあい，アンテナによるインダクティブな近接場が放電の主役であるが，入力が大きくなると，高密度のヘリコン波放電が主となるため，電子密度が急上昇するものと考えられている．したがって，図3-7から，最もモードジャンプが顕著なのは，$m=+1$モードのばあいであり，逆に$m=-1$モード(電場がイオンのサイクロトロン運動の回転方向に円偏波するもの)では，モードジャンプの現象がそれほど見られない，すなわち，$m=-1$モードではプラズマの生成効率がよくないということがわかる．

ヘリコン波プラズマはエネルギー注入効率がよく，低電子温度($\simeq 5\,\mathrm{eV}$)で高密度($\simeq 10^{13}\,\mathrm{cm}^{-3}$)を実現できるが，ECRプラズマのように，スロットアンテナを用いることが容易でないので，大口径化には工夫が必要である．

3.2.3 無磁場のばあいの新しいプラズマ生成法

衝突頻度の小さい低圧力空間で，高密度プラズマを生成するには磁場が必要であるとされてきたが，最近，磁場なしでも，方法によっては低圧力空間で高密度プラズマが得られることが知られるようになり，関心を呼んでいる．無磁場で生成される低圧高密度プラズマの主なものとしては，**誘導結合プラズマ**(Inductively Couppled Plasma，略してICP)と**表面波励起プラズマ**(Surface Wave Excited Plasma，略してSWP)がある．

A. 誘導結合プラズマ

高周波電界を印加する方法としては，対向電極間に直接印加する容量結合型と，コイルの誘導電界による誘導結合型がある．いずれも，高周波無極放電によるプラズマの生成手段として，古くから用いられていた．しかし，その多くは，パッシェンの法則でいう最適放電気圧を対象としているため，通常のグロー放電プラズマ程度の温度と密度しか得られなかった．

その後，容量結合型放電は，磁界を併用することによって，前述のように，低圧力でも高密度が得られるマグネトロンプラズマの生成に活用されている．それに対して，誘導結合型放電も，低巻数コイルで高周波抵抗を減らし，電力

を効率よく注入することによって，10^{-2}～10^{-4} Torr の低圧下で，10^{11}～10^{12} cm^{-3} 程度の高密度プラズマが得られることがわかり，注目されるようになってきた[3.20]．

低圧力下での誘導結合型放電によるプラズマは，生成のメカニズムや得られるパラメータが，通常の高気圧放電のばあいとかなり異なるので，区別するために，**低圧 ICP** とも呼んでいる．

一般には，コイルのインダクタンスは巻数に比例する．したがって，インダクタンスによるコイルの高周波抵抗を減らすため，低圧 ICP では，1～2 巻程度の低巻数コイルが用いられる．

図 3-8(a)，(b)，(c)に典型的なコイルの配置図を示す．図(a)は放電管に直接コイルを巻きつけた単純な構造のものであるが，生成されたプラズマは，下方に向かって拡散し，広がる．図(b)と図(c)は，大口径のシート状プラズマを生成するために，平板状に配置したものであるが，図(b)はコイルが誘電体を介してプラズマと接する外部アンテナ方式，図(c)はコイルを直接プラズマ中に挿入した内部アンテナ方式である．

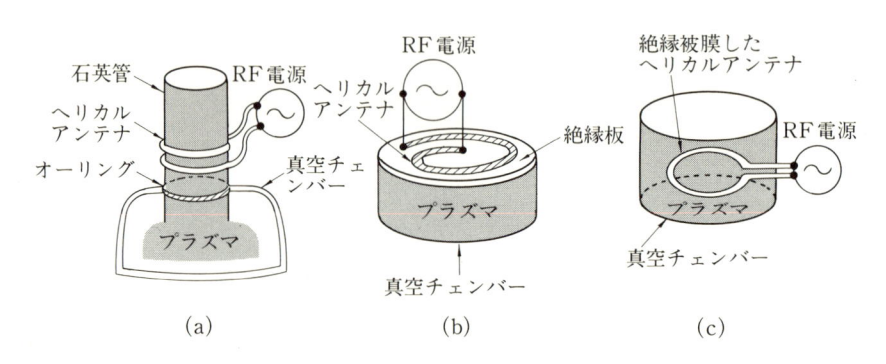

図 3-8 各種 ICP プラズマ装置の概念図．

外部アンテナ方式は，構造や冷却などが比較的簡単であるが，プラズマが誘電体近傍に多く生成されるため，誘電体との接触により，不純物の発生が多くなる．また，アンテナから発生する磁力線が，すべてプラズマと鎖交するとは限らないので，プラズマとの相互インダクタンスが小さくなり，プラズマに対

§3.2 低圧高密度プラズマの生成と大口径化

する電力の伝送効率が，内部アンテナ方式に比べて劣ることが予想される．

一例として，内径 50 cm の真空容器の中に，直径 18 cm，1 回巻きの内部アンテナを設置し，また厚さ 2 cm の石英窓を介して，大気側に全く同じ寸法の外部アンテナを設置して，外部アンテナと内部アンテナの違いを比較した実験結果を図 3-9 に示す[3.21]．図は，アルゴンガス気圧 2×10^{-3} Torr における 13.56 MHz 高周波入力と電子密度 N_e の関係であるが，内部アンテナのばあい，N_e は入力電力の増加とともに連続的に増大し，$N_e \simeq 10^{11}$ cm^{-3} あたりで飽和する傾向を示している．

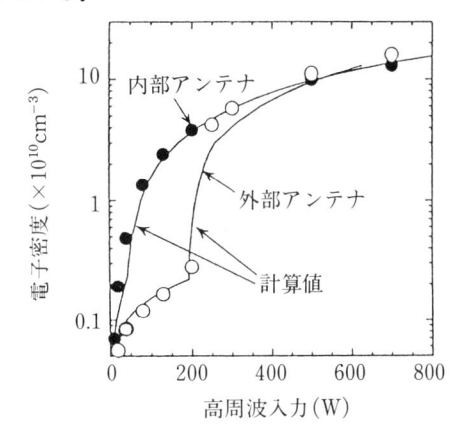

図 3-9 ICP プラズマ密度の入力依存性とモードジャンプ[3.21]．

それに対して，外部アンテナのばあい，入力電力が小さいうちは，N_e の増加は緩やかであるが，電力が 200 W 付近で，N_e は 1 桁ほど急激に増大する．前述のヘリコン波プラズマと似たこのような密度のジャンプ現象は，入力電力を一定にして気圧を変えたばあいにも，2×10^{-4} Torr から 10^{-3} Torr の間で観測される．ジャンプした後の電子密度は，内部アンテナの飽和値にほぼ帰着する．実験値は計算結果とよい一致を示している．

外部アンテナと内部アンテナの主な違いは，プラズマとの間の相互インダクタンスが異なる点にある．内部アンテナの方がプラズマとの結合度がよいため，外部アンテナに比べて数倍程度，プラズマに対する電力伝送効率がよいことが，解析結果からも知られている．また，外部アンテナのばあい，プラズマ

による電力の吸収は，電力が小さく密度が低いうちは，主に静電結合によって行われる．すなわち，アンテナが作る電場を介して放電するもので，容量結合型プラズマを生成する．それに対して，電力が大きく密度が高くなると，誘導結合が支配的となる．すなわち，アンテナに流れる電流によるインダクティブな近接場によって放電し，誘導結合プラズマを生成する．したがって密度のジャンプ現象は，電力の吸収機構が，静電結合から誘導結合に移るときに起こるものと考えられている．

さて，衝突頻度 ν が小さい低圧力空間では，$\nu/\omega \lesssim 1$ となるので，電界からのエネルギー吸収が難しいはずであるが，なぜ無磁界のままで高密度プラズマが生成されるのだろうか？　この疑問は最近，**温かいプラズマ効果**(Warm plasma effect)によって，理論的に説明されている[(3.22)]．すなわち，高周波電界を印加してプラズマが生成されると，**表皮効果**(Skin effect)によって，誘導電界のほとんどは，プラズマの導電率で決まる**表皮効果の深さ**(Skin depth) δ の中に閉じこめられる．無衝突であっても，電子が熱運動しながら，厚さ δ の強い誘導電界が存在する領域を通過するとき，通過時間が高周波の周期より短ければ，電子は正味のエネルギーをもらうことができ，加速される．加速によって高速になった電子は，衝突電離をくり返し，高密度プラズマが生成される．

低圧 ICP は，低圧力空間で高密度プラズマを生成することができ，かつコイルの寸法と配置の工夫で大口径化も可能であるよいプラズマである．しかし，電磁波を介しないで，高周波コイルによる電磁界を直接用いるので，外部回路の影響を受けて，プラズマが空間的にも，時間的にも不安定になりやすい．

さらには，外部アンテナのばあい，プラズマとの結合度が低いため，高密度になりにくい．それに対して内部アンテナでは，誘導結合とともに静電結合も強いためにプラズマ電位が上昇し，プラズマのパワー損失が大きい．これらのいずれも，高密度化を妨げる原因となる．低圧 ICP のさらなる高密度化を実現するためには，静電結合の抑制，制御とともに，大電流を流すためのコイルの冷却や，ジュール抵抗の低減など，技術的問題の解決が必要である．

B. 表面波励起プラズマ

これまで述べてきた低圧高密度プラズマの生成法は，その生成原理から，全般に電子温度が高くなりやすい．また，大口径化のためには色々と工夫が必要である．それに対して，2つの媒質の界面に沿って伝播する**表面波**(Surface wave)を利用すれば，比較的大面積でかつ通常の直流放電と同程度の低い電子温度のプラズマが得られることから，近年，**表面波励起プラズマ**(SWP)に対する関心が高まり，多くの研究がなされている．

表面波は，放電管の一端に強い電界を印加することによって励起される．プラズマとガラス放電管の境界に沿って伝播する表面波の存在は，1959年，米国のTrivelpieceとGouldらによって，直流放電を用いて最初に発見された[3.23]．その後，基礎特性に関する研究が1960年代に活発に行われたが，プラズマ生成へ応用されるようになったのは，1970年代に入ってからである[3.24]．

初期の頃の表面波プラズマは，径の細い円筒放電管の一端に，局部的に管軸方向に強いRF電界を発生できるSurfatronやSurfaguideと呼ばれる励起素子を取付けて，表面波を励起し，管軸方向に伝播させるものであるが，外部磁界なしで，遮断密度以上の高密度プラズマが生成できる．

表面波の励起に用いる電磁波の周波数範囲は200 kHzから10 GHzと広く，気圧も 10^{-5} Torrから大気圧近くまで可能である．しかし，この種の円筒型放電では，軸方向に長いプラズマが得られるが，径方向に関しては直径15 cm程度のものしか実現されていない．

表面波プラズマを大口径化するには，前述のECRプラズマと同様に，スロットアンテナを用いたり，または大面積の誘電体を導波路に用いたりして，表面波を広範囲に渡って励起，伝播させる方法が考えられている．

マイクロ波による表面波励起法の典型的ないくつかを，概念的に描いたものを，図3-10(a)，(b)，(c)，(d)に示す[3.25]．図(a)は従来方式のもので，ランチャーと呼ばれる入射口(一般にはキャビティや導波管の壁に穴を開けたもの)を，円筒放電管の上流に設置し，下流に向かって伝播する表面波によって長いプラズマが生成される．

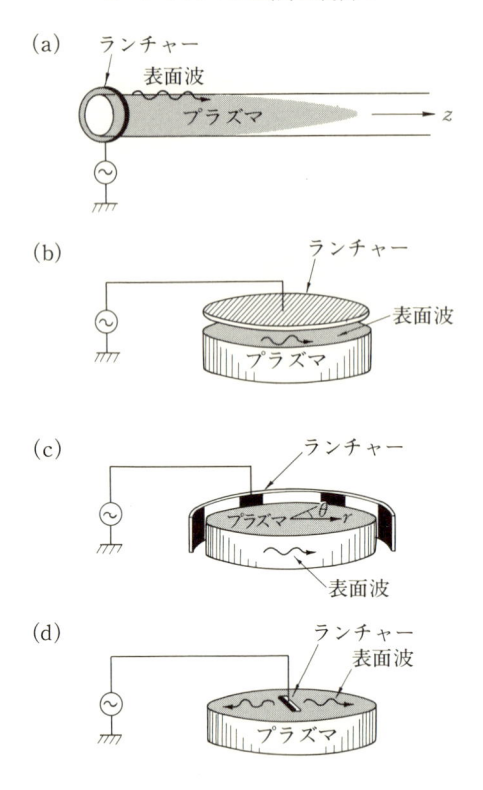

図3-10 各種表面波プラズマ励起方式の概念図[(3.25)].

　図(b)以下は，大口径化のために工夫されたものであるが，図(b)のばあい，平板状の誘電体を導波路に用い，マイクロ波を平面上に広げてから，誘電体をランチャーとして入射し，大口径プラズマを生成する．この方式によるプラズマ生成では，導波管に直接テフロンシートを取付けて導波路としたもの[(3.26)]や，テーパ状同軸導波管を用いて，マイクロ波出口の直径を拡大したもの[(3.27)]がある．前者のばあい，幅2 cm，長さ48.5 cm，厚さ2 cmのテフロンシートを通じて，2.45 GHz，300 Wのマイクロ波を入射し，気圧$\simeq 10^{-1}$～10^{-2} Torr の範囲で，導波管方向30 cmにわたって均一なプラズマが得られている．また，後者のばあい，気圧$\simeq 10^{-2}$～10^{-3} Torr の範囲で，2.45 GHzの

マイクロ波によって，電子温度が数 eV で，遮断密度以上の高密度プラズマが，半径方向に 12 cm にわたって均一なものが得られている．

図 3-10(c)はランチャーを円周上に配置したものであるが，マイクロ波を側面からあてると，表面波は円周角 θ 方向に伝播し，プラズマは円筒側面から供給される形で大口径化を図ることができる．環状導波管で構成されたリングキャビティの内壁に，等間隔で管軸方向に長く伸びた開口を持つスロット状のランチャーを用いて，最大で直径 67 cm の大型装置が製作され，気圧 $\simeq 10^{-1} \sim 10^{-3}$ Torr の範囲で，マイクロ波電力 6 kW によって，最大密度 10^{12} cm^{-3} の大口径プラズマが得られている[3.28),(3.29)]．

図 3-10(b)と(c)の方式は，いずれも大口径プラズマを生成するのに向いているが，図(b)のばあい，大きな平面状のランチャーをアンテナとして用いるので，プラズマとの結合が強すぎて，放電が不安定になりやすい．図(c)のばあいは，プラズマが外周から供給されるタイプなので，気圧が少し高くなると，中心部の密度が低下し，不均一性が問題になる．

それに対して，図 3-10(d)は，広い面のある 1 点から，小さなスロットアンテナを用いてマイクロ波を入射し，表面波が伝播する性質を利用して，広い面積のプラズマを生成維持するものであるが，工夫次第では，将来的には最も有望な方式となる可能性がある．

スロットアンテナ方式を用いた周波数 2.45 GHz，最大出力 1 kW のマイクロ波プラズマ生成装置の一例を**図 3-11** に示す[3.28)]．このばあいは，導波管壁

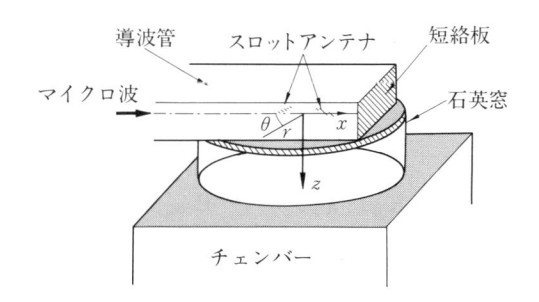

図 3-11 スロットアンテナ方式による大口径表面波プラズマ発生装置[3.28)]．

に開けた細長い形状のスロットから,石英窓を通してマイクロ波を下部にある真空容器内に導入する.スロットの幅は1cm,長さは自由空間波長の1/2(約6cm)であり,2つのスロット中心間の距離は管内波長の1/2(約8cm)に設定されてある.アルミ製真空チェンバーの上部は,直径22cm,長さ9cmの円筒でできており,下部プラズマ反応室は,1辺の長さが35cmの立体構造になっている.

この装置を用いて,アルゴンガス圧力 1.5×10^{-1}～2.6 Torr(20～350 Pa)の範囲で,300 W～1 kWのマイクロ波電力を入射した実験では,下部プラズマ室内の電子密度は,中心から±6cmにわたってほぼ一様な分布をし,下方に向かって16 cmの位置付近で 10^{12} cm^{-3},28 cmの位置付近で 10^{11} cm^{-3} 程度の極めて高い密度のプラズマが得られている.

表面波励起プラズマは,表面波の伝播によって,大口径プラズマを比較的容易に実現する可能性があることから,多くの研究がなされている.しかし,表面波のエネルギーがどのようなメカニズムで電子に吸収されるかについては,まだよく知られていない.また,技術的な面では,特定の固有モードを効率的励起するためのアンテナデザインや,10^{-2} Torr以下のさらに低い気圧下でのプラズマ生成法の開発など,多くの課題が残されている.

3.2.4　その他のプラズマ生成法

これまで述べてきた新しい低圧高密度プラズマの生成法は,有用ではあるが,それぞれに長短所がある.したがって,応用の対象次第では,それらを組合せて使用することも考えられる.

通常の低圧ICPに磁界を印加して,変則的なECR効果を重畳することによって,1×10^{-3} Torr程度の低圧力下で,ICPよりも高密度でかつ低電子温度のプラズマが生成可能であることが報告されている[3.29].このプラズマの生成に用いた装置の概念図を図3-12(a)に示す.円筒型真空チェンバーの外側に3つのコイルを設置し,中間コイルに流れる電流の向きを変えて,チェンバー内に円周方向に沿って,図3-12(b)で示されるような磁界が0となる**磁気中性点**(図中aの位置)のループを形成する.

§3.2 低圧高密度プラズマの生成と大口径化

(a)

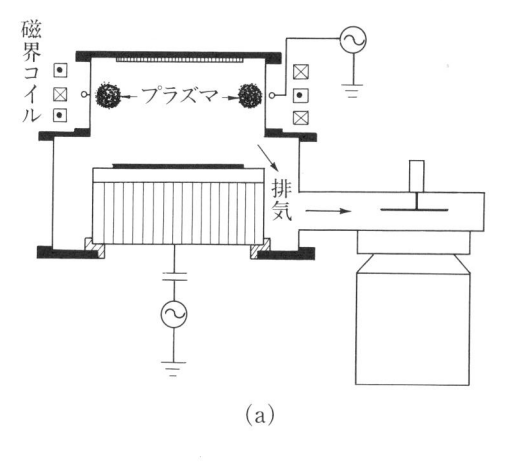

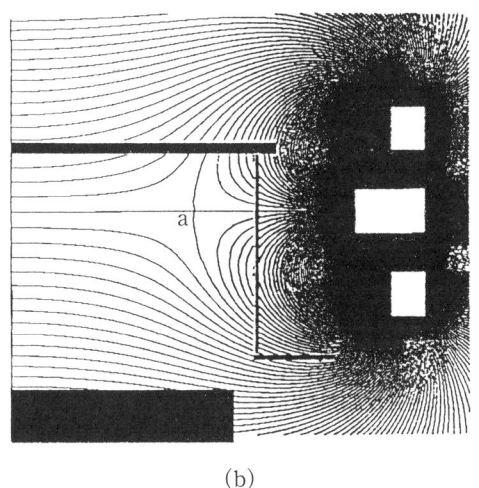

(b)

図3-12 NLDプラズマ発生装置の概念図[3.29].
（a）装置の構成，（b）チェンバー内右半分の等磁位線図.

　ループ近傍にアンテナを配置し，高周波電力を供給すると，ループに沿って高密度プラズマが生成され，磁界の弱い中心部に向かって拡散する．このようにして生成されたプラズマは，**磁気中性線放電プラズマ**(Magnetic　Neutral

Loop Discharge Plasma，略してNLDプラズマ）と呼んでいる．

NLDプラズマ中では，電子は高周波電界の中で不規則な往復運動（Meandering motion）を行いながら，ECR条件を満たす磁界の位置でUターンし，1回転に至らない変則的なECR加速を受ける．このUターン加速現象をくり返すことによってエネルギーを増大させ，高密度プラズマを形成する．往復運動を行う電子は，高周波電界によってランダムに加速されるので，粒子間の衝突なしでもボルツマンの速度分布になりうる．この熱化の傾向は，注入電力が大きいほど顕著であることが知られている．

NLDプラズマ装置は，磁界をオン-オフすることによって，ICPとNLDの2種類に分けてプラズマを生成することができる．同じ放電条件のもとで，トリプルプローブで測定したチェンバー中心部における電子温度 T_e は，ICP（≃3.7 eV）がNLD（≃2.2 eV）に比べて高い．しかし，電子密度 N_e は，逆にICP（≃$6×10^{10}$ cm^{-3}）はNLD（≃$1.1×10^{11}$ cm^{-3}）の約半分となっている[3.30]．このような違いは，実際のプラズマ応用にも大きく影響する．C_3F_8ガスを用いた酸化膜のエッチングでは，密度が高く温度が低いNLDプラズマでは，垂直形状のエッチングが得られるのに対して，密度が低く温度が高いICPプラズマでは，レジストに対する選択比が低く，孔口付近を含めて荒れた壁面になる．これは，高電子温度と低電子密度のため，ICPプラズマ中では，ガスの分解が進み，F原子が多く生成されると同時に，シース電圧が高くなることによるものと思われる[3.31]．

プラズマの応用範囲が拡大するにつれて，低圧力高密度のほかに，さらには低電子温度で，かつ大口径で空間的に均一なプラズマの生成が必要とされている．このためには，各種生成法の組合せ使用は有効な手段となりうることから，この分野の今後の発展が期待される．

§3.3 大気圧非平衡プラズマの生成と効率化

大気圧下での低温非平衡プラズマの生成は，前述のように，空間的に均一性を必要とする気体レーザへの応用のばあいと，必ずしも空間的に均一であるこ

§3.3 大気圧非平衡プラズマの生成と効率化　　　　　　　　　　105

とを必要としない環境汚染処理への応用のばあいとに分けられるが，前者はすでに古くから多くの解説があるので[3.1]，ここでは後者についてのみ記述することにする．

3.3.1　3つの基本的な放電形式

A. コロナ放電プラズマ（Corona discharge plasma）

　電極の形状や配置によって，空間の一部に強い不平等電界を生じさせると，その部分から**コロナ**と呼ばれる**部分放電**が発生する．**図 3-13** のような同軸円筒型電極に高電圧を印加すると，コロナは電界の強い中心軸から発生し，外側電極に向かって進展する．

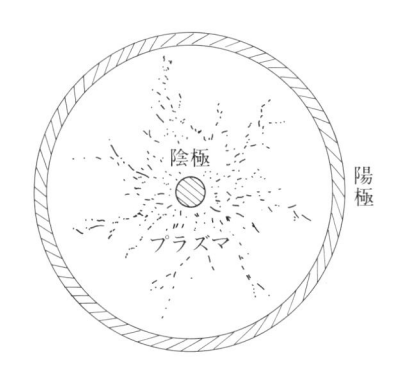

図 3-13　同軸円筒電極によるコロナ放電の概念図．

　コロナ放電は，線状的に進展し間欠的に発生する**ストリーマコロナ**（Streama corona）と，電極近傍に定常的に維持される**グローコロナ**（Glow corona）に大別される．

　気圧が比較的低いばあい，グローコロナは電極を中心に広い範囲にわたって形成されるが，気圧が高くなると，電界の強い中心電極のごく近傍に縮小し，その外側に不安定なストリーマコロナが発生する．

　細い線状電極でなくても，電極表面に凹凸や尖った部分があると，その付近の強い不平等電界によってコロナ放電が生ずる．したがって，コロナ放電は高圧力ガスに高電圧を印加すると，ごく簡単に発生する最も基本的な放電形態で

あるといえる．

　図3-13の電極配置による放電は，古くから電気集塵機に応用されている．コロナの中では，電離によって多量の電子と正イオンが存在するので，コロナ放電は，大気圧下でプラズマを生成するよい手段のひとつである．

　しかし，狭い空間に起こす部分放電のため，大容積の気体を均等に処理するには不便であり，また，ストリーマの進展によって対向電極に損傷を与えないように，回路に直列インピーダンスを挿入するなどの工夫が必要である．

　したがって実際には，コロナ放電を基本にして，それを改良発展させた以下に述べる2つの放電形式が開発されている．

B. 無声放電プラズマ(Voiceless または Silent discharge plasma)

　無声放電は別名**バリア放電**(Barrier discharge)とも呼ばれている．基本的な電極配置を図3-14に示す．2枚の電極の間に石英ガラスなどの誘電体を挟み，適当な周波数の交流電圧を印加すると，誘電体ともう1枚の電極との間の数mm程度以下の狭い空隙に強い放電が発生する．

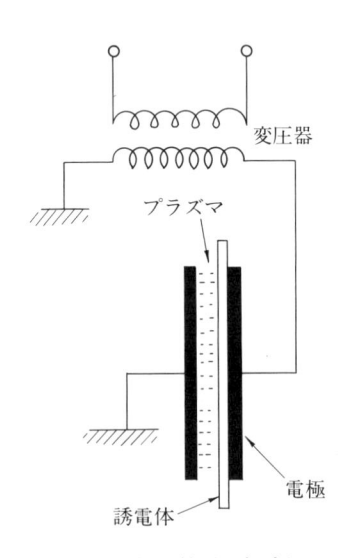

図3-14　無声放電の概念図．

誘電体の存在によって，空隙に均一でかつ強い電界が生じ，コロナの誘導を経て全面放電に至る．誘電体は均一で強い電界の発生と同時に，ストリーマの進展による対向電極の損傷を防ぐ役割も果たすので，数 10 kV 程度の極めて高い電圧を印加することができる．

無声放電は両方の電極を誘電体で被覆するものもあるが，古くからオゾン生成用オゾナイザーに用いられており，最初に考案された同軸円筒型二重管方式のジーメンスタイプオゾナイザーなどが有名である．オゾン生成のほかにも，このタイプの放電は，電極面積を増やし，空隙を長くすることによって，大気圧下で多量のガスを処理できることから，近年，NO_x，SO_x など大気汚染物質の分解処理などにも広く使用されている．

C. 沿面放電プラズマ(Surface discharge plasma)

図 3-15 に基本的な電極の配置図を示す．誘電体表面に細い板状電極を適当な間隔で取付ける．対向電極を誘電体中に埋込み，電極間に適当な周波数の交流電圧を印加すると，誘電体表面に沿って強い電界が誘起され，放電が発生する．この方式のものを**沿面放電**と呼んでいる．

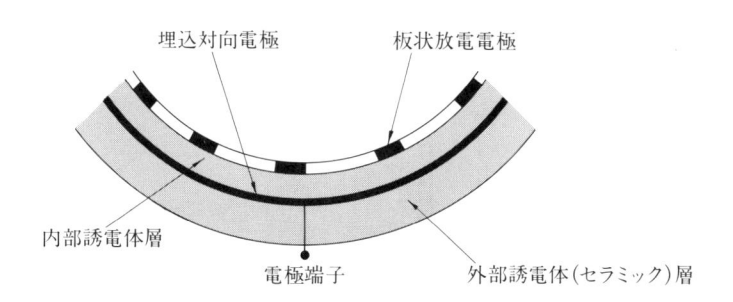

図 3-15　沿面放電用電極配置概念図．

沿面放電は無声放電と同様に，誘電体によってストリーマの発生を防ぐことができる．また，放電によって生成されたプラズマは，広い空間に向かって拡散するので，無声放電に比べて，比較的大きい体積のプラズマを作ることが可能である．また，電極の形状や配置を工夫することによって，色々なタイプの

反応器を構成しやすいことから，実用的な装置に多く使用されている．

さて，これまで述べてきた3つの放電形式は，大気圧放電における最も基本的なものであるが，それぞれに特徴がある．したがって，実用的には，これらの放電を効率的に利用するための装置の工夫，開発が必要であり，色々と行われている．次の節では，主なもののいくつかを紹介することにする．

3.3.2 各種実用的放電装置

A．コロナ放電型装置

コロナ放電は比較的簡単に発生するが，実用的には放電空間の大きさと空間的均一性が問題になる．実際に使用されている装置の例を図3-16(a)，(b)

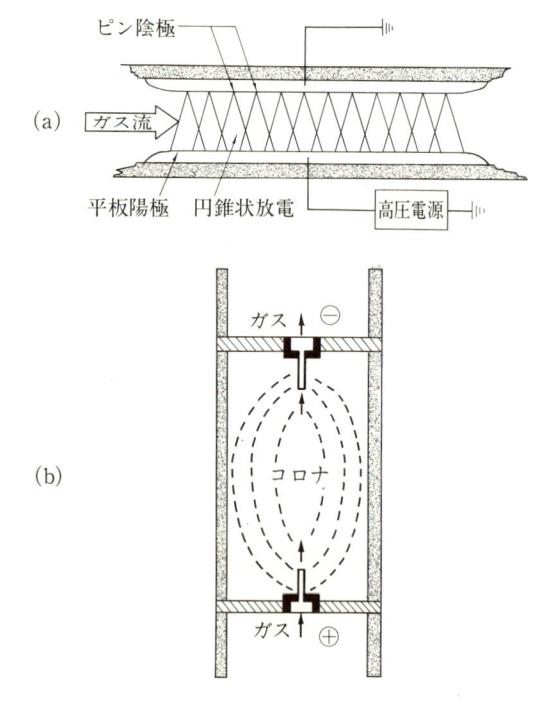

図3-16 コロナ放電を用いた実用装置[3.32]．
(a)点対称平板放電型，(b)コロナトーチ型．

に示す[3.32]．図(a)は電極近傍に定常的に存在する**グローコロナ**を利用したものであるが，向かいあった2枚の電極のうち，陰極となる上部電極表面に多数のピン状突起を設ける．電極間に直流高電圧を印加すると，ピン電極から平板陽極に向かって安定した円錐状のグローコロナが生じる．電極間に気体を流すことによって，広い範囲でプラズマ処理が可能となる．

図3-16(b)はストリーマコロナを利用したものであるが，放電チェンバーの両端にそれぞれ小さな穴をあけたホロー電極を設置する．電極間に直流高電圧を印加すると，両電極からチェンバー全体に広がったトーチ状のストリーマコロナが間欠的に発生する．被処理気体は穴のあいた一方の電極から入り，チェンバー内で広がった後，もう一方の電極から排出されるので，大きな体積の中で効率よく処理される．また，気体を高速で流すことによって，電極の冷却効果も得られる．

B. 無声放電型装置

無声放電を利用した装置は，前述のオゾナイザーが最も代表的であるが，狭い空隙で大量の気体を処理するためには，気体の通路を多チャンネル化したり，放電空間における滞在時間を長くしたりするなどの工夫が必要であり，色々なタイプのものが開発されている[3.33]．

無声放電は，オゾン生成のほかに，最近の大気汚染物質の処理にも利用されているが，ここでは一例として，比較的効率のよい**ペレット充塡式放電**(Packed bed discharge)装置について述べる．このタイプのリアクターは，厳密な意味では，無声放電を変則的に応用したものであるが，概念図を**図3-17**に示す[3.34]．すなわち，適当な間隔で設置した2枚の網状電極の間に，直径数mm程度の強誘電体ペレット($BaTiO_3$，$SrTiO_3$，$PbTiO_3$など)を充塡し，交流高電圧を印加する．強誘電体ペレットによって，ペレット間の狭い空隙に強い電界が誘起されて一見定常的な放電が発生する．

被処理ガスは一方の網状電極から充塡層内に流入し，ペレット間の空隙を波状に通って，もう一方の電極から排出されるので，滞在時間が長くなり，コンパクトな装置で，大量の気体を効率よく分解できる．

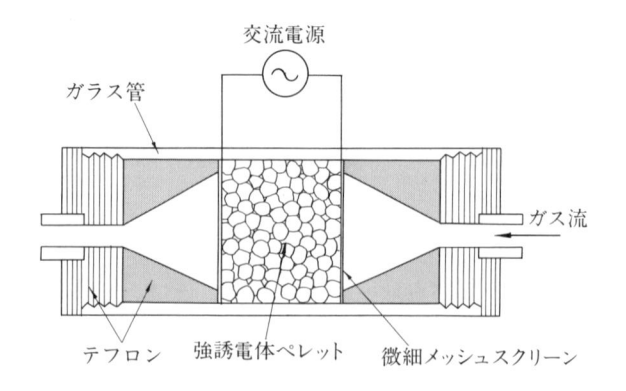

図3-17 ペレット充填式放電装置[(3.34)].

このタイプの装置は，誘電体の存在によって電極へのスパークが防止できる．また，ペレットの誘電率や印加電圧波形を変えて放電電力を制御したり，触媒を組合せて反応の選択性を高めたりすることができる，などの利点を持っている．

C. 沿面放電型装置

沿面放電は，電極の構造を工夫することによって，比較的広い範囲で均一なプラズマを作ることができるので，実用的装置に多く利用されている．典型的な例を図3-18(a)，(b)に示す．

図(a)はアルミナセラミックス円筒内に，薄い円筒状接地電極を埋込み，セラミックス円筒内壁面上に，幅0.5～1 mmの板状電極を数枚，1 mm程度の間隔で密着させてもう一方の電極としたものである[(3.35)]．埋込んだ円筒電極と板状電極の間に，数kHzの高周波高電圧を印加すると，板状電極の端から放電が発生し，セラミックス壁面に沿って進展し，円筒内に密度の濃いプラズマが生成される．

この方式のリアクターは，セラミックス管を直接外部から空冷または水冷することができる．電界強度が強くても，放電によって発生した電荷で電界強度が自動的に弱まり，アーク放電に移行しない，などの利点がある．したがっ

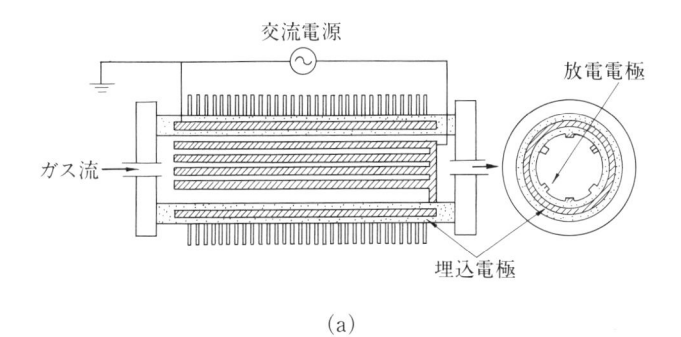

§3.3 大気圧非平衡プラズマの生成と効率化　　　　111

(a)

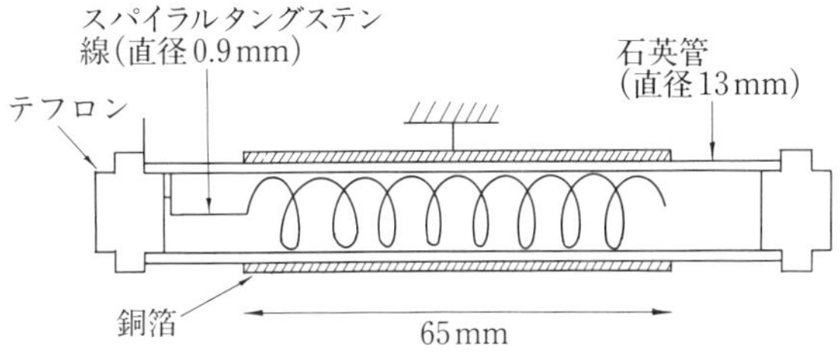

(b)

図 3-18　沿面放電型装置.
　　　　(a)増田式固定板状電極リアクター[3.35],（b）コイル状電極
　　　　リアクター[3.36].

て，実用的には多く用いられているが，実験用としては，図(b)のような透明石英管を利用したリアクターが開発されている[3.36].

　図(a)のセラミックス管のばあい，外部から直接放電状態を観察することができない．内部電極が固定されているので，簡単に変えることができない．それに対して，図(b)のばあいは，透明石英管の外側に銅またはアルミの箔を巻いて接地電極とし，管内側には，螺旋状に巻いたタングステンコイルを密着させて放電電極としたものであるが，放電状態を直接観察できるほか，コイルの巻数や長さを変えることによって，色々な実験ができて便利である．また，電極間に流れる高周波電流がセラミックス管のばあいに比べて小さく，有利である．

D. パルスストリーマ放電型装置

高密度プラズマであるストリーマコロナは，樹枝状に伸びて，広い範囲で気体を効率よく分解処理することができるが，対向電極にスパークを起こし，損傷を与える難点がある．したがって，コロナ放電用電極に，立上り時間数10 nsec，持続時間1 μs程度以下の急峻なパルス高電圧を印加すれば，ストリーマコロナが対向電極に到達する前に放電が停止するので，スパークを起こさなくてすむようになる．このような原理にもとづいたリアクターの一例を図3-19に示す[3.32]．

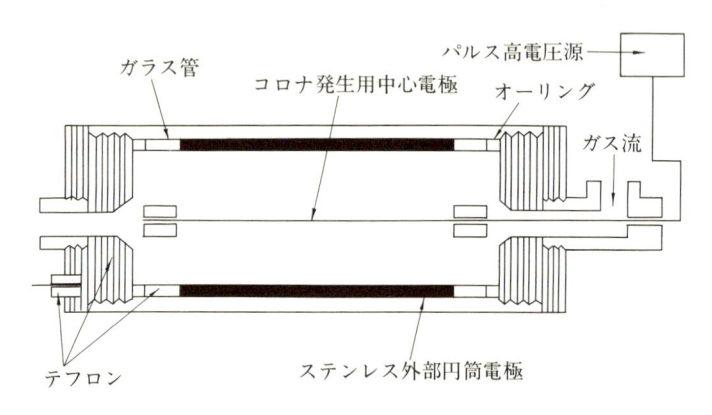

図3-19 パルスストリーマ放電型装置[3.32]．

この装置は，ステンレス製円筒電極の中心軸に，コロナ発生用線電極を配置したものであるが，パルス高電圧を印加すると，線電極からコロナが発生し，円筒電極に向かって進展する．パルスの幅が狭いほど，高い電圧を印加することができる．

また，無声放電を組合せて，スパークを防ぎ，さらに高い電圧が印加できるようにしたリアクターの一例を図3-20に示す[3.37]．この装置は，図3-19のばあいと原理的にはほとんど同じであるが，ステンレス管の代わりに，円筒石英管の外側に接地した銅箔を巻いて対向電極とし，中心軸にある線電極との間に高周波高電圧を印加する．円筒石英管は，銅箔へのスパークを防止すると同時に，表面に強い電界を誘起して，無声放電の役割も果たす．線電極と石英管の

§3.3 大気圧非平衡プラズマの生成と効率化

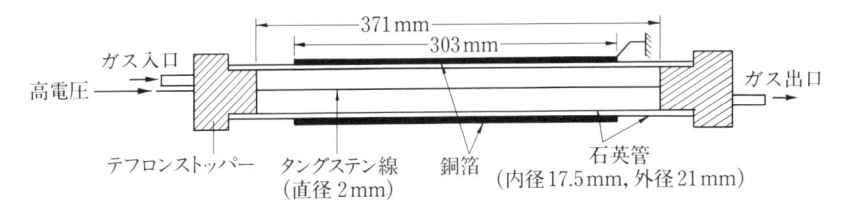

図 3-20 無声放電を組合せたパルスストリーマ放電装置[3.37].

間の空隙を狭くするために，線電極の代わりに，ネジ溝を切ってあるやや太いステンレスの棒を用いるなどの工夫もされている．

パルスストリーマ放電によるリアクターは，直流コロナ放電に比べて高い電圧の印加が可能で，より広い範囲でプラズマが生成できる．また，エネルギーの注入効率も極めてよい．なぜなら，電子はイオンよりはるかに軽く，電界中では，同じ時間に移動する距離は，イオンより3桁ほど大きい．持続時間 $1\,\mu s$ 程度以下の短いパルス電圧が印加されている間に，電子は数 $10\,eV$ のエネルギーに加速されて衝突電離を行うが，重いイオンはほとんど動けず，電離に寄与しない．したがって，入力エネルギーの大部分が電子の加速に使われ，イオンには無駄なエネルギーを与えないため，エネルギー効率のよいプラズマ生成が期待できる．

パルスストリーマ型リアクターのように，放電形式を組合せたり，入力方法を変えたりして，プラズマ生成の効率化を目指す研究は，ほかにも色々行われている．電極構造を工夫して，沿面放電に無声放電を重畳させたり[3.38]，3相交流を用いて，2つの無声放電と1つの沿面放電を組合せたり[3.39]して，その相乗効果によって，オゾンの収率が単独和のばあいに比べて増大することなどが知られている．このような試みは，今後の発展のひとつの方向でもあると思われる．

以上述べてきた大気圧下における非平衡プラズマの生成法は，主に効率よく放電が行える装置の工夫が中心であり，生成されたプラズマの内容，すなわち各種プラズマパラメータについては，まだ十分に把握されていないものが多い．

大気圧下では，電子の弾性衝突損失は極めて大きいので，定常状態では，電子温度はかなり低いはずであるが，しかし，大気圧下での放電は，ほとんどが交流またはパルス状であるので，非定常状態では，電子はかなりの高エネルギー状態にあるものと考えられる．すなわち，印加電界によって加速される時間が，衝突による緩和時間に比べて短ければ，電子は高エネルギーを持つようになる．高速電子の衝突電離や励起によって，電子密度や各種ラジカル密度もかなり高い値になると予想されるが，測定が難しいこともあって，現状ではあまり具体的なデータが得られていない．これらプラズマパラメータの計測と制御は，今後に残された重要な課題であると思われる．

§3.4 熱プラズマ応用装置

3.4.1 熱プラズマの特性と各種プラズマトーチ

グロー放電の電流を増やしていくとアーク放電に移行する．グロー放電中の電離は主に電子衝突によるが，アーク放電中の電離は，原子-分子衝突による熱電離が支配的であり，ガス全体の温度が高くなる．したがって，電子温度だけが特に高いグロー放電による低温**非平衡**プラズマ(Non-Thermal plasma)に対して，アーク放電によるプラズマは，高温**熱**プラズマ(Thermal plasma)と呼ばれている．

安定したアーク放電は，圧力数 Torr から大気圧までの範囲で得られる．圧力が低いうちは，電子温度は周囲のガス温度に比べて高いが，圧力が増えるにつれてガス温度との差はだんだん縮まる．その様子を分光による2線強度比およびスペクトル分布で測定した結果の一例を図 3-21 に示す[(3.40)]．

このデータは，後で述べる減圧窒素アーク放電中で測定したものであるが，横軸に圧力，縦軸に電子温度 T_e，N_2 分子の振動温度 T_v および回転温度 T_r（≃中性ガス温度 T_g）を示してある．図から，1 Torr 付近の低圧力下では，T_e と T_v はいずれも T_r より高いが，圧力の増加とともに差は縮小し，30 Torr を越えるとほぼ同じ1万度 K（≃1 eV）程度の値になる．

§3.4 熱プラズマ応用装置

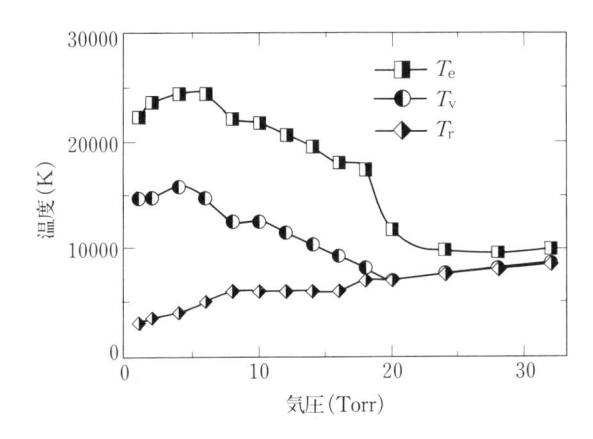

図 3-21 窒素プラズマジェット中における各種温度の気圧依存性[3.40].
T_e: 電子温度, T_v および T_r: 窒素分子の振動および回転温度.

　熱プラズマは, ガス全体が数万度の高温であると同時に, 熱電離によって 10^{16} cm^{-3} 以上の高電子密度が得られるので, 単位時間に大量の原料ガスを電離, 励起および解離し, 活性化することができる. また, 高温による高い反応率のため, 高速での材料処理が可能であるなどの利点を持ち, 実用的には極めて有用なプラズマであるといえる.

　しかし, 熱プラズマの生成は, 局所的な大電流アーク放電によるので, 低温非平衡プラズマのように, 大面積化, 大容量化することが難しい. したがって, 熱プラズマ応用装置は, プラズマの生成そのものよりも, 生成したプラズマによる熱破壊を防ぎ, 広い面積で使用しやすくするための装置構成の工夫, 開発が中心となる.

　現在最も広く使われている熱プラズマ応用装置は, アーク放電を行う電極の片方に小さな穴(ノズル)を設け, 気圧差またはガスの強制駆動によって, プラズマをジェット流としてノズルから噴出させるもので, **プラズマトーチ** (Plasma torch)と呼ばれている.

　主なプラズマトーチの概念図を**図 3-22(a), (b), (c)**に示す. 図(a)は**非移行型プラズマトーチ**（Non-Transferred type plasma torch）と呼ばれるもので, 先の尖った棒状陰極と, 凹みの先にノズルを設けた陽極との間にアー

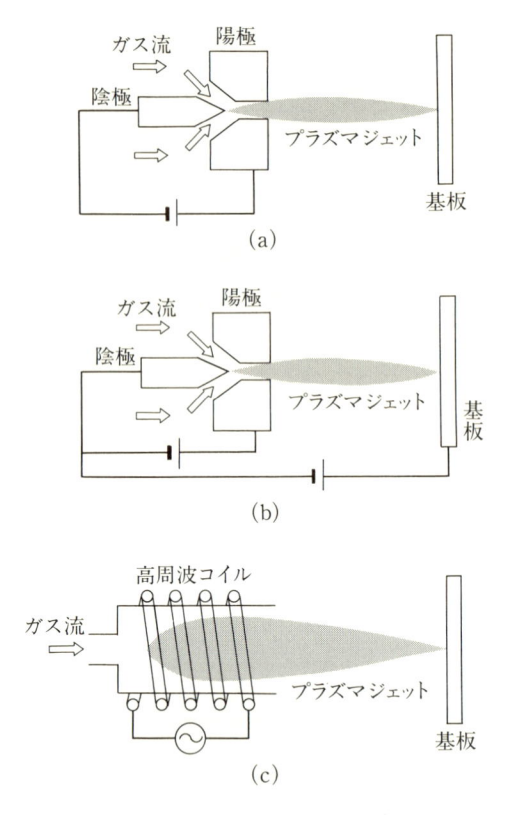

図 3-22 各種プラズマトーチの概念図．
(a)非移行型，(b)移行型，(c)高周波誘導型．

ク放電を行い，生成されたプラズマはノズルからガス下流に向かって自由に噴出する．基板や材料は，プラズマ下流の適当な位置に置いて処理される．

図(b)は**移行型プラズマトーチ**(Transferred type plasma torch)と呼ばれるもので，基板に陽極と同じ極性の電圧を印加して，プラズマジェットを強制的に基板に引き寄せるようになっている．このばあい，ジェット流は空間的に比較的安定するが，装置がやや複雑になる．

直流放電を利用するプラズマトーチは，ノズル側電極を正極性にした方が，広い条件で安定したプラズマジェットが得られる．また，電極が直接プラズマ

と接触するため，電極の冷却や，電極の蒸発による不純物の混入を最小限にする注意などが必要である．

高度の化学反応を利用する高純度のプラズマプロセスでは，図(c)で示される**高周波誘導型プラズマトーチ**(RF inductively couppled plasma torch)が用いられる．このタイプは，電極による不純物の混入は起きないが，装置が直流型より複雑になる．

上記3つのタイプは，それぞれに特長があるが，プラズマ溶射などの応用では，より高温を実現するために，直流放電で生じたプラズマを，下流でさらに高周波コイルによって誘導加熱する**ハイブリッド型プラズマトーチ**(Hybrid type plasma torch)なども開発されている．

3.4.2 実用的な熱プラズマ発生装置

プラズマトーチには，ジェット噴流直径数 mm から数 10 cm，ジェット長数 cm から 1 m 程度のものまであり，色々な用途に利用されている．実用的装置では，プラズマジェットの安定化のほか，電極や基板の冷却，原料の供給方法など，使用対象や目的に合わせた装置の工夫，設計が必要であり，多くの考案がなされている．

ここでは一例として，広い圧力範囲にわたって安定したプラズマジェットが

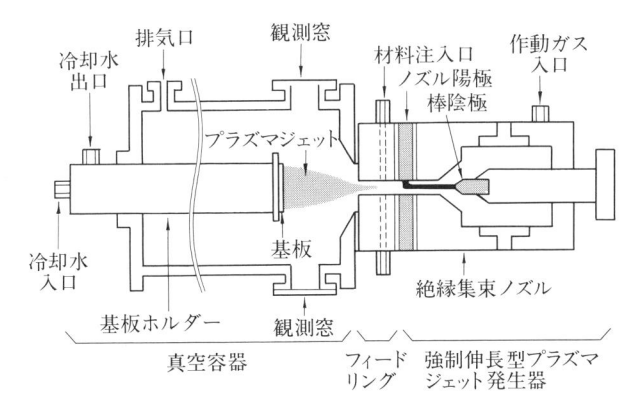

図 3-23 強制伸長型プラズマジェット発生器を用いた実用的な熱プラズマ装置[3.41]．

生成できる**強制伸長型プラズマトーチ**の概略を図3-23に示す．この装置は，先の尖った棒状陰極と円板状陽極の間に，ノズルを設けた絶縁収束部を持つ点が，陰極と陽極だけで構成される通常の装置と異なる．絶縁収束部によって，アーク放電の陽極点が陽極ノズルの先端に固定されるため，反応チェンバー内の圧力，アーク電流，ガス流量などの動作条件を大きく変えても，放電は安定で，アーク長も一定に保たれている．さらに，アークはノズル壁とガス流によって，ノズル軸線上に集束されて強い熱ピンチ効果を受けて，安定で熱出力の高いプラズマジェットが発生できる[3.41],[3.42]．

　プラズマジェット内に，プロセスに必要な原料粉末やガスを供給する方法としては，放電空間に直接注入する方法と，噴出した後のジェット空間に注入する方法がある．前者は原料の加熱効果はよいが，不純物混入によるアークの不安定性や電極の腐蝕などの問題が生ずる．後者は，噴出後のプラズマが拡散，膨張しているため，放電部に比べて温度が低く，加熱効率が悪いという欠点がある．これらの問題を避けるために，図3-23の装置では，陽極ノズル出口のすぐ直後に，原料注入口を設けるなどの工夫を行っている．

　これらの工夫によって，この装置で，大気圧から0.1 Torr程度の低圧力までの広い圧力範囲にわたって，安定で高熱出力のプラズマジェットが生成され，ダイヤモンド膜やニューセラミックスの高速合成など，プラズマプロセスの分野で活用されている．

　さて，これまで述べてきた最適放電気圧範囲外における新しいプラズマ生成法は，ほとんどが，生成と同時にそれぞれ特有のプラズマパラメータを持っている．プラズマ応用の範囲が拡大するにつれて，今後さらに細いパラメータの制御が要求されるが，そのためには，第2章で述べた各種制御法をこれらのプラズマ生成法と組合せて活用することが必要であり，この分野における一層の研究が期待される．

参 考 文 献

3.1 堤井信力,「プラズマ基礎工学」増補版, 第2章, 内田老鶴圃 (1995).
3.2 漆原, 小野, 堤井, 電気学会誌, **119-A**, 37 (1999).
3.3 K. Wasa and S. Hayakawa, *Rev. Sci. Instrum.*, **40**, 693 (1969).
3.4 K. Kuwahara, Y. Matsuda and H. Fujiyama, *Material Science and Engineering A*, **170** (1991).
3.5 木下治久編, 「高密度プラズマ応用プロセス技術」第2章, リアライズ社 (1993).
3.6 A. Yonesu, Y. Takeuchi, A. Komori and Y. Kawai, *Jpn. J. Appl. Phys.*, **27**, 1482 (1988).
3.7 Y. Ueda, M. Tanaka, S. Shinohara and Y. Kawai, *Rev. Sci. Instrum.*, **66**, 5423 (1995).
3.8 S. Iizuka and N. Sato, *Jpn. J. Appl. Phys.*, **33**, 4221 (1994).
3.9 N. Shida, T. Inoue, H. Kokai, Y. Sakamoto, W. Miyazaki, S. Den and Y. Hayashi, *Jpn. J. Appl. Phys.*, **32**, L1635 (1993).
3.10 河合良信, 応用物理, **66**, 584 (1997).
3.11 S. Samukawa, *J. Vac. Sci. & Technol.*, **A11**, 2572 (1993).
3.12 K. Yokogawa, N. Itabashi, K. Suzuki and S. Tachi, Proc. 3rd Int. Conf. Reactive Plasmas and 14th Symp. Plasma Processings, p. 500 (Nara, 1997).
3.13 板橋, 沖川, プラズマ核融合学会誌, **73**, 1365 (1997).
3.14 菅井秀郎, 応用物理, **63**, 559 (1994).
3.15 A. H. Blevin and C. P. Thonemann, Culham Laboratory Report CLM-R 12 (1961).
3.16 R. W. Boswell, R. K. Porteous, A. Prytz, A. Bouchoule and P. Ranson, *Phys. Lett.*, **91A**, 163 (1982).
3.17 P. Zhu and R. W. Boswell, *Phys. Rev. Lett.*, **63**, 2805 (1989).
3.18 庄司, 坂和, プラズマ核融合学会誌, **74**, 19 (1988) および T. Shoji, Y. Sakawa, S. Nakazawa, K. Kadota and T. Sato, *Plasma Sources Sci. Tech.*, **2**, 5 (1993).
3.19 Y. Sakawa, N. Koshikawa and T. Shoji, *Appl. Phys. Lett.*, **69**, 1695 (1996).
3.20 中村, 菅井, プラズマ核融合学会誌, **74**, 155 (1998).
3.21 K. Suzuki, K. Nakamura and H. Sugai, *Plasma Sources Sci. Technol.*, **7**, 13 (1998).

3.22 M. M. Turner, *Phys. Rev. Lett.*, **71**, 1844 (1993).

3.23 A. W. Trivel piece and R. W. Gould, *J. Appl. Phys.*, **30**, 1784 (1959).

3.24 M. Moisan, A. Shivarova and A. W. Trivel piece, *Plasma Phys.* (Review), **24**, 1331 (1982).

3.25 永津, 菅井, プラズマ核融合学会誌, **72**, 658 (1996).

3.26 K. Komachi, *J. Vac. Sci. Technol.*, **A11**, 164 (1993) および **A12**, 769 (1994).

3.27 T. Kimura, Y. Yoshida and S. Mizuguchi, *Jpn. J. Appl. Phys.*, **34**, L 1076 (1995).

3.28 M. Nagatsu, G. Xu, M. Yamage, M. Kanoh and H. Sugai, *Jpn. J. Appl. Phys.*, **35**, L 341 (1996).

3.29 H. Tsuboi, M. Itoh, M. Tanabe, T. Hayashi and T. Uchida, *Jpn. J. Appl. Phys.*, **34**, 2476 (1995).

3.30 陳, 林, 伊藤, 坪井, 内田, プラズマ核融合学会誌, **74**, 258 (1998).

3.31 W. Chen, M. Itoh, T. Hayashi and T. Uchida, *Jpn. J. Appl. Phys.*, **37**, 332 (1998).

3.32 J. S. Chang, Non-Thermal Plasma Techniques for Pollution Control-Part A, p. 1, Springer-verlag Pub., Berlin Heidelberg (1993).

3.33 電気学会編,「放電ハンドブック改訂版」第1部気体放電 (1998).

3.34 A. Mizuno, Y. Yamazaki, H. Ito and H. Yoshida, *IEEE Trans. IAS*, **28**, 535 (1992).

3.35 S. Masuda, S. Hosokawa, X. L. Tu, K. Sakibara, S. Kitoh and S. Sakai, *IEEE Trans. Ind. Appl.*, **29**, 781 (1993).

3.36 T. Oda, R. Yamashita, I. Haga, T. Takahashi and S. Masuda, *IEEE Trans. Ind. Appl.*, **32**, 118 (1996).

3.37 T. Oda et al, Proc. NEDO Symp. on 「Non-Thermal Discharge Plasma Technology for Air Contaminant Control 1996」, p. 8 (1996).

3.38 岸田, 尾内, 田村, 江原, 伊藤, 電気学会誌, **A117**, 1103 (1997).

3.39 岸田, 佐々木, 田村, 江原, 伊藤, 電気学会誌, **A117**, 565 (1997).

3.40 伊保橋, 遠藤, 小野, 堤井, 電気学会プラズマ研究会資料, EP 99-51 (1999).

3.41 福政, 崎山, 電気学会誌, **A112**, 269 (1992).

3.42 S. Sakiyama, T. Hirabaru and O. Fukumasa, *Rev. Sci. Instrum.*, **63**, 2408 (1992).

第4章 プラズマの診断 1
―分光法の原理と方法―

§4.1 プラズマ分光法の基礎的事項

4.1.1 プラズマ診断の対象と分光測定法

　プラズマを実際に扱うばあい，そのプラズマがどのような性質を持っているかを知る必要がある．プラズマの性質は，すでに述べてあるように，**プラズマパラメータ**と呼ばれる諸量によって表される．プラズマ診断とは，具体的には，これら諸量の計測を指すのはいうまでもないことであろう．

　さて，プラズマは，ほぼ同数の電子と正イオンの集まりであると定義されているので，プラズマの性質は，基本的には電子とイオンによって定まる．したがって，従来でいうプラズマ診断は，これら荷電粒子の密度とエネルギー（熱平衡状態にあるばあいはその温度）の計測が中心であった．

　しかし近年，プラズマ応用の範囲が広がるにつれて，プラズマの特性としては，電子とイオンだけではなく，それらに関連したさらに多くの情報量が求められている．

　特にプラズマプロセスでよく用いられる放電弱電離プラズマ中では，電子とイオンは多くの中性気体粒子と混在した状態で存在している．高速電子の衝突によって，中性気体粒子は励起，解離，電離されて，各種活性を帯びた励起種やイオン種を形成する．これらの活性粒子は，プロセスの反応過程に直接的に，または間接的に関与し，重要な役割を担っている．プロセスの効率化を図るためには，荷電粒子である電子とイオンのほかに，これら活性粒子の種類と

密度，エネルギー状態などを知ることが極めて必要となってきている．

このように，プラズマ診断の対象は，すでに荷電粒子中心から，中性の活性粒子へと大きく拡大している．診断に用いる測定法は，測定対象によって異なるが，主なものを**表 4-1** に示す．

表 4-1 主な測定法の分類と測定対象．

分類	主な測定法	主な測定量	測定対象
静電プローブ	シングル，ダブル，トリプルプローブ法	電子温度，電子密度 電子のエネルギー分布，空間電位	荷電粒子
マイクロ波	透過，反射，空胴共振器法	10^{14} cm^{-3} 以下の電子密度	
光・レーザ	発光分光，線強度比 レーザ干渉，散乱法	イオンの種類，電子温度 10^{14} cm^{-3} 以上の電子密度，イオン温度	
	発光分光， 光・レーザ吸収分光	気体の種類，温度，内部エネルギー 準安定励起種，ラジカル種の密度	中性粒子

荷電粒子である電子とイオンの測定は，一般には，粒子を直接捕捉して電流として計測するが，代表的なものに**静電プローブ法**(Electrostatic probe method)がある．これは，プラズマ中にプローブと呼ばれる小さい針電極を挿入し，針電極に印加した電圧と，その電圧に対応して流れる電流との関係から，電子温度，電子密度，さらには電子のエネルギー分布関数を求めるものであり，プラズマ診断では，最も基本的で，かつ広く用いられている方法でもある．

プローブ法は，針電極をプラズマ中に挿入して直接電流を捕集するので，プラズマに対するある程度の擾乱が避けられない．また，熱的破壊のため，高温高密度プラズマの測定には不向きである．これらの欠点を補完するために，プローブ法の代わりに，一部**マイクロ波法**と**分光法**が用いられている．

マイクロ波法は，プラズマ中に適当な周波数のマイクロ波を入射し，プラズマとの相互作用によって起こる位相のずれや反射，共振などの現象を利用して，主に 10^{14} cm^{-3} 以下のプラズマの電子密度を測定するものである．

また分光法は，10^{14} cm^{-3} 以上の高密度で，かつ高温であるプラズマ中にレ

§4.1 プラズマ分光法の基礎的事項 123

ーザ光を入射し,プラズマとの干渉や散乱光から電子密度やイオン温度などを測定するが,発光分析からイオン種の同定や,強度比による電子温度の測定も可能である.

一方では,最近重要な対象となってきている中性の活性粒子の測定では,電流として直接捕集することができないので,主に分光法が用いられる.これには,プラズマからの発光分析による粒子種の同定や相対密度および較正による絶対密度の測定法などがある.また,発光スペクトルの強度分布から,分子の内部エネルギーである振動温度や回転温度を求めることもできる.

非発光粒子種に対しては,逆に光またはレーザ光を入射吸収させることによって,準安定粒子やラジカル粒子の密度測定が可能である.この方法は,**発光分光法**(Optical emission spectroscopy,略してOES)に対して**光吸収分光法**(Optical absorption spectroscopy,略してOAS)と呼ばれている.光吸収分光法は,最近のレーザ技術の進歩を背景に色々な方法が開発されており,多くの種類の励起種に対して,かなり高感度の測定ができるようになっている.

さて,これまで述べてきた数々の測定法の中で,最も基本である電子を含む荷電粒子の測定に関しては,すでに歴史も長く,多くの文献や書物[4.1]に詳しく記載されているので,それらを参考していただくことにし,本書では,比較的新しく,かつプラズマ気相反応過程で重要な役割を果たすと見られる中性粒子の分光測定についてのみ,以下の章節で記述することにする.

4.1.2 原子,分子の発光と光吸収

プラズマの分光法とは,分光器を用いて,プラズマによって放出または吸収される特定波長の光を検出し,それらに関連するプラズマ粒子の情報を得ようとするものであるので,分光法を理解するためには,まずプラズマを構成する気体粒子の発光と光吸収に関する基礎知識が必要である.

気体粒子が発光または光吸収するのは,よく知られているように,その粒子が,**遷移**(Transition)と呼ばれる内部エネルギーの変化を行うからである.すなわち,粒子が持つ固有のエネルギー準位のうちの2つの間で,粒子が上準位のエネルギー状態から下準位のエネルギー状態に遷移するとき,2つのエネ

ギー準位差に相当するエネルギーが，光として放出される．逆に，エネルギー準位差に相当する光を入射すると，粒子はその光を吸収して，下準位から上準位に遷移する．

すでに第1章で述べてあるように，原子，分子が持つ最低のエネルギー準位を**基底状態**(Ground state)と呼び，それより高いエネルギー状態に遷移することを**励起**(Excitation)と呼んでいる．励起の主な過程としては，**衝突励起**(Collisional excitation)と光吸収による**輻射励起**(Radiative excitation)があるが，プラズマのばあい，高速電子による衝突励起が支配的である．

電子衝突によって励起された気体粒子は，他の粒子との衝突で，光を発しないまま脱励起をするものもあるが，一部はある短い時間経過した後，自動的に光を放出して下準位に遷移する．このような光放出を**自然放射**(Spontaneous emission)または**自然放出**と呼んでいる．観測されるプラズマからの発光は，ほとんどがこの自然放射によるものと考えてよい．

一方では，2つのエネルギー準位差に相当する波長の光をプラズマに入射すると，下準位にある粒子は，ある一定の確率でその光を吸収して上準位に遷移するが，上準位にある粒子も，光の誘導によってある確率で光を放出して下準位に遷移する．**光吸収**(Optical absorption)の逆過程である誘導による光放出は，**誘導放射**(Stimulated emission)または**誘導放出**と呼ばれている．

プラズマ分光法に直接関係するこの3つの遷移過程と光の関係を**図4-1(a)，(b)，(c)**に示す．図(a)で示される**自然放射**のばあい，電子衝突などで2の準位に励起された粒子は，ある時間(後述する励起寿命)を経た後，外部からの入射光なしで，光を放出して1の準位に遷移する．放出光はどの方向にも全く均一で，位相，偏光もランダムである．

それに対して，図(b)で示される**光吸収**のばあい，粒子は光のエネルギーを吸収して1の準位から2の準位に遷移する．その結果，入射光は弱まるが，内容的には振幅が小さくなるのみで，位相，偏光，伝播方向に変化は起きない．また，図(c)の**誘導放射**のばあい，粒子の遷移にともなうエネルギーの放出で，入射光は同一の位相，偏光，伝播方向で増幅される．これがよく知られているレーザ光の発振原理でもある．

§4.1 プラズマ分光法の基礎的事項

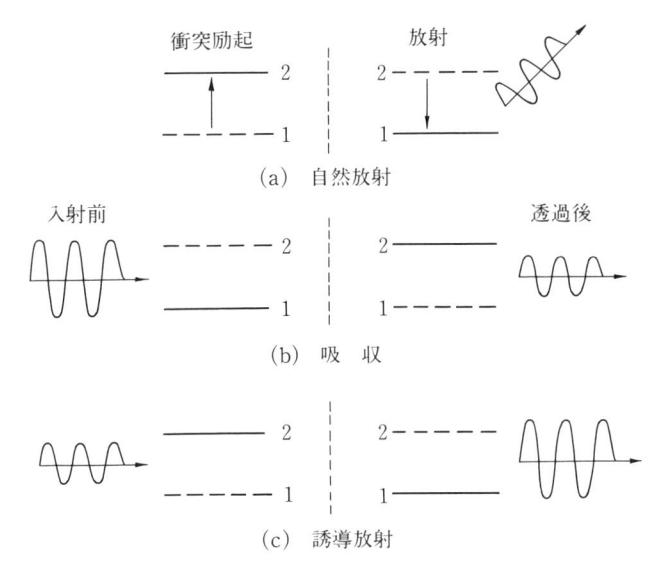

図 4-1 原子と電磁波の相互作用.

さて,プラズマ中に起こるこれらの輻射過程によって,各準位における粒子の分布密度は変化する.分布密度相互の関係は,一般には**速度方程式**(Rate equation)で表されるが,各過程については,具体的には以下のようになる.すなわち

A. 自然放射

このばあい,エネルギー準位 2 における分布密度を N_2 とすると,自然放射によるこの準位の密度減少の割合は

$$\left(\frac{dN_2}{dt}\right)_{\text{自然放射}} = -A_{21}N_2 \tag{4.1}$$

と表せる.ここで,A_{21} は**自然放射係数**(Spontaneous emission coefficient)またはアインシュタインの A 係数と呼ばれている.ほかの過程がなければ,エネルギー準位 2 の原子の寿命は $\tau=(A_{21})^{-1}$ で与えられる.また,エネルギー準位 2 の原子数の減少はエネルギー準位 1 の原子数の増加となる.

B. 吸　　収

エネルギー準位 1 の原子が光のエネルギーを吸収してエネルギー準位 2 に励起されるとき，N_2 の時間的な変化は

$$\left(\frac{dN_2}{dt}\right)_{吸収} = +B_{12}N_1\rho(\nu) = -\left(\frac{dN_1}{dt}\right)_{吸収} \quad (4.2)$$

と表せる．ここで，B_{12} は**吸収係数**(Absorption coefficient)と呼ばれている．$\rho(\nu)$ は振動数 ν の光の輻射エネルギー密度である．上式が示すように吸収が起こると N_1 が減少し，N_2 は増加する．後に述べるように，分光測定では，吸収の程度から下準位の分布密度を知ることができる．

C. 誘導放射

誘導放射は吸収の逆過程であるが，2 つの準位間のエネルギーに相当する周波数の入射光により，エネルギー準位 2 の原子が光子を放出してエネルギー準位 1 に遷移する．この過程により光は増幅される．このばあい，エネルギー準位 2 における粒子密度 N_2 の変化は

$$\left(\frac{dN_2}{dt}\right)_{誘導放射} = -B_{21}N_2\rho(\nu) = +\left(\frac{dN_1}{dt}\right)_{誘導放射} \quad (4.3)$$

のようになる．ここで，B_{21} は**誘導放射係数**(Stimulated emission coefficient)である．エネルギー準位 2 の分布密度 N_2 がエネルギー準位 1 の分布密度 N_1 より大きければ，吸収より誘導放射の割合が大きくなる．このような分布状態を**反転分布状態**(Population inversion)と呼び，レーザ発振に必要な条件でもある．

D. A 係数と B 係数の間の関係

プラズマ中では，実際には自然放射，吸収，誘導放射の諸過程が同時に起きているが，それらの速さを表す速度方程式の中の係数の間には，どのような関係が成り立っているのであろうか．アインシュタインは熱平衡状態の範囲で黒体輻射の式の再構成を行った．光の放射に伴って，(4.1), (4.2), (4.3)式の総和がエネルギー準位 2 の密度を決定するので，自然放射，吸収，誘導放射の

§4.1 プラズマ分光法の基礎的事項

すべてが起こるときのエネルギー準位2の分布密度に関する速度方程式は

$$\frac{dN_2}{dt} = -A_{21}N_2 + B_{12}N_1\rho(\nu) - B_{21}N_2\rho(\nu) = -\frac{dN_1}{dt} \quad (4.4)$$

と表せる．定常状態では，時間微分項は零とおけるので，

$$\frac{N_2}{N_1} = \frac{B_{12}\rho(\nu)}{A_{21} + B_{21}\rho(\nu)} \quad (4.5)$$

という関係が得られる．熱平衡状態において各エネルギー準位の分布密度はボルツマン分布に従うとすれば

$$\frac{N_2}{N_1} = \frac{g_2}{g_1}\exp\left(-\frac{\Delta E}{kT}\right) = \frac{g_2}{g_1}\exp\left(-\frac{h\nu}{kT}\right) \quad (4.6)$$

となるので，(4.5)式を用いて

$$\frac{g_2}{g_1}\exp\left(-\frac{h\nu}{kT}\right) = \frac{B_{12}\rho(\nu)}{A_{21} + B_{21}\rho(\nu)} \quad (4.7)$$

という関係が得られる．ここで，k はボルツマン定数，T は温度，ΔE は2つのエネルギー準位間のエネルギー差，g_1 と g_2 はそれぞれの準位の**縮退度**(Degeneracy)である．縮退度とは同一エネルギー状態に対する異なる量子状態の数のことで，あらかじめ知り得る量である．具体的な値は文献や書物などから得られる[4.2]．$kT \gg h\nu$ のばあい，高温で輻射強度が強いので，(4.7)式では $\rho(\nu)$ を含む項が支配的となり，近似的に

$$\frac{B_{12}}{B_{21}} = \frac{g_2}{g_1} \quad (4.8)$$

なる関係が成立する．(4.8)式の関係を(4.7)式に用いて $\rho(\nu)$ について解くと，

$$\rho(\nu) = \frac{A_{21}}{B_{21}}\frac{1}{e^{h\nu/kT} - 1} \quad (4.9)$$

となる．これを，プランクの輻射式

$$\rho(\nu) = \frac{8\pi\nu^2}{c^3}\frac{h\nu}{e^{h\nu/kT} - 1} \quad (4.10)$$

と比較すると，

$$\frac{A_{21}}{B_{21}} = \frac{8\pi h\nu^3}{c^3} \quad (4.11)$$

という関係が導ける．すでに(4.8)式の関係があるので A_{21}, B_{21}, B_{12} の値はど

れか1つがわかれば，すべての係数が導けることになる．実験的には気体に光を吸収させる実験を行えば，B_{12} を求めることができる．また，吸収がほとんど無視できるような希薄な気体を何らかの方法で励起し，自然放出光の時間的な変化を観察すれば A_{21} を決定することができる．すでに得られている多くの原子についての A 係数の具体的な値は色々な文献や書物[4.2]に集録されてあるので参考にするとよい．

4.1.3 分光によるプラズマ中の粒子計測

プラズマからの発光は，エネルギーの上準位に励起された粒子が，下準位へ発光遷移することによって観測されるので，分光器を用いてそのスペクトルを分析すれば，どのような種類で，どのようなエネルギー状態にある粒子が存在するかを調べることができる．

発光粒子が分子であるばあい，第1章で述べてあるように，電子的励起状態の上に，さらに振動励起や回転励起による細いエネルギー準位が付加されるので，それらのスペクトル強度分布から，分子の内部エネルギーである振動温度や回転温度(≃気体温度)を知ることができる．

しかし，分光測定によって粒子の密度を求めるばあいには，色々と工夫が必要である．なぜなら，すでに前節で述べてあるように，放電プラズマ中では，粒子の励起と脱励起の過程は，図 4-2 で示されるように，いくつかのものが同時に存在するので，プラズマからの発光は，これらの過程の総合的な結果とし

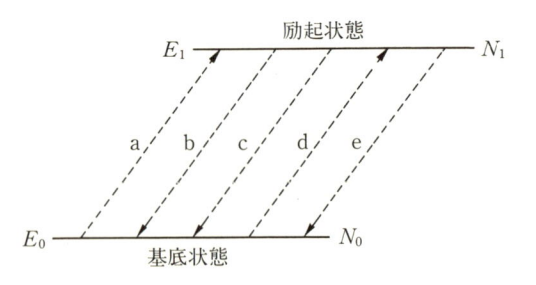

図 4-2　簡単な 2 準位系の諸過程．
　　　a：電子衝突励起，b：衝突脱励起，c：自然放射，d：吸収，e：誘導放射．

て生ずる．したがって，測定されたスペクトルの強度から，粒子密度を求める際には，それぞれのばあいに応じた考慮と補正をしなければならない．

　通常の放電プラズマ中では，誘導放射による光は無視できるので，プラズマからの発光は，ほとんどが自然放射によるものと見なせる．したがって，一般には，分光測定によって得られるスペクトル強度を用いて，その発光準位にある励起粒子密度の相対値を評価することができる．厳密に絶対値を知るためには，自然放射係数のほかに，測定系における光損失などの較正が必要である．

　放電空間で，電離や解離などによって生成された粒子種も，電子衝突によって発光準位に励起され，自然放射をすることがある．発光準位に励起される粒子の数は，下準位にある放電生成粒子の密度と，衝突励起を行う電子の密度のほか，電子エネルギーの関数である**衝突励起断面積**に依存するので，これらを補正することによって，測定されたスペクトル強度から，下準位にある放電生成粒子種の相対密度を知ることができる．

　発光遷移をともなわない粒子種の計測には，逆に光を入射吸収させる**光吸収分光法**が用いられる．これには，光またはレーザ光の吸収量から，下準位にある粒子種の密度を直接求めるものと，レーザ光の吸収によって起きる共鳴散乱光や，発光準位に励起された後，放出する蛍光などから，特定粒子種の密度を求めるものがある．

　前者には，**自己吸収法**による準安定粒子密度の測定や最近注目されている各種非発光ラジカル種密度の**吸収測定法**などがある．後者には，コヒーレントアンチストークスラマン**分光法**による分子種の密度，内部エネルギーの測定や，**レーザ誘起蛍光法**による非発光粒子種の高感度測定などがある．以下の章節では，これらについて具体的に記述することにする．

§4.2　発光励起種の測定

4.2.1　励起準位からの発光と発光スペクトル

　プラズマ中の励起された原子や分子は，絶え間なく**自然放射**によって下準位

や基底状態に遷移するが，その際，余分なエネルギーを光として放出する．この光を観測することで，様々な情報を得ることができる．ここではまず，発光強度を決める励起準位にある粒子密度と励起，脱励起係数との関係，および自然放出によるスペクトル分布について述べる．

図4-2に示すような簡単な2準位系を考え，基底状態の粒子(原子，分子またはイオン)の密度を N_0，励起状態の粒子の密度を N_1 とする．図にはすでに前節で述べてあるプラズマ中で起こる典型的な5つの過程が示してある．自然放射の過程では，1つの粒子が上準位から下準位に遷移するとき，1つの光子を放出するが，放出される光子のエネルギーとエネルギー準位の関係は

$$h\nu = E_1 - E_0 \tag{4.12}$$

と表せる．ここで，h はプランクの定数(6.62607×10^{-34} Js)，ν は光の振動数，E_1 と E_0 はそれぞれエネルギーの上準位と下準位である．このエネルギーに，粒子の密度と放出係数をかけたものが，実際に観測される光の強さになる．したがって，一定の放出係数では，光の強さはおおよそ粒子密度に比例する．

ここでは，簡単な一例として，電子衝突励起，衝突脱励起，自然放射のみが支配的な場合について，粒子密度と各過程の反応係数との間の関係を求めてみよう．このばあい，励起状態の粒子数の変化を表す**速度方程式**(Rate equation)は

$$\frac{dN_1}{dt} = k_e N_e N_0 - kMN_1 - AN_1 \tag{4.13}$$

と表せる．ここで，N_1 は励起状態(上準位)の分布密度，N_0 は基底状態(下準位)の分布密度，k_e は電子衝突励起係数，k は励起状態の衝突脱励起係数，M はその衝突相手の密度，N_e は電子密度，A はアインシュタインの A 係数である．左辺の式は励起状態にある粒子密度 N_1 の時間的変化の割合であり，右辺第1項は電子衝突による励起，第2項は励起された粒子が，他の粒子，例えば基底状態にある原子などとの衝突による脱励起，第3項は自然放射による励起状態の緩和過程をそれぞれ表している．この例では2つの状態のみを考えているので，基底状態の密度 N_0 は

§4.2 発光励起種の測定

$$N_0 = N - N_1 \tag{4.14}$$

と表される．ここで，N は2つの準位に関係する粒子密度の総和である．定常状態における粒子密度は，(4.13)式の時間微分項を零とおき，(4.14)式と連立して解くと，

$$\left.\begin{array}{l} N_1 = \dfrac{k_e N_e N}{k_e N_e + kM + A} \\[2mm] N_0 = \dfrac{(kM + A)N}{k_e N_e + kM + A} \end{array}\right\} \tag{4.15}$$

のようになる．実際に観測されるプラズマからの自然放出光は，(4.14)式で決まる上準位の密度 N_1 に比例したものになる．(4.15)式からわかるように，N_1 は下準位の密度 N に関係するので，励起係数がわかれば，自然放射光から，下準位にある粒子密度をある程度推定することも可能である．

さて，ここでは，実際に測定される発光スペクトルについて，具体的に説明することにしよう．図 4-3 に炭酸ガスレーザの発振に用いられた CO_2, N_2, H_2, He 混合ガス放電プラズマからの発光を，分光器によって測定したスペクトルの一例を示す[4.3]．図では横軸に波長，縦軸にそれぞれの波長に対応した任意目盛の光強度が示されてある．波長の単位は nm の代わりに，従来からの習慣で Å（10 Å＝1 nm）を用いるばあいもある．

すでに第1章で述べてあるように，粒子の励起には3つのタイプがある．最も基本的なものは，**電子的状態**（Electronic state）への励起であるが，これは

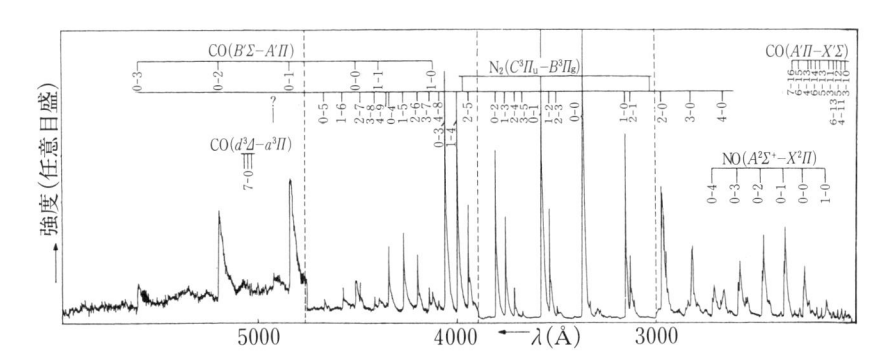

図 4-3　$N_2 + CO_2 + H_2 + He$ 混合ガス放電プラズマからの自然放出光の一例[4.3]．

電子衝突または光吸収によってエネルギーを得た原子最外殻の電子が，原子核からより遠く離れた軌道をまわるようになる状態である．電子的状態への励起は，原子だけでなく，分子でも起こるが，第1章の図1-7で示される窒素分子のばあい，基底状態である $X^1\Sigma_g^+$ に対して，$A^3\Sigma_u^+$，$B^3\Pi_g$ と $C^3\Pi_u$ の3つの電子的励起状態が示してある．

電子的状態間のエネルギー差は数 eV 程度であるので，その間の遷移による発光はおおむね 2000 から 5000 Å の波長領域内にあるものが多い．電子的励起状態のほかに，分子のばあい，さらに原子間の振動と回転による振動準位と回転準位がある．

振動準位は，図1-7で見られるように，それぞれの電子的準位に上乗せされており，振動量子数 $v=0,1,2,\cdots$ の数字で示してある．振動準位間のエネルギー差は約 0.3 eV で，電子的準位の差に比べて約1桁ほど小さい．回転準位は振動準位にさらに上乗せされるが，エネルギー差は 0.1 eV 以下であり，煩雑になるので，図1-7では示していない．

振動準位および回転準位間の遷移は，実際には電子的状態の遷移にともなって起きるので，1つの電子的状態の遷移に該当する波長領域の近辺で，振動準位および回転準位による波長のずれた多くのスペクトルが観測される．

図4-3の実測例では，例えば，波長 3000〜4000 Å の範囲で見られるスペクトルは，窒素分子の電子的状態である $C^3\Pi_u$ 状態から $B^3\Pi_g$ 状態への遷移であるが，それぞれのピークの上にある数字，例えば 1-3 は，上準位である $C^3\Pi_u$ の振動準位 $v=1$ から，下準位である $B^3\Pi_g$ の振動準位 $v=3$ への遷移による発光であることを意味する．したがって，基本的な(0-0)遷移による波長 3371 Å のスペクトル以外にも，振動準位の組合せによる多くのスペクトルが存在する．

振動準位に上乗せされた回転準位によって，さらに波長がわずかにずれたスペクトルが生ずるが，この実験で用いた分光器の分解能が十分でないため，分離できず，各スペクトルの裾の部分がやや広がるような状態で観測されている．

このように，分子のスペクトルは原子に比べて極めて複雑であり，1つの電

子的状態の遷移にともなって多くのスペクトルが存在する．図4-3では，例にあげた**窒素分子の第2正帯**(Second positive system bands of N_2)と呼ばれる $N_2(C^3\Pi_u$-$B^3\Pi_g)$ 遷移のスペクトルのほかに，$CO(B'\Sigma$-$A'\Pi)$ と $NO(A^2\Sigma^+$-$X^2\Pi)$ の遷移によるスペクトルも示してある．

これらのスペクトルは，比較的わかりやすい状態で観測されているが，実際の測定では，必ずしもこのようになるとは限らない．多くのスペクトルが強弱入り乱れて混在し，重なり合って分離しにくいばあいもある．これらを識別するためには，色々な文献[4.2],[4.4],[4.5]にある気体の種類と発光の波長や強度の関係などを参考にして検討しなければならないので，多くの経験と工夫が必要である．

図4-3からわかるように，測定されたスペクトルから，どのような発光粒子種が存在するかを知ることができる．また，スペクトルの強度から粒子種の密度，さらには強度分布から振動温度，回転温度などを求めることができる．以下の節では，これらの具体的な方法について述べる．

4.2.2 発光粒子種の密度測定

A. 粒子密度の相対値および絶対値の測定

励起された粒子が，次々と自然放射によって下準位へ遷移することによって，放出される光の強さ I は，一般には

$$I = N^* Ah\nu \tag{4.16}$$

と表せる．ここで，N^* は励起状態の原子の密度，A はアインシュタインの A 係数，h はプランクの定数，ν は放出光の振動数である．(4.16)式からわかるように，光の強度すなわちスペクトル強度は，励起状態にある原子の数密度に比例する．A 係数は参考文献(4.2)，(4.6)に示すように既知であり，スペクトル強度の絶対値が測定できれば，励起準位にある原子の絶対値が求まる．しかし，実際には分光器を含む検出系がプラズマ中のどの程度の領域からの発光を捉えているのか，光を導入する光学系を含む光路全体の損失およびプラズマ中での吸収の程度などを正確に把握補正する必要があるので，実験で絶対値を知るのはかなり面倒なことである．

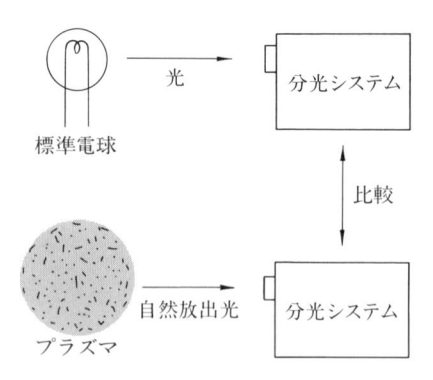

図4-4 発光励起種の絶対密度測定のための測定系.

　実験で励起原子密度の絶対値を求めるためには，まず放出光の絶対強度を求めなければならないが，一般にはこれは，標準光源との比較較正によって行われる．すなわち，図4-4で示されるように，標準となる光源を用意する．標準光源には，規定電圧または電流で点灯したときに再現性よく一定の光度・光束を発生できる標準電球などが用いられる．実験系を構成する分光器や光検出器でまずこの標準電球の光を観測し，標準電球の既知の光度に対して，実際にはどの程度の光検出信号が得られるかを測定する．次に，同じ実験系を用いて，測定対象とするプラズマを観測し，得られた光信号を，標準電球からの信号と比較することでスペクトルの絶対強度を決定することができる．正確な値を得るには，厳密にはプラズマ中での吸収や誘導放射のような過程をも考慮する必要があるが，これらの過程は，通常の放電プラズマ中では，一般には自然放射過程に比べて無視できるので，上述の方法はおおよその励起原子の絶対密度を求めるには有用である．

　しかし，通常の実験では，上述のような絶対値ではなく，単に励起原子密度の相対値を求めるだけで事足りるばあいも多い．同じ実験系では，測定における光損失も同一であると見なせるので，光検出器で得られた信号は粒子密度の値に比例する．したがって，密度の相対値のみを必要とするばあいには，プラズマからの発光強度をそのまま用いて表すことができる．この方法は簡便であるので，広く利用されている．

B. プラズマ中の生成物の密度測定

プラズマ中での分子の解離や化学反応によって生成された粒子種の密度の変化に関する情報も発光分光分析によって得られる．これらは，後に述べるように光の吸収によっても測定できるが，吸収法に比べて，発光分光法は比較的簡単である．

プラズマ中の各種生成物は，電子衝突によって上準位に励起され，その後自然放射によって遷移するものが多い．前節(4.15)式からわかるように，上準位の密度 N_1 は，下準位にもともとあった粒子密度 N に関係するので，電子密度や励起係数などが得られるばあい，発光強度から下準位の密度を知ることができる．しかし，発光粒子の密度は，測定したい準位からの励起だけではなく，その他多くの準位からの励起や脱励起によるものも含まれる．これらの分離は困難であり，この方法による測定では，粒子密度のおおよその相対値しか得られないことには留意すべきである．

さて，放電プラズマ中に生成された粒子種が，電子衝突により，高い励起準位に励起され，その後自然放射によって下準位に遷移するとき，放出する光の強度は，励起された粒子数に比例し，その関係は

$$I \propto \int_0^\infty N \cdot N_e \cdot \sigma(u) \cdot f(u, T_e) \cdot v(u) \mathrm{d}u \tag{4.17}$$

と表せる．ここで，I は自然放出光強度，N は生成粒子種密度，N_e は電子密度，$\sigma(u)$ は励起準位への電子衝突励起断面積，$f(u, T_e)$ は電子エネルギー分布関数（一般にはマクスウェル分布），u は電子のエネルギー，T_e は電子温度，$v(u)$ は電子の速度である．放出光強度は，生成粒子の密度 N と励起に必要な電子の数に比例するが，励起に必要な電子の数は，(4.17)式で示されるように，励起断面積 $\sigma(u)$ をエネルギー分布関数で積分することによって，電子密度 N_e に対する割合として与えられる．(4.17)式を変形すると

$$N \propto \frac{I}{N_e \int \sigma(u) \cdot f(u, T_e) \cdot v(u) \mathrm{d}u} \tag{4.18}$$

となり，電子温度，電子密度，励起断面積およびエネルギー分布関数がわかれば測定された光強度から，生成物の密度変化，すなわち相対値がわかる．

生成粒子種の測定の実例として，窒素放電によって解離生成された窒素原子密度の相対値測定の例を図 4-5 に示す[(4.7)]．これは，窒素を作動ガスとした減圧プラズマジェットのノズル出口より下流 5 cm で測定した結果であるが，反応室の気圧に対する各測定量の変化を示してある．

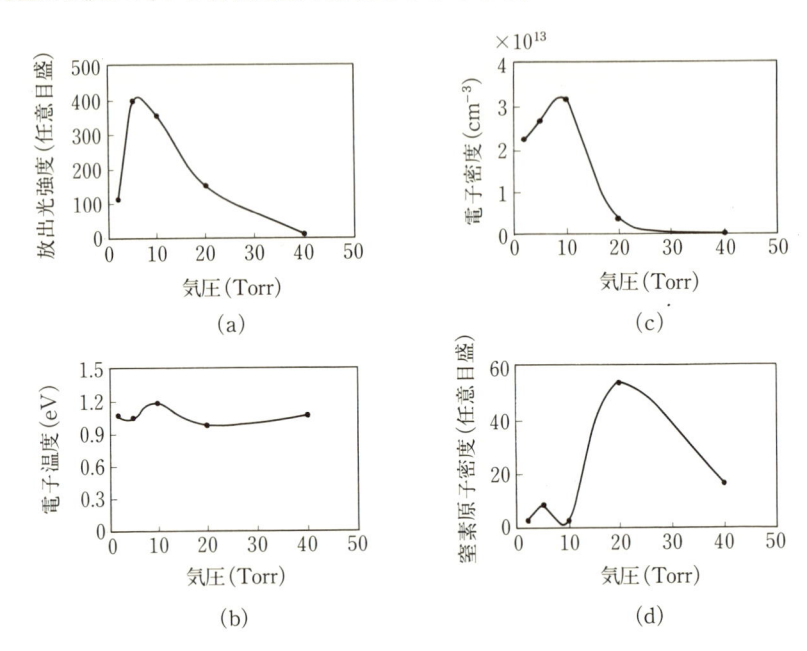

図 4-5　減圧プラズマジェットのノズル下流 50 mm で測定した諸量の気圧依存性．
（a）窒素原子放出光(746.8 nm)の強度，（b）電子温度，（c）電子密度，（d）窒素原子密度．

ノズル下流 5 cm の位置における窒素原子の放出光強度は，図 4-5（a）のように，5 Torr 付近で最大値を示している．この発光は上流のアーク放電部分で解離生成された窒素原子が，プラズマ中の電子との衝突による励起発光であるので，(4.17)式で示されるように，発光強度は電子密度と電子のエネルギー分布関数(エネルギー分布がマクスウェル分布と仮定できるばあいは電子温度)などの量に依存する．気圧に対する窒素原子密度の正確な変化を知るためには，これらの量による補正が必要である．

図4-5(b), (c)は, 静電プローブを用いて, 同時に測定した電子温度, 電子密度の値であるが, これらの値を用いて(4.17)式による補正を行って得られた窒素原子密度の気圧に対する変化は図4-5(d)のようになる. 原子密度は5 Torr および 20 Torr 付近でピークを示し, 特に 20 Torr 付近で最大値となり, 図(a)の発光強度とはかなり違う変化を示している. この結果から, 20 Torr 付近で電子密度がかなり低い値であるにもかかわらず, 放出光強度がある程度の値を保っているのは, 窒素原子密度が高いためであることがわかる.

このように, プラズマ中の電子温度および電子密度の値を知ることができるならば, それらを用いて補正することによって, 簡便な発光分光法により, プラズマ中での生成物の相対値を求めることができる.

4.2.3 振動温度の測定[4.9]

分子ガスプラズマ中の分子は振動的にも励起される. 窒素や酸素のような2原子分子のばあい, 振動運動によって2つの原子間の距離が時間的に変化する. したがって分子は振動運動のエネルギーを持つことになるが, これらのエネルギーは, 量子力学的に許される飛び飛びの値となる. 第1章で述べてあるように, 振動エネルギーによる準位を**振動準位**(Vibrational Level)と呼んでいる. 各振動準位への粒子の分布状況はほぼボルツマン分布に従うので, 高い振動準位ほど分布密度は低下し, 次式のように表せる.

$$N_v = \frac{N}{Q} e^{-E_v/kT_v} \tag{4.19}$$

ここで, それぞれ N_v は振動準位 v における分布密度, N は総分子数, Q は分配関数, E_v は振動エネルギー, k はボルツマン定数, T_v は振動温度である. したがって, 振動温度 T_v は, 各振動準位における分布密度 N_v の片対数プロットの傾きから求めることができる. 各振動準位における分布密度は, それぞれの準位からの発光強度に比例するので, 実際の振動温度の測定では, 分布密度には発光スペクトルの強度から算出される値が用いられる.

発光スペクトルの強度は, 各振動準位からより下の振動準位への遷移の際に放出される放出光の相対的な強度を用いればよいが, しかし, 実際には色々と

問題がある．例えば窒素分子の場合について考えると，窒素分子は等核2原子であるため，同一の電子励起状態内の振動準位間の遷移は禁制遷移となっている．したがって実際には，比較的起こりやすい電子励起状態間の遷移による放出スペクトル強度を測定して，ある電子励起状態の振動温度を求めなければならない．

一例として，低気圧窒素放電プラズマ中から発光する窒素の第2正帯（Second positive system bands of N_2) $C^3\Pi_u \longrightarrow B^3\Pi_g$ の放出光から，$C^3\Pi_u$ 状態の振動温度の求め方について考えてみよう．まず，このばあいの放出光強度は，一般には

$$I_{v'v''} \propto A_{v'v''} \nu_{v'v''}^4 N_{v'} \qquad (4.20)$$

と表される．ここで，v' は遷移の際の上状態における振動量子数，v'' は下状態の振動量子数，$A_{v'v''}$ は遷移確率でフランク-コンドン(Franck-Condon)係数を用いる場合が多い．また，$\nu_{v'v''}$ は放出光の周波数，$N_{v'}$ は振動準位 v' の分布密度である．$A_{v'v''}$ と $\nu_{v'v''}$ は文献(4.8)などから定数として得られるので，以下の関係式

$$N_{v'} \propto \frac{I_{v'v''}}{A_{v'v''} \nu_{v'v''}^4} \qquad (4.21)$$

を用いて，放出光強度 $I_{v'v''}$ から各準位における分布密度 $N_{v'}$ の相対値が求まる．横軸に振動量子数あるいは振動エネルギー，縦軸に光強度から求めた $N_{v'}$ をプロットすれば上状態である $C^3\Pi_u$ 状態の振動温度が得られる．

実際に行われた測定結果の一例を図4-6 に示す．このデータは，内直径0.8 cm，長さ76 cm のパイレックスガラス製レーザ管に窒素ガスを封入し，直流グロー放電を行い，放電管側光測定によって得られたものであるが，横軸に波長，縦軸に光の相対強度をとり，窒素の第2正帯 ($C^3\Pi_u \longrightarrow B^3\Pi_g$) の振動準位の数が2だけ変化する系列を示してある．すなわち，図中のピーク値の上にある 0-2，1-3 の数字は，$C^3\Pi_u$ 状態の振動準位0 または1 から，$B^3\Pi_g$ 状態の振動準位2 または3 へ，それぞれ2準位変化する遷移を意味する．したがって，ピーク値は $C^3\Pi_u$ 状態の各振動準位における分布密度の相対値を表し，振動スペクトルがはっきりと分離して観測されていることがわかる．(4.21)式に

§4.2 発光励起種の測定

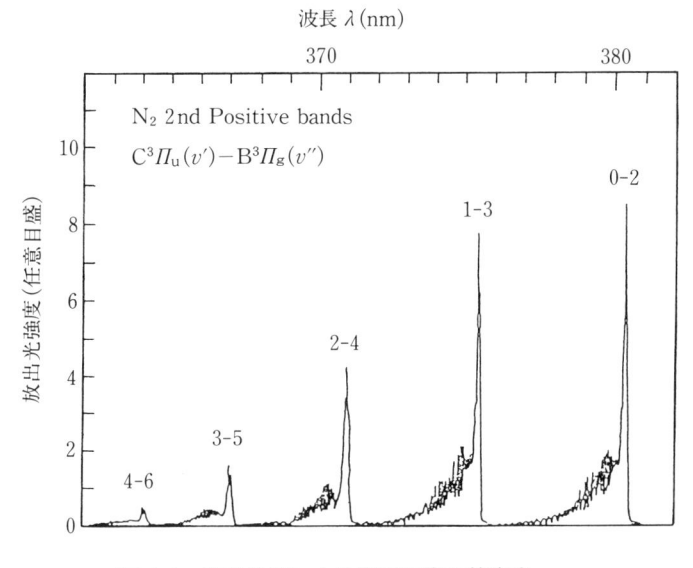

図4-6 窒素放電による第2正帯の放出光．
気圧 $p=1$ Torr，放電電流 $I_\mathrm{d}=30$ mA．

光のピーク値を代入し，各振動準位の分布密度 $N_{v'}$ を求め，それぞれの振動量子数に対してプロットすると**図4-7**のようになる．図4-7は放電電流をパラメータとして測定している．放電電流の値が大きいほど分布密度が多くなっているが，片対数プロットがほぼ直線的であるので，振動エネルギー分布はボルツマン分布と見なして，その傾きを，振動温度として求めることができる．

振動温度の測定では，一般には圧倒的に密度の高い電子的基底状態の振動温度を対象とする場合がほとんどである．それではどのようにして電子的基底状態の振動温度を求めればよいのであろうか．これまで例にあげた窒素分子の場合について考えてみよう．上述のように N_2 $C^3\varPi_\mathrm{u}$ 状態は電子的基底状態 $X^1\varSigma_\mathrm{g}^+$ 状態より約 11 eV 高いエネルギー状態であるが，$C^3\varPi_\mathrm{u}$ 状態への励起は，プラズマ中の高速電子によって，基底状態からの直接的な衝突励起によるものと仮定する．現実的には他の励起状態の分布密度は基底状態に比較してずっと少ないばあいが多いので，この仮定はそれほど無理はない．衝突による電

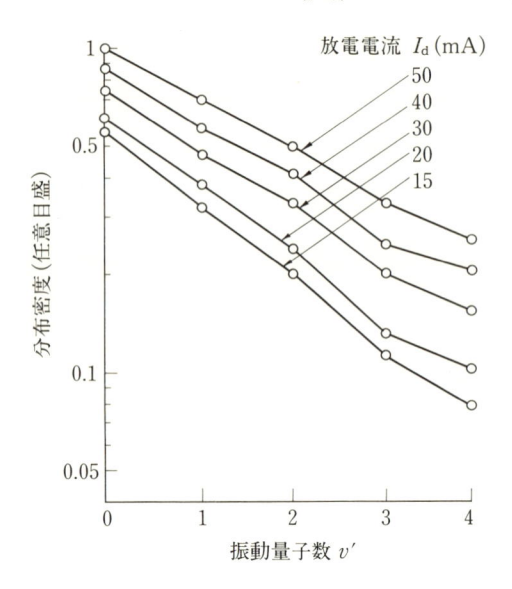

図 4-7 測定された N_2 $C^3\Pi_u$ 状態の振動準位の分布密度．
気圧 $p=1$ Torr．

子状態間の遷移は瞬時に起こるが，基底状態のある振動準位にあった分子が，上の電子励起状態のどの振動準位に遷移するかは，フランク-コンドン(Franck-Condon)の原理に従う．したがって，$C^3\Pi_u$ 状態の振動準位 v' の分布密度は

$$N_{v'} \propto \sum_{v''} A_{v'v''} N_{v''} \qquad (4.22)$$

と表せる．ここで，$N_{v'}$ は $C^3\Pi_u$ 状態の振動準位 v' の分布密度，$A_{v'v''}$ はフランク-コンドン係数[4,5]，$N_{v''}$ は $X^1\Sigma_g^+$ 状態の振動準位 v'' の分布密度である．

$X^1\Sigma_g^+$ 状態の振動エネルギー分布を与えれば，$C^3\Pi_u$ 状態の振動エネルギー分布が計算できる．振動エネルギー分布がボルツマン分布であれば，$X^1\Sigma_g^+$ 状態の振動温度 T_{vx} と $C^3\Pi_u$ 状態の振動温度 T_{vc} の関係があらかじめ計算によって得られる．図4-8にこのようにして求めた T_{vx} と T_{vc} の関係を示す．実験で $C^3\Pi_u$ 状態の振動温度を求めれば，前述の条件を満たす範囲において，

§4.2 発光励起種の測定

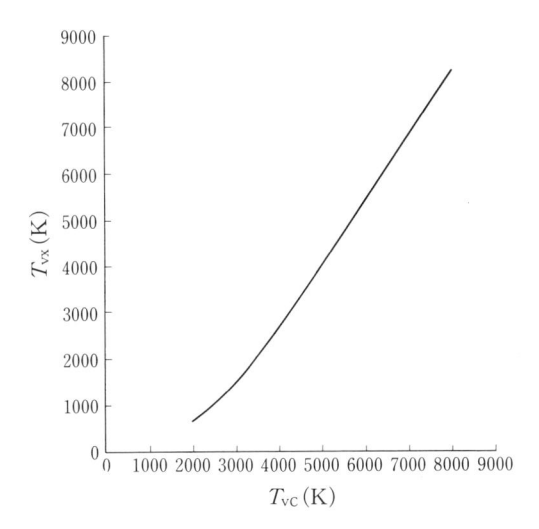

図 4-8 フランク-コンドン (Franck-Condon) 係数を用いて計算された T_{vx} と T_{vc} の関係.

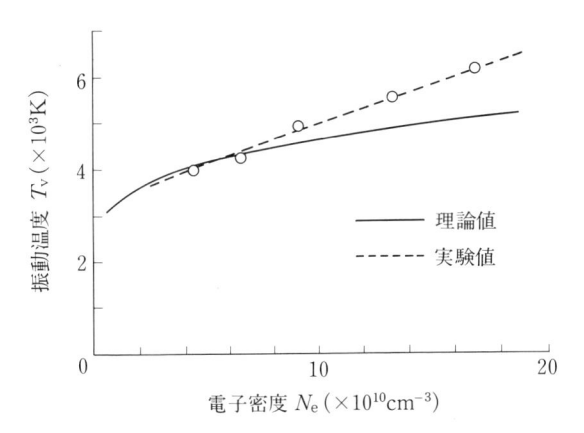

図 4-9 N_2 $X^1\Sigma_g^+$ 状態の振動温度 T_v の理論値と実験値の比較. 気圧 $p=1$ Torr, 中性ガス温度 $T_g=334$ K.

電子的基底状態 $X^1\Sigma_g^+$ の振動温度を見積もることができる．このようにして求めた $X^1\Sigma_g^+$ 状態の振動温度と電子密度との関係の実験結果の一例を**図 4-9** に示す．この図には理論計算により求めた振動温度の変化も比較のために示してある．両者はほぼよい一致を示しているが，電子密度が高い領域での違いは，電子衝突以外の過程による影響であるものと思われる．このように，発光分光によって電子的基底状態の振動温度が求められるので，測定系を工夫することによって，円筒陽光柱プラズマの半径方向の振動温度分布を求めることができる．**図 4-10** に，円筒型低気圧グロー放電陽光柱プラズマの端から，軸に

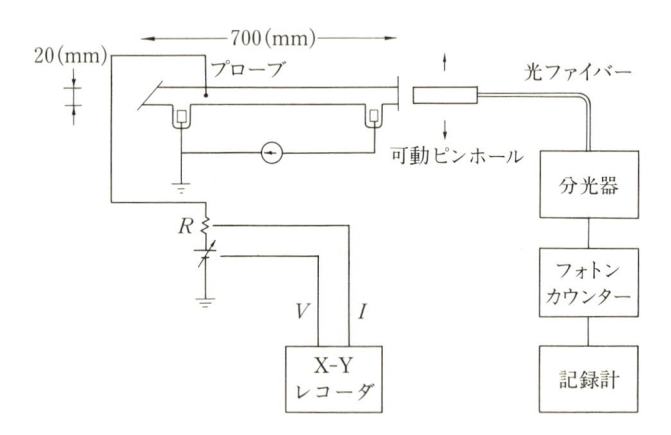

図 4-10 径方向分布測定用実験装置の概略図．

平行な放出光を空間分解して測定し，振動温度の半径方向の変化を求めるための実験装置図を示してある．測定光導入部には，可動ピンホールと光ファイバーを用いている．**図 4-11** にはこの装置によって求めた窒素振動温度の径方向分布が，理論計算値とともに示してある．振動励起分子は比較的長寿命であるため，振動温度分布は，放電容器の半径方向でほぼフラットな傾向を示しているが，管壁付近では電子密度が低く，励起が少ないことと管壁との衝突による脱励起のため振動温度は低下する．実験値と計算値はほぼよい一致を示している．

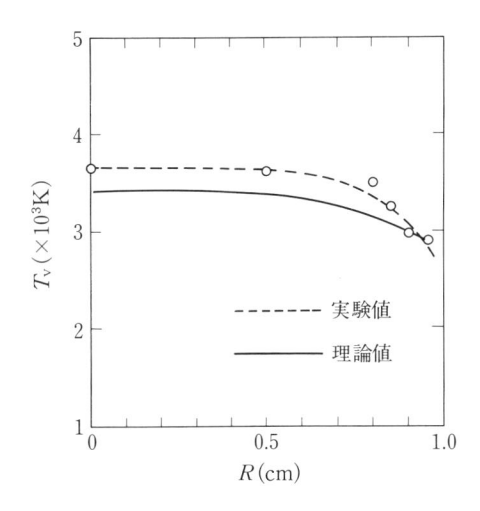

図 4-11 $N_2\ X^1\Sigma_g^+$ 状態の振動温度 T_v の径方向分布．気圧 $p=1$ Torr，電子密度 $N_e=8\times10^9\ \text{cm}^{-3}$．

4.2.4 振動温度，回転温度の同時測定[(4.10)]

　それぞれの振動準位には振動準位のエネルギー間隔の約 1/10 程度の間隔で，多くの回転準位が存在する．回転準位は分子が回転運動することにより持つエネルギーで，量子化されて飛び飛びの値を持っている．プラズマ中の中性分子と数回の衝突で頻繁にエネルギー授受を行うので，回転準位のエネルギー分布はガス温度とほぼ平衡していると考えられる．したがって，回転準位への分布状態がわかれば，ガス温度が推定できるので，回転エネルギー分布はガス温度の測定にも用いられる．

　実際に回転温度を求めるには，振動回転スペクトルを観測して，その強度から回転エネルギー分布を求めて，ボルツマン分布であれば振動温度のばあいと同様に，その傾きから回転温度を決定することができる．しかし，現実的には回転準位間のエネルギー差は小さく，手軽な回折格子型の分光器などでは，個々の回転準位間の放出光を分離して観測することはできず，これらが互いに重なり合った状態で観測されるのみである．すなわち，個々のスペクトルは極めて鋭いものであっても，分光器の分解能力が十分でないため，裾の部分が重

なりあった状態で観測される．

また，回転温度が高いプラズマからの発光では，高い回転準位の分布密度も多くなり，結果としては隣接した振動回転スペクトルとも重なる部分が生じて，振動温度の決定さえも難しくなることがある．先の図 4-6 は回転温度が低く常温付近である場合の窒素分子の放出光であるのに対して，回転温度が高いプラズマジェットの観測スペクトルの例を図 **4-12(a)** に示す[4.11]．広がった回転スペクトルの裾が，隣接した振動回転スペクトルに重なり，分離が難しくなっている様子がわかる．

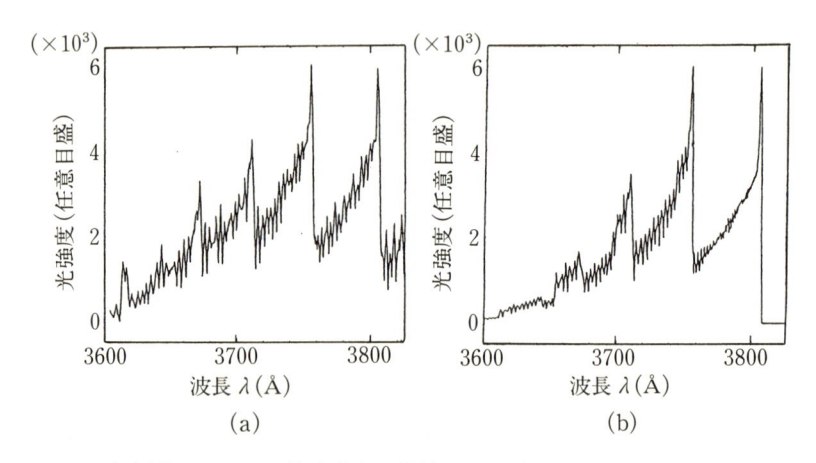

図 4-12 回転振動スペクトル強度分布の比較．
(a) 気圧 80 Torr，放電電流 25 A のプラズマジェット下流 6 mm の位置で測定された窒素の第 2 正帯（$\Delta v = -2$）の回転振動スペクトル強度分布．
(b) 回転温度 $T_r = 3500$ K，振動温度 $T_v = 4900$ K，分光器の装置関数 $w = 2.0$ Å，$S = 1.7$ Å として計算された回転振動スペクトル強度分布[4.10]．

この問題を解決するために，回転スペクトルの重なりや，高い回転温度による隣接スペクトル系列との重なりをあらかじめコンピュータを用いて計算し，実験的に得られたスペクトルと比較して振動温度，回転温度を同時に決定することができる[4.10],[4.11]．手順としては，分光器の分解能による広がりは装置関数としてあらかじめ与え，適当な振動温度と回転温度を与えると，装置を通して観測される振動回転スペクトルが計算できる．これと実験により得られたス

ペクトルを比較し，十分よく一致する振動温度と回転温度の組合せを求めればよい．前述の図 4-12(a)の実験データにほぼ一致する計算結果を**図 4-12(b)**に示す．すなわち，計算に用いた値から，このばあいの回転温度 $T_r=3500$ K，振動温度 $T_v=4900$ K であることがわかる．分解能が不十分な場合でも，以上の手段により振動温度や回転温度を求めることができる．

§4.3 非発光励起種の測定

前節で述べた発光励起種の測定では，励起種からの発光を直接利用できる．しかし，非発光励起種のばあいそれができないので，一般には，外部からの光を吸収させて，その吸収量または吸収した後に発光する光を利用して測定を行う．すでに色々な方法が開発されているが，ここではまず代表的な例として，古くから行われている準安定粒子密度の自己吸収測定と，コヒーレントアンチストークスラマン分光による粒子種測定のみについて述べる．最近開発された新しい非発光ラジカル種の数多くの測定法は，次の第5章でまとめて説明することにする．

4.3.1 自己吸収法による準安定粒子密度の測定

プラズマ中には，量子力学的選択則によって下位準位への遷移が禁制遷移である異常に寿命の長い励起粒子が存在する．これらを準安定粒子と呼んでいる．準安定粒子の寿命は数 msec から数 sec にもなる．これらの粒子は高い内部エネルギーを持っており，様々な過程を経てプラズマの性質に影響を与えるため，その密度を定量的に調べることは重要である．準安定粒子は下位準位には遷移しにくいが，上準位には光を吸収して遷移することから，光の吸収現象を用いて準安定粒子の密度測定が試みられてきた．外部から適当な光源を用いて，被測定対象プラズマに光を照射し，その吸収の程度から準安定粒子の密度を測定することも可能ではあるが，特別な光源が不要であることから，従来は自己吸収法による測定が行われてきた．これは，外部から光を照射する代わりに，プラズマ自身の発光を吸収させるものであるが，最初に開発された

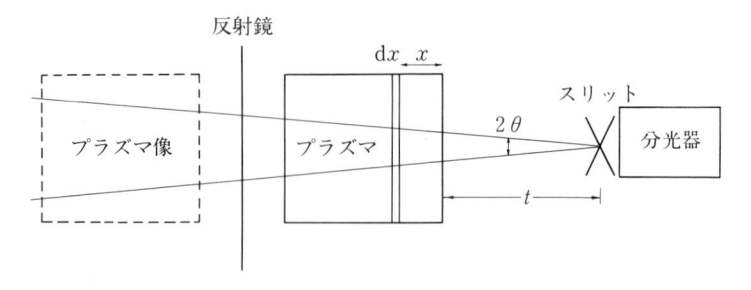

図 4-13　Harrison による自己吸収法の測定原理図.

Harrison[4.8] の自己吸収測定の原理を図 4-13 に示す．プラズマの片端に反射鏡を設置し，プラズマからの放出光は反射鏡で反射されて再びプラズマ中を通過してもう一端にある分光器に達する．プラズマ中を通過する際に放出光の一部はプラズマ中の粒子によって吸収されて減衰する．その結果，反射鏡のないときに分光器で観測したスペクトル強度に対して，反射鏡を設けた場合に分光器で観測したスペクトル強度は 2 倍以下になる．この減衰の程度から特定の準安定粒子の密度を求めることができる．Harrison の解析は，分光器に入射する光はある立体角をもって入射するとしているので，空間的に均一なプラズマのみが対象となる．また，高い空間分解能の測定には不向きである．さらには，放電管の窓の透過率，反射鏡の反射率の詳細な波長依存性を調べた後でないと，種々の波長での測定を必要とする様々な励起準位に適応できないなどの難点がある．

　これらの問題点を避けるために，後藤ら[4.12] は反射鏡を用いず，プラズマの長さを変化させる自己吸収法を提唱し，後に市川ら[4.13] はこれをさらに改良し，2 つのピンホールを組合せてプラズマ中の放出光の平行光線成分だけを観測することで，空間分解能のよい測定を可能にした．一般には，円筒型のプラズマ容器などでは，粒子密度の分布は電極付近を除いて軸方向にはほぼ均一であるが，半径方向には不均一であるので，この改良された方法を用いることによって，半径方向の密度分布の測定が可能となった．

　ここでは実用的に有用であると思われる市川ら[4.13] の解析手順と装置，主な結果について述べる．空間的に一様なプラズマから放射されるスペクトルに着

§4.3 非発光励起種の測定

目し，プラズマ中を x 方向に進む周波数 $\nu \sim \nu+\mathrm{d}\nu$ の間の放射強度 I_ν の平行光線を考える．プラズマ中での自然放出，吸収，誘導放出の結果，I_ν の x に対する変化率は

$$\frac{\mathrm{d}I_\nu}{\mathrm{d}x} = h\nu\left\{\frac{A_{21}}{4\pi}N_{2\nu}(\nu) - \frac{I_\nu}{c}\left(B_{12}N_{1\nu}(\nu) - B_{21}N_{2\nu}(\nu)\right)\right\} \tag{4.23}$$

と表せる．ここで，h はプランク定数，A_{21} は自然放射係数，B_{12} は吸収係数，B_{21} は誘導放射係数である．$N_{1\nu}$ は下準位の分布密度 N_1 のうち周波数 $\nu \sim \nu+\mathrm{d}\nu$ の間の光を吸収して上準位へ遷移することのできる密度，$N_{2\nu}$ は上準位の分布密度 N_2 のうち周波数 $\nu \sim \nu+\mathrm{d}\nu$ の間の光を放出して下準位へ遷移することのできる密度である．また，c は光速である．ここで，(4.23)式を $x=0$ で $I_\nu=0$ として解き，プラズマ長が L と $2L$ の2倍変化した場合に $x=L$ と $x=2L$ で出射されるスペクトル強度の比をとると，

$$\frac{I_{2L}}{I_L} = \frac{\int_0^\infty \left(1 - e^{-2k_0 L \exp\left[-\left\{\frac{2\sqrt{\ln 2}}{\Delta\nu_\mathrm{D}}(\nu-\nu_0)\right\}^2\right]}\right)\mathrm{d}\nu}{\int_0^\infty \left(1 - e^{-k_0 L \exp\left[-\left\{\frac{2\sqrt{\ln 2}}{\Delta\nu_\mathrm{D}}(\nu-\nu_0)\right\}^2\right]}\right)\mathrm{d}\nu} \tag{4.24}$$

となる．ここで，k_0 は

$$k_0 = \frac{2}{\Delta\nu_\mathrm{D}}\sqrt{\frac{\ln 2}{\pi}}\frac{c^2}{8\pi\nu_0^2}\frac{g_2}{g_1}A_{21}N_1\left(1 - \frac{g_1}{g_2}\frac{N_2}{N_1}\right) \tag{4.25}$$

と表せる吸収係数である．また，$\Delta\nu_\mathrm{D}$ はドップラー広がりの幅，g_1 および g_2 は下準位および上準位の縮退度である．なお，計算の過程ではスペクトルの広がりはドップラー広がりによるものが主であると仮定している．実際の測定では，プラズマの長さをなんらかの方法，例えば，スイッチの切換などによって2倍に変化させて測定した I_{2L}/I_L を(4.24)式に代入して $k_0 L$ を求め，さらに(4.25)式を用いて

$$N_1 = \frac{\Delta\nu_\mathrm{D}}{2}\sqrt{\frac{8\pi\nu_0^2}{c^2}}\frac{g_1}{g_2}\frac{1}{A_{21}L}k_0 L \tag{4.26}$$

なる関係から，最終的に N_1 の値が求まる．市川らの用いた具体的な実験装置を**図4-14**に示す．この装置は He, Ne, Ar の低気圧直流放電陽光柱プラズマ内の準安定粒子密度の計測に使われたものであるが，パイレックスガラス製の

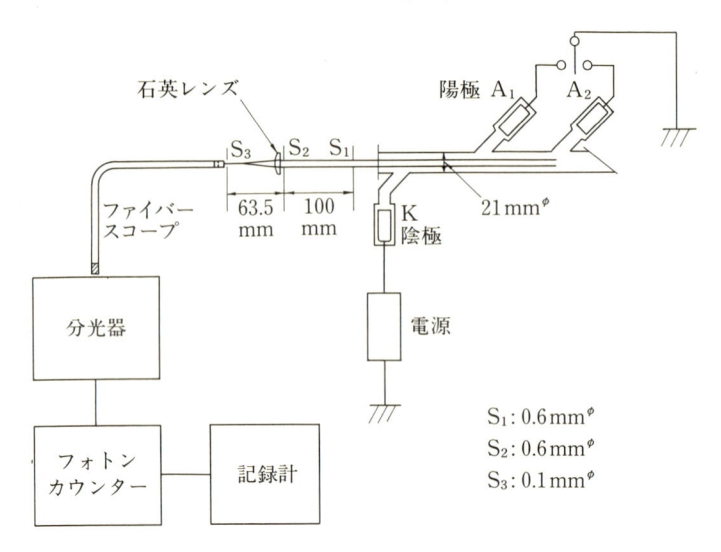

図4-14 改良された自己吸収法による準安定粒子密度測定のための実験系[(4.13)].

円筒放電管内に2つの陽極を設けてある．プラズマ長の変化は陽極の接続を切り替えることで放電経路を変化し，長さが2倍に変化できるようにしてある．一般に電極近傍を除けば，陽光柱プラズマは軸方向には均一であると考えてよい．したがって，このばあいは放電管端部に設けた窓から出射される光を観測することになるが，2つのピンホールとレンズを組合せることによって，放電管の軸に平行な光成分のみを計測することができる．これらの測定系を放電管軸と垂直に半径方向に移動すれば，半径方向の準安定粒子密度が測定できる．

測定に先立ち，He，Ne，Ar準安定粒子についてプラズマ長を2倍にしたときの I_{2L}/I_L と $k_0 L$ の関係をあらかじめ計算しておくと便利であるが，ガス温度350 K としたときの計算例を**図4-15**に示す．図から $k_0 L$ の値にはある最適の範囲があり，値が大きい，すなわち強い吸収が起こる場合には，プラズマ長が2倍になってもスペクトル強度は10%程度の変化しか示さないことがわかる．このような場合，測定誤差は大きくなるので注意が必要である．

ネオンガスプラズマ中で実測された準安定粒子(Ne $1s_5$)の密度の半径方向分布を**図4-16**示す．密度分布はベッセル分布よりも全体に収縮しているが，

§4.3 非発光励起種の測定

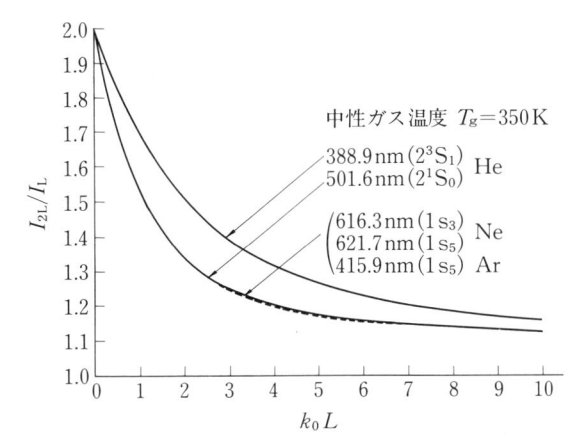

図 4-15 計算による各準安定原子に対する I_{2L}/I_L と k_0L の関係.

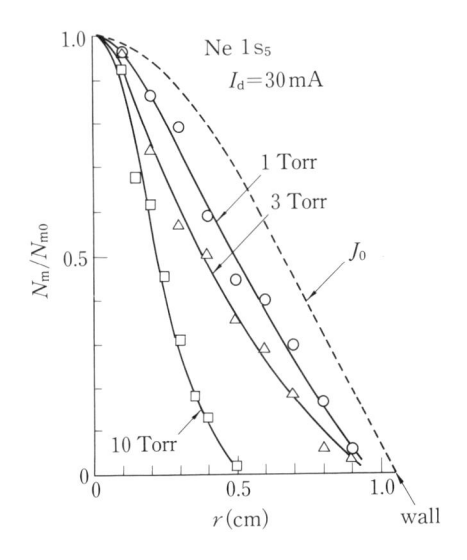

図 4-16 ネオン準安定原子($1s_5$)密度の径方向分布のガス圧による変化(中心における密度 N_{m0} で規格化してある).

気圧によって分布の形状が大きく変化している．気圧が低い場合には径方向に比較的広い分布を持つが，気圧が高くなると，中心付近に集中して分布することがわかる．また，図4-17には管軸上における準安定粒子($Ne\ 1s_5, 1s_3$)の絶対値の気圧依存性を示す．電子密度が高いほど準安定粒子密度が高く，気圧の上昇とともに密度は低下する．これは，気圧上昇にともないプラズマ中の電子温度が低下し，それにともなって準安定粒子の励起割合も低下するためと思われる．

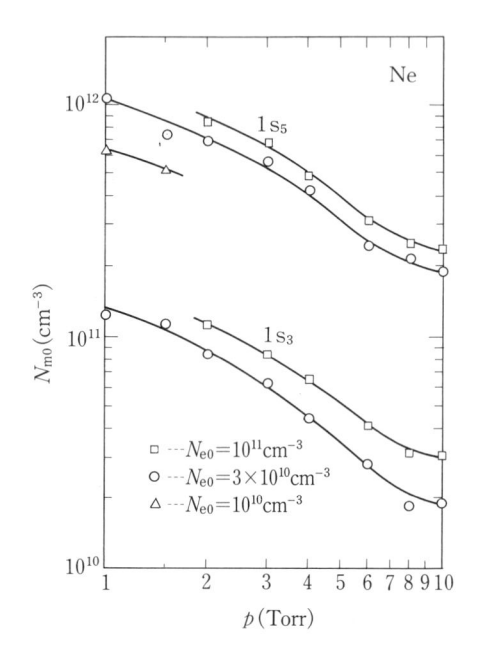

図4-17 管中心におけるネオン準安定原子($1s_3$ と $1s_5$)密度の気圧依存性(N_{e0} は管中心における電子密度)．

4.3.2 コヒーレントアンチストークスラマン分光法による密度と内部状態分布の測定[4.14]

多くの分子種の密度や振動エネルギー分布，回転エネルギー分布をコヒーレントアンチストークスラマン分光法(略してCARS)によって測定することが

§4.3 非発光励起種の測定

できる．コヒーレントアンチストークスラマン分光法の測定原理は次のように説明される．プラズマ中の分子に周波数 ν_1 のレーザ光と周波数 ν_2 のレーザ光を同時に照射すると，$\nu_3=2\nu_1-\nu_2$ の光を放出する現象がある．普通はこの光の強度は弱いが，$\nu_1-\nu_2$ が対象とする分子の回転エネルギーまたは振動エネルギー差に相当する固有振動数 ν_0 に一致した場合には共鳴効果によって周波数 ν_3 のコヒーレントアンチストークスラマン散乱光の強い放出が得られる．これはラマン効果の反ストークス線に相当する．例えば，ν_1 を固定して ν_2 を連続的に変化させると，$\nu_1-\nu_2$ が分子の固有振動数 ν_0 に一致するたびに強い周波数 ν_3 の放出光が得られる．分子の固有振動数 ν_0 が電子エネルギー，振動エネルギー，回転エネルギーに関係する場合には，電子ラマンスペクトル，振動ラマンスペクトル，回転ラマンスペクトルと呼ばれ，ν_2 を連続的に変化させて測定すると，振動エネルギー分布や回転エネルギー分布が周波数 ν_3 の放出光の強度からわかる．CARS 光の発生には三次の非線形電気感受率が関係し，CARS 光の強度 I_3 はポンプ光強度 I_1 とストークス光強度 I_2 との間に

$$I_3 \propto I_1^2 I_2 \qquad (4.27)$$

なる関係があるので，ピーク出力の大きなパルスレーザ光を用いると CARS 光の発生効率を改善することができる．

　プラズマ中の分子種の計測に CARS 分光法を用いる利点は次のようにまとめることができる．①被測定系を乱さず，その場測定ができる．②多くの種類の分子を測定対象にできる．③空間分解能が高い．④スペクトルの形状から分子の内部エネルギーが，また強度から密度がわかる．特に，空間分解能については，照射するレーザ光をレンズで収束させた場合，(4.27)式に示してあるように，収束によってレーザのエネルギー密度が高くなるので，CARS 信号のほとんどはレンズの焦点付近からの信号となる．したがって空間分解能の極めて高い測定が実現できる．

　図 4-18 にプラズマ CVD 装置を測定対象にしたスキャニング CARS の測定系を示す．この装置では，YAG レーザの第 2 高調波 (532 nm) をポンプ光とし，さらに色素レーザを用いてその周波数を調節して測定対象分子のラマン許容遷移の周波数 $\nu_1-\nu_2$ 付近で周波数を掃引して測定を行うようになっている．

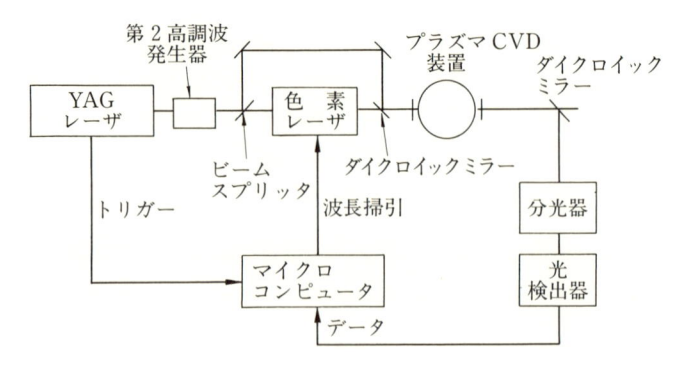

図 4-18 典型的なスキャンニング CARS の測定系[4.14].

色素レーザ光と YAG レーザの第 2 高調波をダイクロイックミラーで混合して，凸レンズでプラズマの測定点にレーザ光を集光し，照射する．プラズマ通過後の光を適当な光学系を用いて平行光線として，分光器によって CARS 光のみを分離して検出する．

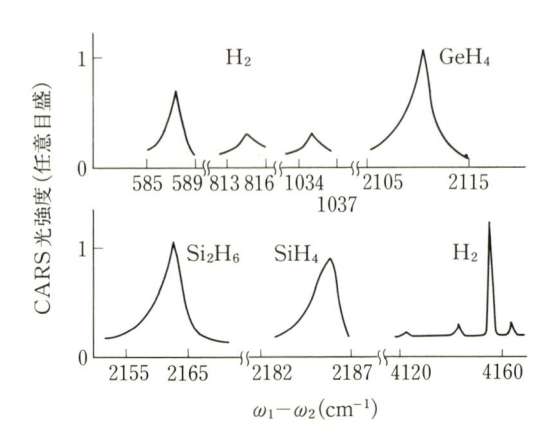

図 4-19 プラズマ CVD 装置で得られた CARS スペクトルの例[4.15].

図 4-19 にアモルファスシリコン系 CVD 装置内の関係する分子の CARS スペクトル測定の例を示す[4.15]．それぞれの分子の固有周波数において CARS 信号が現れている．また，図 4-20 にはシランガス（SiH_4）を封入した平行平板電

§4.3 非発光励起種の測定

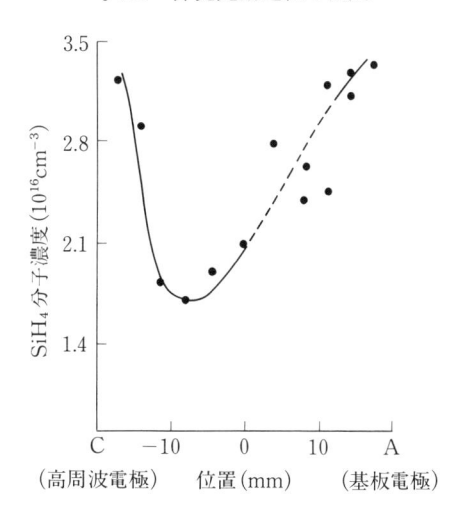

図 4-20 SiH₄ 高周波プラズマ中の SiH₄ 分子濃度の電極間分布[4.16].

極による高周波放電電極間の SiH₄ 分子の密度分布を測定した例を示す[4.16]. C が高周波電極の位置で，A は基板電極の位置を示す．図からわかるように，両電極の中心より高周波電極寄りの位置で SiH₄ 分子の密度の極小値が現れている．この結果は密度が極小の位置で SiH₄ 分子の分解が盛んに行われていることを意味している．このように，CARS 測定では測定のために照射するレーザ光を集光することによって，優れた空間分解測定が行えることがわかる．

分子の内部エネルギーの計測にも CARS は用いられる．振動励起された窒素分子は寿命が長いことと，電子的基底状態の窒素分子の多くが振動的に励起されていることから，様々な形でプラズマの特性に影響を与えるので，これまで多くの研究がなされてきた．**図 4-21** には CARS を用いて測定した，電子的基底状態の窒素分子の振動準位に対応した CARS 信号の例を示す[4.17]．これは気圧 10 Torr の窒素ガスを用いた直流グロー放電プラズマ中の測定データであるが，それぞれの振動準位からの信号がはっきりと観測されている．これらの強度から振動エネルギー分布関数が導出できる．この実験では $v=4$ 以上の振動準位ではボルツマン分布からかなりずれていることなどが報告されている．

同様に，回転エネルギー分布も CARS 光のピーク分布から導出できる．

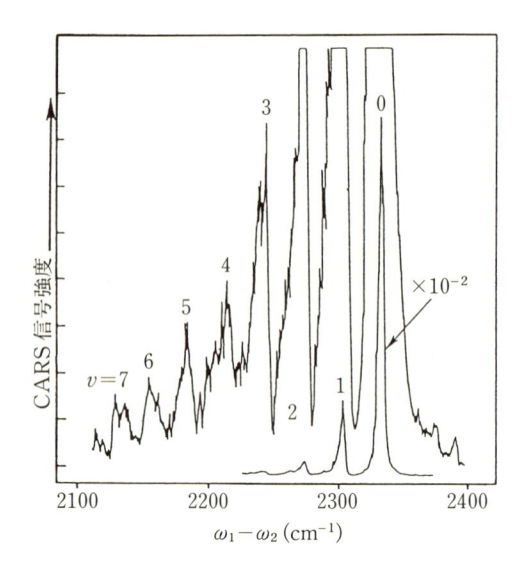

図 4-21 気圧 10 Torr の直流グロー放電中における CARS 光スペクトル強度分布[4.17].

SiH$_4$ 分子 ν_1 の Q 枝による CARS 信号から回転温度を見積もる実験結果の一例を**図 4-22** に示す[4.18]. 回転スペクトルによる場合には，隣接するスペクトルは非常に近接しており完全に分離して観測することが難しい．なぜなら，CARS 光の分解能は主にポンプ光とストークス光としての色素レーザの半値幅で決まる．その結果，回転準位による個々の CARS 信号は互いに重なり合って，全体として 1 つのスペクトルのように現れる．このような場合には，用いるレーザの半値幅から CARS 信号の線幅を，また，適当な回転温度を想定して，重なり合った CARS 信号をコンピュータであらかじめ計算しておいてフィッティングを行い，最も妥当な回転温度を見つける手続きが必要となる．図 4-22 には回転準位による CARS 信号と最もよく一致する計算結果も同時に示してある．ヒーターが OFF の場合が最も回転温度が低く，ヒーターが ON で高周波電力を投入した場合が一番高くなっていることがわかる．

CARS 法は適用できる分子の種類が多く，空間分解能も優れていることからその応用に期待が寄せられるが，検出限界の点で問題がある．現在のレーザ

§4.3 非発光励起種の測定

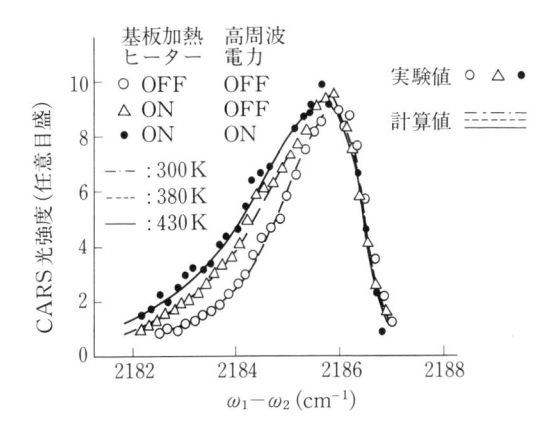

図 4-22 基板加熱ヒータと高周波電力のオン，オフにともなう SiH₄ CARS スペクトル分布の変化とシミュレーション結果との比較[4.18].

強度では測定対象分子の密度が 10^{14} cm^{-3} といったところが限界であり，低気圧放電プラズマによる薄膜形成で問題となるラジカル種の測定には困難をともなう．レーザの出力が1桁上がれば，検出感度は3桁上がるので，今後の発展は，レーザの出力向上にかかっているともいえる．

参 考 文 献

4.1 例えば,堤井信力,「プラズマ基礎工学」増補版,第3～5章,内田老鶴圃 (1995).
4.2 W. L. Wiese and F. A. Martin, "Wavelength and Transition Probabilities for Atoms and Atomic Ions", NSRDS-NBS 68 (U.S. GPO, Washington, D.C. 1980).
4.3 R. Bleekrode, *IEEE J. Quant. Electron.*, **QE-5** (2), 57 (1969).
4.4 国立天文台編,理化年表 平成8年,丸善 (1996).
4.5 W. Benesch and J. T. Vanderslice, S. G. Tilford and P. G. Wilkinson, *Astrophys. J.*, **144**, 408-418 (1966).
4.6 D. R. Lide 編, CRC Handbook of Chemistry and Physics 75 th Edition, Section 10, CRC Press (1994).
4.7 高倉 靖,武蔵工業大学電気工学専攻博士論文 (1994).
4.8 J. A. Harrison, *Proc. Phys. Soc. London*, **73**, 841 (1959).
4.9 S. Ono and S. Teii, *J. Phys. D : Appl. Phys.*, **16**, 163-170 (1983).
4.10 D. M. Philips : *J. Phys. D : Appl. Phys.*, **8**, 508 (1975).
4.11 小野 茂,高倉 靖,堤井信力,電気学会プラズマ研究会資料,EP-92-18 (1992).
4.12 T. Goto, M. Mori and S. Hattori, *Appl. Phys. Letter*, **29**, 358 (1976).
4.13 Y. Ichikawa and S. Teii, *J. Phys. D*., **13**, 1243 (1980), 及び市川幸美,武蔵工業大学電気工学専攻博士論文 (1980).
4.14 松田彰久,日本学術振興会プラズマ材料科学第153委員会編,「プラズマ材料科学ハンドブック」基礎編, 5.2.2, pp.76～78, オーム社 (1992).
4.15 N. Hata, A. Matsuda and K. Tanaka, *Jpn. J. Appl. Phys.*, **25**, 108 (1986).
4.16 秦 信宏, CARS による中性分子の検出,真空, **27**, 298 (1984).
4.17 W. M. Shaub, J. W. Nibler and A. B. Harvey, *J. Chem. Phys.*, **67**, 1883 (1977).
4.18 N. Hata, A. Matsuda and K. Tanaka, *J. Appl. Phys.*, **59**, 1872 (1986).

第5章

プラズマの診断 2
── 非発光ラジカル種の新しい計測法 ──

§5.1 レーザの進歩と計測法の発展

　最近のプラズマ応用は，材料工学から環境工学へと，幅広い発展を見せているが，いずれの場合も，プラズマ中の解離生成物である各種活性粒子が，重要な役割を担っている．**ラジカル**と呼ばれるこれら活性粒子の同定や，密度，エネルギー状態を知ることは，プロセスの効率化，高性能化を実現するために必要であり，重要な課題となっている．

　非発光の励起粒子またはラジカル種の測定には，基本的には**光吸収法**が用いられる．光吸収法は，すでに第4章で述べてあるように，プラズマ自身から発する光を吸収させる**自己吸収法**や，2つの周波数の異なるレーザ光を照射する**CARS法**などによって，準安定粒子や非発光分子種の密度，内部エネルギーの測定などが行われている．

　電子的基底状態にある非発光ラジカル種の密度は，気圧が高くラジカル種の密度が十分に高い場合には，CARS法によってある程度推定できる．しかし，半導体プロセスに用いられる数 mTorr 程度の気圧のプラズマでは，正確な測定をするためには，測定対象となるラジカル種に合った特定の波長のレーザ光を入射，吸収させる必要がある．入射光の吸収割合から，そのラジカル種の密度，エネルギー状態を直接知ることができる．

　このような非発光ラジカル種の光吸収による直接測定は，必要な波長で，かつ適当な高出力を持つレーザ光が得られにくいことから，従来は比較的困難とされていた．それが最近の半導体レーザを含む波長可変レーザの急速な進歩に

よって，実現可能となり，多くの新しい非発光ラジカル種の計測法が開発されるようになってきた．

これらの測定法は，使用するレーザ光によって，**赤外半導体レーザ吸収法**と**可視色素レーザ吸収法**に大別され，それぞれに特徴を持っている．また，可視光遷移が可能なラジカル種の場合，一旦光吸収による励起の後，下準位への遷移にともなう発光を検知し，密度に換算する高感度な**レーザ誘起蛍光法**などもある．詳細は以下の節で順を追って述べる．

§5.2 レーザ吸収法

5.2.1 原理と方法

物質が持つ2つのエネルギー準位差に相当する波長の光を入射すると，ある一定の確率で，下準位にある原子がその光を吸収して上準位に遷移する．光吸収の程度は，下準位にある原子の数密度に比例する．

したがって，プラズマに特定波長のレーザ光を照射し，レーザ光の吸収の程度から，その波長に対応する原子または分子の数密度を決定することができる．このような測定法を**レーザ吸収法**(Laser Absorption Spectroscopy，略してLAS)と呼んでいる．

レーザ吸収法に用いられる一般的な測定系の概念図を**図5-1**に示す．光源から測定に必要な波長の光をプラズマに入射する一方で，プラズマから出てくる光の中から，分光器によって入射波長の光を取り出し，適当な光検知器で電気信号などに変換して記録する．

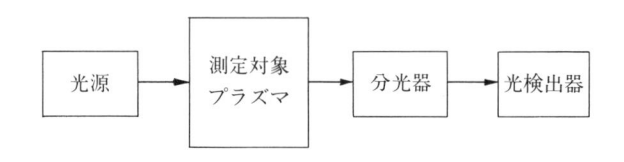

図5-1 光吸収法による測定系の概念図．

§5.2 レーザ吸収法

　光源にはレーザ光のほか，フラッシュランプなど，強い光の中から出てくる該当波長の光を，そのまま利用することもある．フラッシュランプなどからのインコヒーレントな光は，レーザ光に比べて測定感度の点では劣るが，適当なレーザ光源が得られない紫外や赤外領域で，非発光ラジカル密度を測定するときには有用である．また，光検出器には，波長領域に合った各種光検出器が用いられる．

　プラズマ中における光の吸収量は，基本的には，入射光と検出光の強度差によって与えられるが，実際には，測定系全体の光損失や検出器の感度の違いなどから，正確な値が得られない．したがって，一般には，損失と感度がほぼ同一であると見なせるプラズマが点火しているときと，点火していないときの検出光の強度差を，光の吸収量として用いている．

　すなわち，プラズマが点火していない（ラジカルによる吸収がない）ときの検出光強度を I_0，点火している（測定対象となるラジカルによる吸収がある）ときの検出光強度との差を I_A とすると，光の吸収率 $G(k_0 l)$ は

$$\frac{I_A}{I_0} = G(k_0 l) = \frac{\int g(\nu)\{1-\exp[-k_0 l f(\nu)]\}\mathrm{d}\nu}{\int g(\nu)\mathrm{d}\nu} \tag{5.1}$$

で与えられる．ここで，$g(\nu)$ と $f(\nu)$ はそれぞれ光源と被測定スペクトル線の形状を与える関数，l は吸収長（通過するプラズマの長さ），k_0 はスペクトル線の広がり $f(\nu)$ の中心波数 ν_0 における吸収係数である．

　入射光の波数 ν に対応する吸収遷移の下準位の密度を N_j とすると，吸収係数 k_0 と N_j の関係は次のように表せる．すなわち

$$N_j = 8\pi\nu_0^2 \frac{g_j}{g_i} \cdot \frac{l}{A_{ij} l}\left(\int f(\nu)\mathrm{d}\nu\right) k_0 l \tag{5.2}$$

ここで，g_i と g_j は，それぞれ上準位と下準位の統計的重みである．

　したがって，$g(\nu)$ と $f(\nu)$ が既知であれば，I_A/I_0 の測定値を用いて，(5.1)式から $k_0 l$ が求まり，それを(5.2)式に代入することによって，下準位の密度 N_j が求まる．

　一般に被測定系が低圧プラズマで，入射光がほぼ単一の線スペクトルと見な

せる場合，被測定スペクトル線の形状 $f(\nu)$ は，ドップラーの広がりによるガウス型分布となるので，計算が比較的簡単になる．

Ar+SiH₄ 混合ガスプラズマ中のシリコン原子(Si)の測定に用いられた装置を，一例として図 5-2 に示す[5.1]．この測定では，レーザの代わりに，ホローカソードランプを光源に用い，ランプの発光に含まれるシリコン原子の 251.6 nm 線を入射光として利用する．

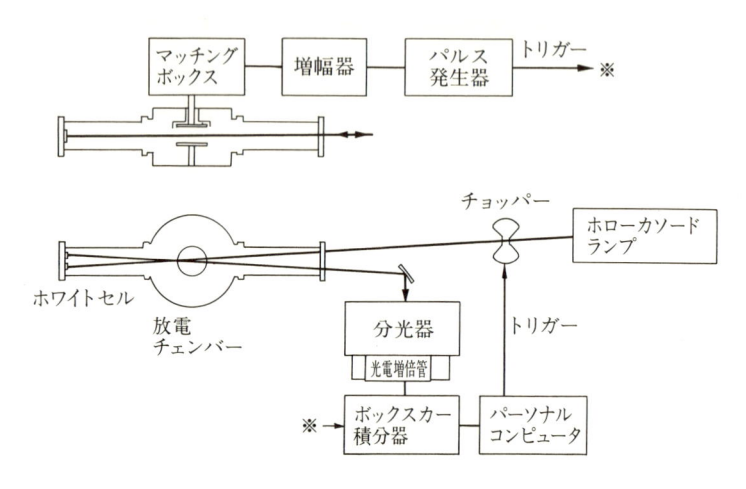

図 5-2 Ar-SiH₄ 混合ガスプラズマ中の Si 原子測定装置[5.1]．

光強度が弱いため，測定の精度を上げるには色々と工夫が必要であるが，この測定では，S/N 比を改善する目的で，入射光と放電チェンバーの間にチョッパーを挿入してある．さらには，吸収長を増大させるために，ホワイトセルと呼ばれる 2 枚の反射鏡で，入射光をプラズマ内で多重反射させた後，分光器，光電子増倍管を経て，ボックスカー積分器によって記録する．光源からの光はチョッパーによって断続され，プラズマに照射される．放電は周期的に行い，ボックスカー積分器によって多数回のデータ取込み，平均化を行うことによってノイズ成分を押さえ，時間経過による変化を測定している．

この実験は，気圧 50 mTorr(67 Pa)，入力 50 W の 13.56 MHz 高周波放電で行った．実験で得られた特性の一例を図 5-3 に示す．Ar+SiH₄ プラズマ中

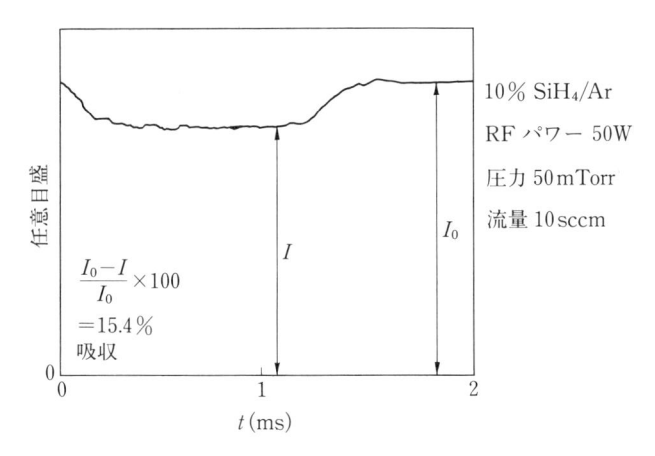

図5-3 Si原子による過渡的な吸収特性の例[5.1].

のシリコン原子 Si($3p^2\ ^3P_2$) の密度が，SiH_4 混合比5%の場合，$10^{10}\,cm^{-3}$ 程度であることが測定されている．Si原子の密度は，SiH_4 の割合が増えるにつれて低下し，SiH_4 100%付近では $5×10^8\,cm^{-3}$ 程度になるが，検出可能であり，極めて感度の高い測定であるといえる．

吸収ラインプロファイルを考えると，測定対象プラズマ中のプロファイルと光源のそれが一致している場合には問題はないが，違うときには注意が必要である．この研究では，プラズマ中のSi原子のプロファイルは，分子の回転温度から決定した400Kに相当するガウス型としている．一方，ホローカソードランプのプロファイルを同一のものと見なし処理を行っているが，両者に50K程度のずれがあったばあいには，数密度にして5%以内の誤差になると見積もられている．

5.2.2 遠赤外レーザ吸収法

一般に，3原子分子以上の多原子分子の可視域や紫外域の電子励起状態間の遷移によるスペクトルは極めて複雑となり，利用するのが困難である．したがって，多原子分子を対象にしたとき，一般には，分子の振動-回転準位間の遷移が用いられる．振動-回転準位間の遷移にともなうスペクトルは赤外線とな

るが，赤外域での光放射の遷移確率（A 係数）は波長の3乗に逆比例するので，小さな値となる．さらに光検出器の感度もこの波長域では低いので，後述するレーザ誘起蛍光法は利用できず，高感度に工夫された吸収法による測定のみが可能である．

このばあいの測定法の原理は前述の可視紫外域での測定と同じであるが，感度を上げるための工夫が必要である．すなわち，光源には**可変波長半導体レーザ**(Tunable diode laser)を用い，レーザダイオードを冷却することで放出光の半値幅を狭めることができる一方で，温度の変化によって発振波長をある程度変化できるようにする．さらに，ダイオードの順方向電流の値によっても接合部の温度が変化するので，発振波長を変化させることができる．また，測定対象とする分子によりレーザダイオードの種類の選択を行うなどの努力が行われれている．

ダイヤモンド薄膜やダイヤモンドライクカーボン膜の生成のために用いられる CH_4 プラズマの中では，成膜に CH_3 ラジカルが重要とされており，この CH_3 ラジカルの密度測定に赤外レーザダイオードを用いた例をあげて具体的に説明しよう[5.2]．

実験装置の概略図を図 5-4 に示す．平行平板電極間に気圧 350 mTorr 前後の CH_4 ガスを流しながら 20 kHz の交流で放電を行った．半導体レーザビームは赤外域の窓材料である KBr 窓を介して放電電極間のプラズマを通過する．

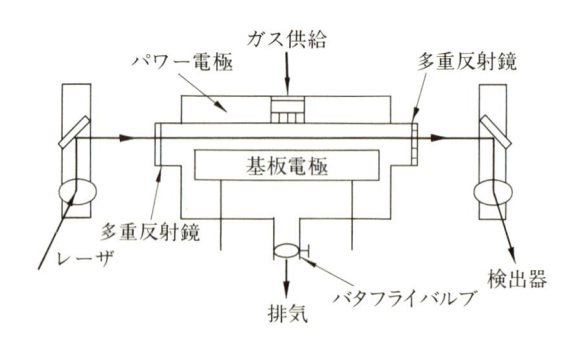

図 5-4 可変波長ダイオードレーザを用いた CH_4 プラズマ中の CH_3 ラジカル測定装置[5.2]．

§5.2 レーザ吸収法

吸収長を増すためにプラズマ容器両端には多重反射鏡を配置してある．なお，レーザビームは 400 Hz の光チョッパーでオン・オフされ，ロックインアンプで位相敏感検波し，S/N 比を上げている．光検出器には赤外の光検出器である HgCdTe 光検出器を用いている．

CH_3 分子の検出には，振動モードのひとつである ν_2 バンドの $Q_8(8)$ 遷移 608.301 cm^{-1} を利用し，放電電流 300 mA で CH_3 分子の密度は $1.5\times10^{12}\,cm^{-3}$ 程度であるとの結果が得られている．

水素化アモルファスシリコン膜の生成に用いられる SiH_4 プラズマ中の SiH_3 ラジカル密度の測定も赤外レーザ吸収法によって可能であり，その測定例を図 5-5 に示す[5.3]．放電容器に SiH_4/H_2＝0.2/1.8 Torr の混合ガスを 60 sccm 流し，ピン状のアノードとステンレス製円筒電極間で，毎秒 35 回，幅 0.45 msec のパルス放電を行っている．放電容器の両端には White 型の多重反射鏡を設置し，40 回の多重反射を行っている．

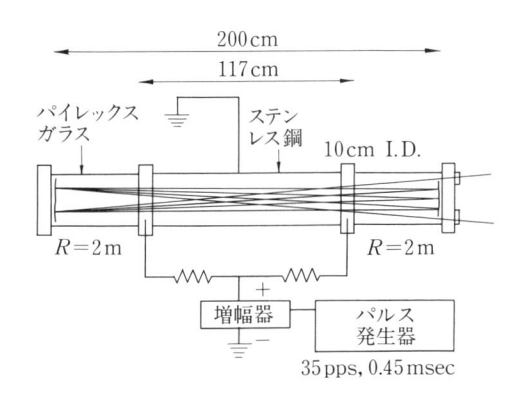

図 5-5　SiH_3 ラジカル測定に用いたプラズマ装置[5.3]．

図 5-6 は吸収測定システムのブロック図である．He 冷却された半導体レーザのビームは 400 Hz で光チョップされ，25 cm エタロン板，アセチレンガスセル，放電容器へと導かれる．レーザダイオード電流は 5 kHz で変調されている．エタロン板はそのフリンジパターンによって波長マーカーとして用いられ，アセチレンガスセルは透過光の変化により，ダイオードレーザの波長の

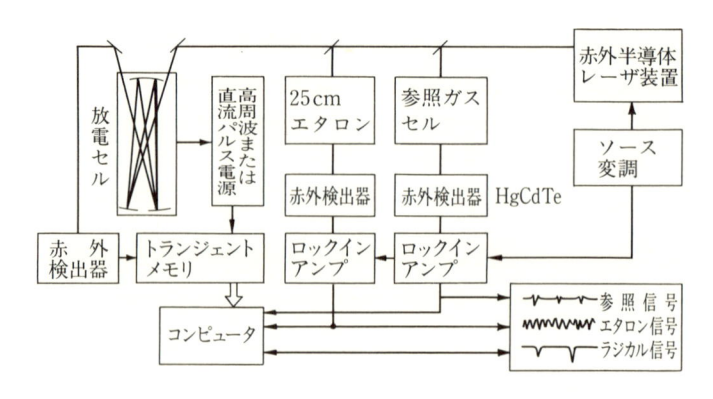

図5-6 赤外半導体レーザ吸収測定系のブロック図[5.3].

絶対値較正ができるようになっている．

　回転振動遷移によるスペクトルの波数の絶対値を決定するために，アセチレンガスが参照セルに用いられた．つまり，アセチレンガスの既知の吸収線を基準としてレーザの発振波長を決定する．共焦点エタロンは相対的な波数のスケールに用いられている．参照ガスセルの吸収信号とエタロン信号は，レーザ電流を5kHzで変調し，ロックインアンプでその2倍高調波を検出することで求めている．SiH_3による吸収スペクトルは，ダイオードレーザの波長をゆっくりと掃引しつつ，遠赤外線信号を同一時間幅のゲートをかけて積算記録し，放電開始前と後の吸収量の差から求めることができる．図5-7(a)に示すように，観測されるSiH_3の振動回転遷移 $R(4,0)(1^-\leftarrow 0^+)$ の吸収特性は，スピン-回転相互作用により2成分に分かれてしまう．

　放電の開始からの時間経過による吸収量変化の測定では，レーザの周波数を吸収スペクトルプロファイルのピークに固定して測定を行う．過渡的な吸収信号は1024回トランジェット波形メモリに積算記録され，吸収のない場合の信号も同様に積算記録される．これらの差をとって真の吸収強度が求められる．図5-7(b)にはこのようにして求めたSiH_3の振動回転遷移 $R(4,0)(1^-\leftarrow 0^+)$ 過渡吸収特性の測定例が示されている．これは放電の持続時間0.45msecの場合であるが，放電開始とともに吸収量が立上がり，吸収がほとんどなくなるま

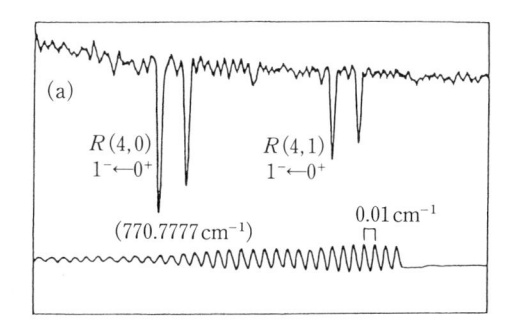

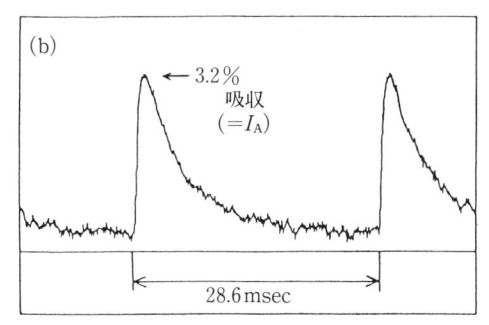

図 5-7 （a）波長掃引によって得た SiH_3 による吸収プロファイルとエタロン板のフリンジパターンの例．（b）放電開始後の吸収特性の時間変化．

でには 10 msec 程度の時間を要していることがわかる．

$R(4,0)(1^- \leftarrow 0^+)$ 吸収線の下準位，$SiH_3(X^2A_1; v=0^+)$ の回転準位 ($J''=4$, $K''=0$) の分布密度はこの結果から計算される．吸収係数および下準位の分布密度は以下の式によって表せる．

$$k(\nu) = -\frac{1}{L}\ln\left(\frac{I_0(\nu)-I_A(\nu)}{I_0(\nu)}\right) \tag{5.3}$$

$$N(J'',K'') = (8\pi\nu^2)\left(\frac{g_{J''}g_{K''}}{g_{J'}g_{K'}}\right)\left(\frac{1}{A_{10}(J'K' \to J''K'')}\right)\int k(\nu)d\nu \tag{5.4}$$

ここで，L は cm で表した吸収長，$I_0(\nu)$ は吸収のない場合のレーザ光の強度，$I_A(\nu)$ は吸収がある場合のレーザ光の強度，$g_{J'}g_{K'}$, $g_{J''}g_{K''}$ は上準位と下準位の統計的重み，$A_{10}(J'K' \to J''K'')$ はアインシュタインの A 係数である[5.4]．なお，この導出においては上準位の分布密度は無視し得るほど少ないものとし

ている.また,別に測定を行った SiH の回転温度の測定結果から,実効的な SiH$_3$ の温度は 350±50 K と仮定した.

この実験条件における SiH$_3(X^2A_1 ; v=0^+ ; J''=4, K''=0)$ の分布密度は

$$N(X^2A_1 ; v=0^+ ; J''=4, K''=0) = (4.0\pm0.3)\times10^9 (\text{cm}^{-3})$$

と決定される.さらに,この値をもとに,SiH$_3$ 振動温度,回転温度が 350±50 K で表されるとすると,すべての振動準位,回転準位に分布するラジカルを考慮して SiH$_3(X^2A_1)$ の密度は

$$N(X^2A_1) = (8\pm2)\times10^{11}(\text{cm}^{-3})$$

と求められる[5.5].また,より多くの吸収線を用いて測定すれば,より正確な回転温度が得られ,ラジカル総密度もより信頼性の高い値が得られる.さらに,ラジカル密度の時間的な減少特性から SiH$_3$ の関与する反応についての情報を得ることができる.

5.2.3 可視色素レーザ吸収法

前述の赤外レーザ吸収法では感度の点で問題があるので,より高感度で吸収分光測定を行うために,**共振器内レーザ吸収法**(ICLAS : Intracavity Laser Absorption Spectroscopy)が開発され,SiH$_4$ プラズマ中の解離生成物である SiH$_2$ 非発光ラジカルの測定に利用されている[5.6].アモルファス水素化シリコン膜の生成には SiH$_4$ プラズマがよく用いられるが,成膜機構の解明のために,SiH$_4$ の主な解離生成物のひとつである SiH$_2$ の密度に関する情報が必要であり,その測定に従来多くの努力が払われてきた.しかし,SiH$_2$ は低密度のため,比較的高感度の測定法が必要である.いくつかの方法が考えられるが,次節で述べるレーザ誘起蛍光法は高感度が期待できるが,SiH$_4$ プラズマにおいては検出信号の波長領域に強いバックグラウンド光が存在し,信号の検出が困難となり,適用できない.また,前述の赤外レーザ吸収法では,一般に赤外波長域においては検出器の感度が比較的低いため,SiH$_2$ に対しては 6×10^9 cm^{-3} 以上の密度でないと検出できないため適用が難しい.

そこで共振器内レーザ吸収法(ICLAS)の適用が考えられた.この方法は,光共振器を構成する 2 枚の平行に置かれた鏡の間に被測定プラズマを配置する

ことで，入射レーザ光を多数回往復反射させて，実効的な吸収長増大を図る方法である．共振器内を何度も光が往復するので，長い光路で吸収が起こり，高感度が期待できる．従来は大気中の微量物質の検出などに適用されてきたが，これをプラズマ中の解離生成物の計測に応用したものである．

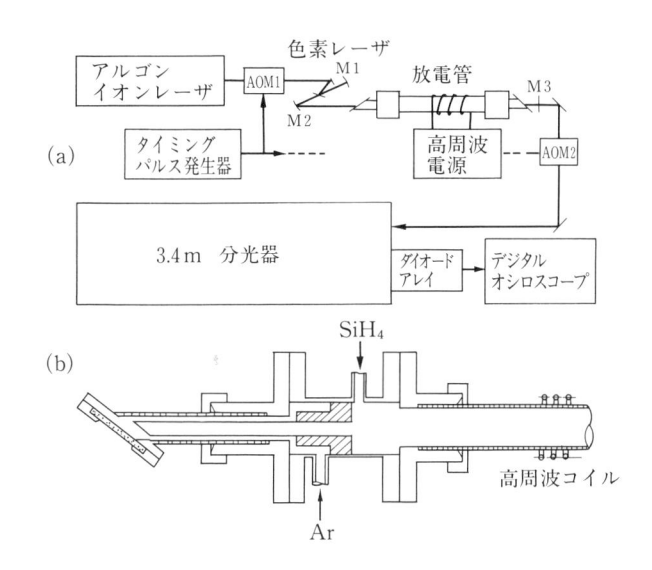

図 5-8 可視色素レーザ吸収法のための実験装置図[5.6]．
(a) 吸収測定のためのシステム全体図．AOM（音響-光変調器）はここでは不使用．(b) 放電管端部のガス導入部の拡大図．

ここでは，実際の計測に用いられた実験装置を例として，具体的な測定方法について説明する．実験システムを図 5-8(a) に示す[5.6]．光源として可変波長出力可能なアルゴンイオンレーザ励起色素レーザなどを用い，共振器内に両端に光の透過損失の少ないブリュースター窓を設けたガラス製放電管を設置する．この放電管には SiH_4 および H_2 と Ar ガスなどが導入できるようになっているが，図 5-8(b) に示すように，レーザの光路にあたるブリュースター窓へのシリコンの膜堆積などによって測定に影響を与えないように，アルゴンガスはより窓に近い位置から導入するなどの工夫もしている．窓に薄膜が堆積し，これによる吸収が生じると大きな誤差となってしまう．放電はガラス製の

放電管の外側に巻かれたコイルに，13.56 MHz の高周波を印加することで行っている．平行平板電極を用いた高周波放電プラズマ，あるいはマイクロ波放電プラズマでも同様に測定可能である．

ここで紹介する実験では，用いた色素レーザのスペクトルの幅は 0.5 nm で，色素には最も広く使われているローダミン 6G が用いられ，この色素に対応した約 565〜610 nm の範囲で波長を変化できる．色素の選択は測定対象の分子によって選ぶ必要がある．レーザの出力は分光器に導かれる．この例では，分光器は焦点距離 3.4 m，600 本/mm の回折格子で四次の分散光を用い，逆線分散値 0.125 nm/mm といった高次の回折光を用いたかなりの高分解能を持つシステムである．分散されたスペクトルはリニアイメージセンサなどでマルチチャンネル検出を行っている．リニアイメージセンサは 512 素子で 28 μm ピッチといったものを用いている．このセンサの出力はデジタルオシロスコープに導かれ，取込まれた信号は 100 回から 1000 回のデータの取込みを行い，平均化することでノイズの除去を行っている．

このようなシステムで得られた出力信号の例を図 5-9 に示す．高周波電力を与えず放電をしていないときの信号と比較して，アルゴンガスでの放電により一部波長域に吸収によるディップ(くぼみ)が現れ，さらに SiH_4 ガスを含む放

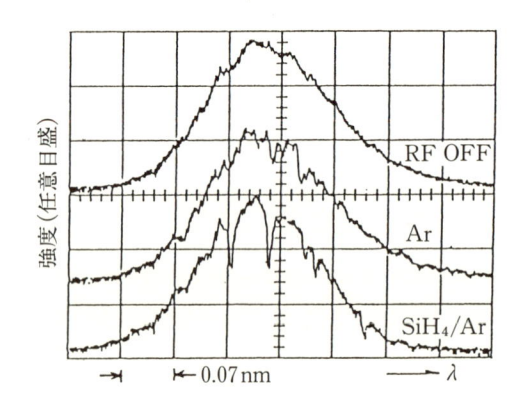

図 5-9　波長 579.5 nm 付近の吸収信号の例[5,6]．
　　　　純アルゴンガスおよびアルゴン-シラン混合ガス放電の場合．
　　　　気圧 0.7 Torr，高周波電力 30 W．

電では明確なディップが観測される．前者はアルゴン励起原子による吸収の結果である．これらのスペクトル線のプロファイルから，波数 17240 cm^{-1} から 17260 cm^{-1} の範囲にわたって SiH$_4$ ガスプラズマによる吸収特性を導出した結果を図 5-10 に示してある．これらの吸収のピークは文献[5.6],[5.7] の解析結果と比較を行うと，SiH$_2$ の電子状態間 A^1B_1-X^1A_1 遷移，そのうちの (020)–(000) 振動準位間の遷移，しかもそれぞれがその回転準位の遷移に対応することがわかる．

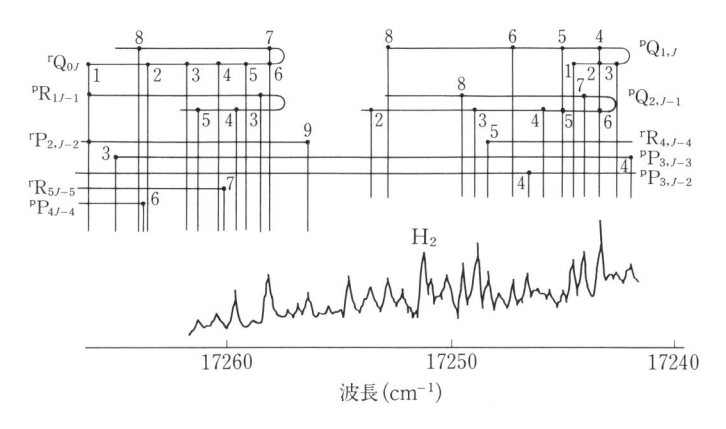

図 5-10 波数域 17240〜17260 cm^{-1} における SiH$_2$ の吸収スペクトル[5.6]．

測定対象粒子の密度の絶対値の導出について説明する．共振器内レーザ吸収法を用いて測定したい粒子の密度の絶対値を求めるためには，実効的な吸収長を知る必要があるが，これは簡単なことではない．ここでは，直接的に実効吸収長を取扱わず，用いた色素レーザの可変波長域にある励起アルゴン原子の吸収，例えば，586.03 nm (6s'[1/2]$_0$-4p[1/2]$_1$)，あるいは，583.43 nm (5d'[3/2]$_2$-4p[3/2]$_2$) に着目した．SiH$_2$ とアルゴンの吸収はいずれも放電電力に比例して変化し，プラズマ中の粒子数密度に比例して変化することがこの実験の範囲で起こっていることがわかる．ところが，4p 状態の励起アルゴン原子の密度は，4s 状態への遷移にともなう自然放出光の絶対値が測定できれば決定できる．さらに，SiH$_2$ の遷移確率が既知であれば，アルゴン 4p 状態の吸収強度と

SiH₂ の吸収強度とを比較して，SiH₂ の密度を導出できる．以上のように比較的簡便な方法によって，密度の絶対値が導出できる．

このような方法で測定された SiH_4-Ar 混合ガスあるいは SiH_4-H_2 混合ガスプラズマ中の SiH_2 密度の SiH_4 混合割合依存性の結果の例を，図 5-11 に示す．アルゴンガスで希釈した場合のほうが SiH_2 の密度が約 1 桁ほど高いことがわかる．また，水素希釈の場合には密度が低く，本方法を採用することによってようやく測定できている．このように共振器内レーザ吸収法による測定感度は従来の吸収法に比較して，ほぼ 1 桁ほど高感度であることがわかる．

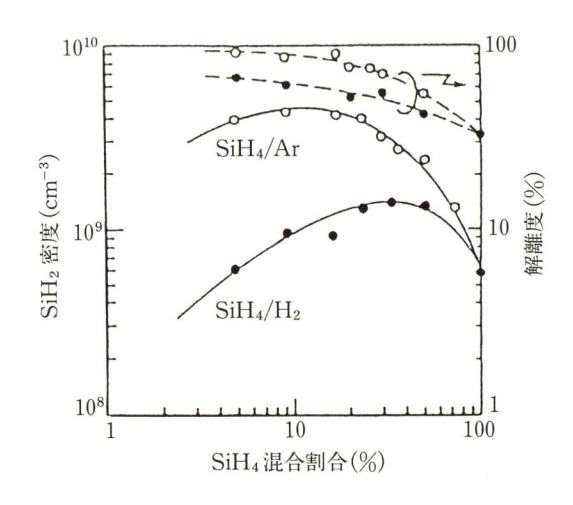

図 5-11　共振器内レーザ吸収法による SiH_2 ラジカル密度の測定例．
　　　　全ガス圧 0.2 Torr，高周波電力 15 W，破線は SiH_4 の解離度．

§5.3　レーザ誘起蛍光法（LIF）[(5.8)]

5.3.1　1 光子励起レーザ誘起蛍光法

レーザ誘起蛍光法（Laser Induced Fluorescence：LIF）は高感度に被測定対象の分子や原子の数密度を求めることのできる方法である．図 5-12 にこの方

§5.3 レーザ誘起蛍光法(LIF)

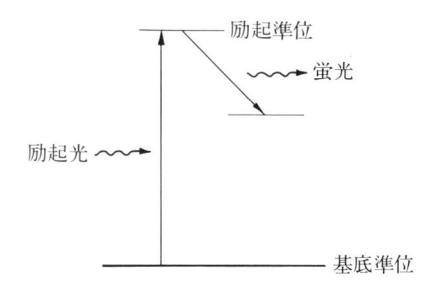

図 5-12 レーザ誘起蛍光法の原理.

法の原理図を示した．波長選択した励起用レーザ光の照射により基底準位にある粒子を適当な励起準位に励起し，この準位からより下の準位に遷移する際に放出される自然放出光(蛍光)を観測する．この蛍光の強度が基底準位分子密度に比例することから，蛍光を観測することによって分子密度を求めることができる．

これまでにもプラズマ中の原子や分子の密度を求めるための方法としてレーザ吸収法，CARS 法あるいは最も簡単な自然放出光を測定する方法などを説明してきた．これらと比較してレーザ誘起蛍光法はどのような特徴があるのであろうか．その第1は感度の点があげられる．つまり，レーザ誘起蛍光法は極めて高感度にプラズマ中の原子や分子の密度を計測することができる．CARS 法，レーザ吸収法，LIF 法を比較してみると，実際的な検出限界は CARS 法 10^{14} cm^{-3}，レーザ吸収法 10^{11} cm^{-3} 程度であるのに対して，LIF 法では検出限界が 10^{8} cm^{-3} 程度であり，かなり高感度であるといえる．

なぜ，レーザ誘起蛍光法は感度の点で優れているのであろうか．まず，比較のために CARS 法を考えてみる．第4章にも述べてあるように，CARS 法は，異なる2つの波長のレーザを同一の光路で測定対象に照射し，入射光の方向とは別な方向に放出される分子による散乱のうち，入射光とは波長の異なった光を観測するものである．一般に入射光のほとんどは同一波長で散乱されるのに対して，分子とのエネルギーのやり取りにより放出される波長の異なった光は散乱光のうちのほんの一部でしかない．散乱する分子の密度に比例した散

乱光を出すわけであるが，散乱光のうち入射光と同一波長でないものの強度は，気体に比較してずっと密度の高い液体の場合でも 1/100,000 程度であり，原理的にごく弱い信号を測定対象にしなくてはならない．このようなことから，CARS 法は入射レーザ光強度を極端に強力にしない限り，高感度とはなりえない．

一方，吸収法での測定を考えると，測定対象の分子密度が下がれば入射光の吸収が低下して，変化を捉えられなくなってくる．ホワイトセルなどを用いて複数回プラズマを通過させることも行われているが，レーザの出力安定性や光学系の機械的安定性からある限界がある．それらに対して，特定波長励起の蛍

表5-1 LIF によって検出されたプロセシングプラズマ内の非発光ラジカル[5.8]．

種類	遷移	波長(nm)
Si	$4\,s^3P^0\text{-}3\,p^3P$	251〜253
Si_2	$H^3\Sigma_u^-\text{-}X^3\Pi_g^-$	386〜453
SiH	$A^2\Delta\text{-}X^2\Pi$	412.8 bh
SiH_2	$A^1B_1\text{-}X^1A_1$	485〜644
SiF	$A^2\Sigma^+\text{-}X^2\Pi$	436.8 bh
SiF_2	$A^1B_1\text{-}X^1A_1$	218〜276
SiHCl	?	430〜490
CH	$A^2\Delta\text{-}X^2\Pi$	431.4 bh
CF	$A^2\Sigma^+\text{-}X^2\Pi$	233 bh
CF_2	$A^1B_1\text{-}X^1A_1$	220〜235
CCl	$A^2\Delta\text{-}X^2\Pi$	278 bh
BCl	$A^1\Pi\text{-}X^1\Sigma^+$	272 bh
O	$3\,p^3P\text{-}3\,p^3P$	226 tp
Cl	$4\,p^4S^0\text{-}3\,p^2P^0$	223.3 tp
SiO	$A^1\Pi\text{-}X^1\Sigma^+$	234 bh
AlO	$B^2\Sigma^+\text{-}X^2\Sigma^+$	484.2 bh
SiN	$B^2\Sigma^+\text{-}X^-\Sigma^+$	383 bh
NH	$A^3\Pi\text{-}X^3\Sigma^-$	336 bh
Cl_2^+	$a^2\Pi\text{-}X^2\Pi$	380〜600
N_2^+	$B^2\Sigma_u^+\text{-}X^2\Sigma_g^+$	391.4 bh

bh：(0-0)バンドヘッドの波長
tp：2 光子励起の LIF のレーザ波長

§5.3 レーザ誘起蛍光法(LIF)

光を観測する LIF 法はかなり高感度に測定対象粒子の測定ができる．LIF 法を用いたラジカルやイオンの検出例と励起レーザの波長を**表 5-1** に示す[5.8]．

LIF 法の光源としては Nd：YAG レーザの高調波やエキシマレーザで励起された色素レーザが用いられる．励起レーザ光を測定対象粒子に照射すれば，ある励起準位に励起され，粒子密度に比例した蛍光を発するが，被測定粒子の絶対密度を決めるためには，適当な較正法を用いなければならない．このためには密度の既知である他の原子・分子の LIF 信号と比較することで較正が行われる．このような参照ガスの例として NO 分子があげられる．230〜250 nm のレーザ光で励起され，CF や CF_2 の測定などに用いられた[5.9]．その他，可視域では Ar などの希ガスを用いて 400〜500 nm 領域の較正ができ，この方法を用いて CH や SiH の密度が算出された．この際に Ar の励起状態の密度は GaAlAs 半導体レーザの吸収測定により測定を行っている[5.10]．

LIF 測定の実際の例として，CH_4-Ar 混合ガスプラズマ中の CH ラジカルの

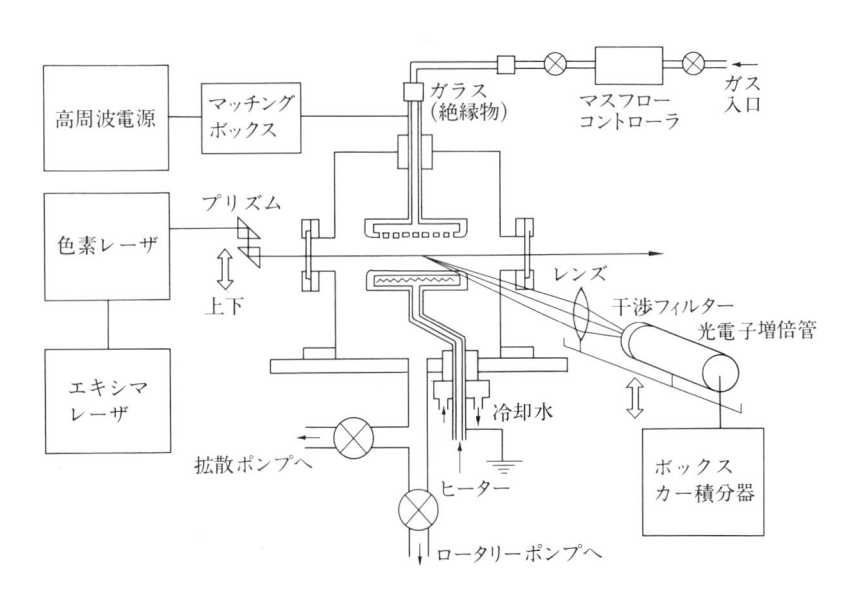

図 5-13 LIF 測定のための実験装置[5.11]．

測定を行った実験を以下に示す[5.11]．図5-13はこの実験に用いた高周波放電によるプラズマ生成装置の概略図である．放電電極間に励起レーザ光を照射し，これと直角方向から干渉フィルターを介してLIF信号を光電子増倍管で測定する．励起光はスペクトル半値幅約0.01 nmのエキシマレーザ励起色素レーザである．波長を掃引しながらCH($A^2\varDelta$-$X^2\varPi$)遷移（0-0）バンドの回転構造スペクトルを励起している（430 nm付近）．LIF信号検出部干渉フィルターの通過帯域半値幅は7.3 nm程度であるので，(0-0)バンドのP枝，Q枝，R枝のほとんどをカバーする．レーザの波長を掃引すると，観測されるLIF信号強度は，下振動回転準位の分布密度を反映することになる．つまり，回転エネルギー分布がわかることになり，ある振動準位のすべての回転準位の相対的な分布密度がわかる．これらの合計によって振動準位 $v=0$ の分布密度の相対値がわかることになる．

　密度の絶対値の算出は混合ガス中のアルゴン原子の励起状態を用いて行える．図5-14に関係するエネルギー準位を示した．励起光波長を427 nm程度にすると，Ar($1s_4$-$3p_7$)の吸収によって$3p_7$準位が励起されアルゴン励起原子によるLIF信号が得られる．一方，Ar($1s_4$)は共鳴準位であり，プラズマ中でかなりの分布密度となっている．この準位の分布密度は狭帯域のGaAlAs半導体レーザを用いて吸収法によって，正確に算定することができる．この値と

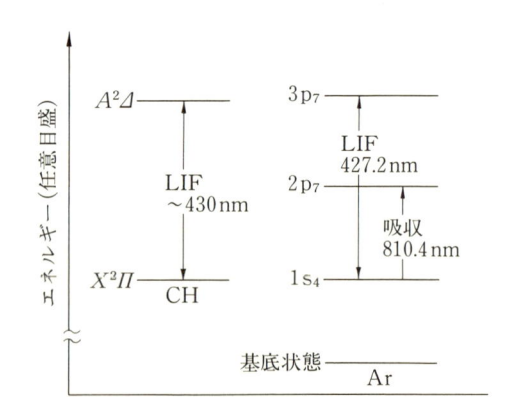

図5-14　CH($X^2\varPi$)の絶対密度較正に関係するエネルギー準位[5.11]．

§5.3 レーザ誘起蛍光法(LIF)

Ar の LIF 信号強度 I_{Ar},さらには CH の LIF 信号強度 I_{CH} を比較することで,CH の絶対密度が算出される.

具体的に CH の絶対密度算出の手順を説明しよう.励起レーザ光では CH の特定の回転準位から上準位に励起されるので,その回転準位の分布密度 $n(CH(J''))$ は

$$n(CH(J'')) = \frac{I_{CH}/(f_{CH}g_{CH})}{I_{Ar}/(f_{Ar}g_{Ar})} n(Ar(1s_4)) \tag{5.5}$$

で与えられる.ここで,f_{CH} は CH 分子の Hönl-London 係数であり,総 LIF 信号強度に対する測定波長領域内の LIF 信号強度,f_{Ar} は Ar の Hönl-London 係数であって,紹介する例ではそれぞれ $f_{CH}=1$,$f_{Ar}=0.67$ である.さらに,g_{CH} と g_{Ar} はそれぞれ CH と Ar についての蛍光の寿命,検出部の時定数,ゲートパルス幅などによって決定されるボックスカー積分器で測定される LIF 信号に関する係数であって,それぞれ $g_{CH}=0.35$ および $g_{Ar}=0.26$ である.

$CH(X^2\Pi)$ 状態の最低振動準位 $v=0$ の総分布密度 $n(CH)$ は,回転エネルギー分布をボルツマン分布と仮定すると

$$\frac{n(CH(J''))}{n(CH)} = \frac{1}{2}(2J''+1)\frac{B}{kT_r} \exp\left[-\frac{BJ''(J''+1)}{kT_r}\right] \tag{5.6}$$

という関係を満たす.ここで,B は回転定数($14.2\ cm^{-1}$)であり,k はボルツマン定数である.$1/2$ は J'' 準位のスピン軌道分裂に起因する係数であり,分裂したスペクトル線の開きが実験に用いた色素レーザの幅より広いことによる.このようにして得られた LIF 信号の回転線の分布から回転温度がわかる.

実際に測定された LIF 信号は**図 5-15** のような結果が示されている.純 CH_4 プラズマ中の CH からの LIF 信号と比較のために CH(431 nm)の発光強度の軸方向分布が,気圧をパラメータにして示されている.実線は自然放出光の強度,点線と一点鎖線は CH 密度の計算値,丸印は LIF 強度である.LIF 信号の強度はもちろん CH 分子の空間分布に対応するものである.CH 分子の自然放出光の分布と LIF 信号強度を比較すると,後者の方がずっと広がっていることがわかる.

自然放出光の分布の方がずっと空間的な広がりが少ない理由を考えてみよ

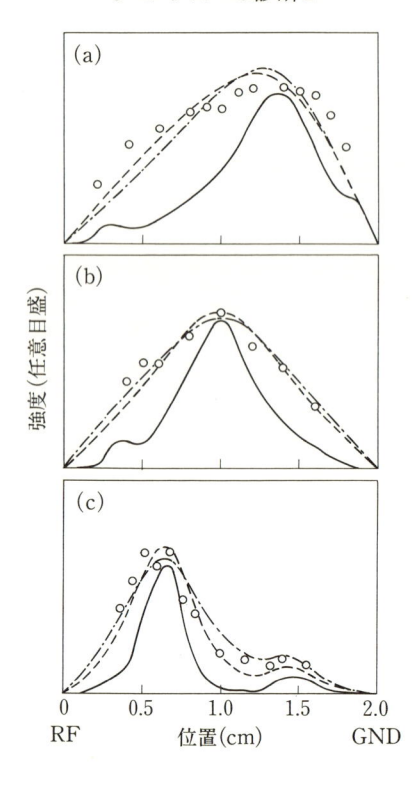

図 5-15 純 CH₄ プラズマにおける CH 分子の LIF 信号(○印),自然放出光強度の空間分布(実線).
高周波電力 40 W,ガス流量 5 sccm,(a)0.05 Torr,(b)0.2 Torr,(c)0.7 Torr の場合.点線と一点鎖線は計算値を示す[5,11].

う.ここでいう自然放出光は $CH(A^2\Delta - X^2\Pi)$ 遷移による 431 nm の光であるが,$CH(X^2\Pi)$ は他の粒子との反応によって消滅するまでにより長い距離を拡散するのに対して,$A^2\Delta$ 状態の寿命の方が短い.さらに,$CH(X^2\Pi)$ の方が $CH(A^2\Delta)$ に比較してより広い空間領域で生成されるからと考えられる.つまり,$CH(X^2\Pi)$ の方が生成される閾値エネルギーが低いためであるからである.

 LIF 信号強度からわかる $CH(X^2\Pi)$ の空間分布について検討してみる.図

§5.3 レーザ誘起蛍光法(LIF)

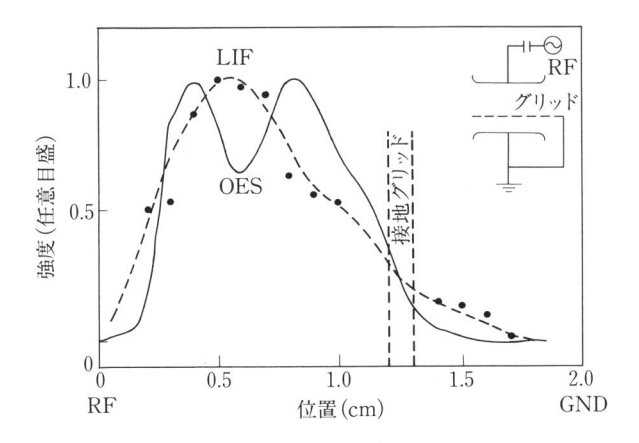

図 5-16 三電極構造の場合の CH 分子の自然放出光(実線)，LIF 信号(●印)の空間分布．
高周波電力 40 W，総気圧 0.2 Torr，ガス流量 13 sccm[5.11]．

5-16 には測定結果の一例を示す．CH($X^2\Pi$) の空間分布は一次元近似で以下のような式で表せる．

$$\frac{d}{dt}n(\mathrm{CH}) = D\frac{d^2}{dx^2}n(\mathrm{CH}) - \frac{n(\mathrm{CH})}{\tau} + W(x,t) \tag{5.7}$$

ここで，x は RF 電極からの距離，D は CH($X^2\Pi$) の拡散係数，τ はその寿命である．$W(x,t)$ は単位体積中での CH($X^2\Pi$) の生成レートの空間分布である．CH($X^2\Pi$) の寿命は高周波の周期に比較して十分に長いので，空間分布密度の定常値は

$$\frac{d^2}{dx^2}n(\mathrm{CH}) = \frac{n(\mathrm{CH})}{D\tau} - \frac{W(x)}{D} \tag{5.8}$$

という式で表せる．ここで，$W(x)$ は時間平均された生成レートである．計算の結果は，CH($X^2\Pi$) および CH($A^2\Delta$) の生成レートの空間分布は双方とも等しく放出光分布と同様であるとしたものを破線で表してある．また，$W(t)$ を報告されている反応速度係数から算出し計算した結果は実線で示されている．詳細な検討は文献に譲るとして，いずれも LIF 信号強度の分布にほぼ近い結

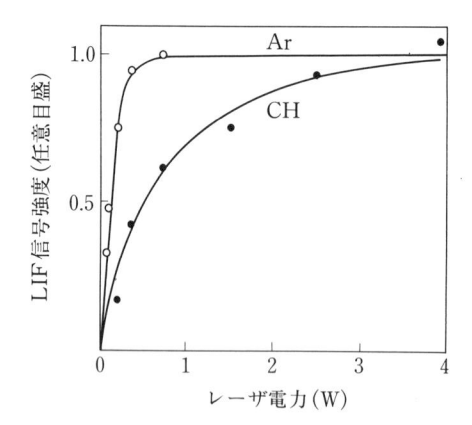

図 5-17 飽和レベルで規格化した LIF 信号強度のレーザ電力依存性[5.11]．
● 印は Ar-CH$_4$ 混合ガスプラズマの CH の LIF 信号強度，○ 印は純 Ar ガスプラズマ中の Ar の LIF 信号強度．

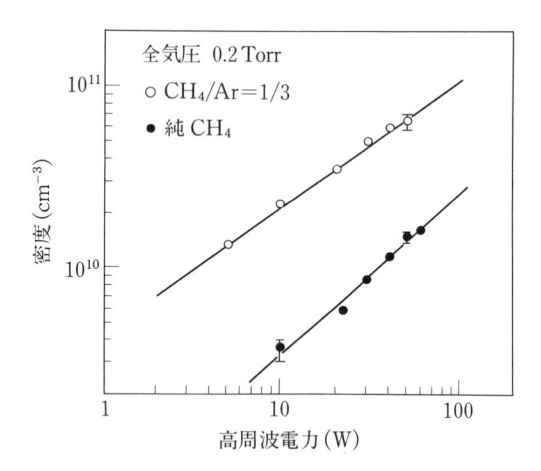

図 5-18 CH$_4$ プラズマ中の CH($X^2\Pi$) の密度の RF 電力依存性[5.11]．
純 CH$_4$ のときのガス流量＝5 sccm，CH$_4$：Ar＝1：3 のときのガス流量＝13 sccm．

果を示している．

　LIF測定で求められるCH分子密度の絶対値について例を示そう．この例はCH_4-Ar混合ガスおよび純Arガスの場合であるが，CH分子およびArのLIF強度のレーザパワー依存性を図5-17に示す．いずれの場合にもレーザパワーの強いところでLIFの飽和現象が見られる．前述の手順によってそれぞれの粒子の絶対値に変換を行う．図5-18では，Ar-CH_4（30％）および純CH_4プラズマについて，いずれも空間的な分布を持つので電極間の位置によって密度が異なるわけであるが，密度の最大値を示す位置でのCH分子の絶対値の高周波電力依存性を示してある．図からわかるように，同一の高周波電力において，Ar-CH_4(30％)の場合のほうが純CH_4プラズマの場合に比較して約5倍程度の密度となっている．これはArガスで希釈した場合のほうが電子密度，平均電子エネルギーも高いことによることと，親ガスであるCH_4分子によるクエンチングが少ないので，CH分子密度が高くなるものと解釈できる．

5.3.2　2光子励起レーザ誘起蛍光法

　単原子分子(H，F，Cl，O，C，Siなど)の基底状態からの吸収スペクトルは紫外〜真空紫外域にあり，現在実験室で利用できる光源で1光子のエネルギーでは十分でなく，これらの測定には2光子励起レーザ誘起蛍光法が用いられる．すなわち，2つの光子を同時に吸収してより高い準位へ励起されることを利用する．

　一例として，シリコンの塩素による反応性イオンエッチング装置内のCl原子の測定について説明する[5.12]．この実験は塩素ガスの高周波放電プラズマによるシリコン膜のエッチングに関する基礎研究であるが，高周波放電電極に平行に磁界を印加して，いわゆるマグネトロン放電による処理と通常の反応性イオンエッチングの違いを検討している．このようにすることによって，カソード付近で電子のサイクロトロン運動が生じ，電子の運動が規定される結果，中性粒子と電子の衝突確率が増大して，低気圧で高密度のプラズマが生成されることになり，処理速度の向上や加工の品質の向上が期待できる．2光子LIF

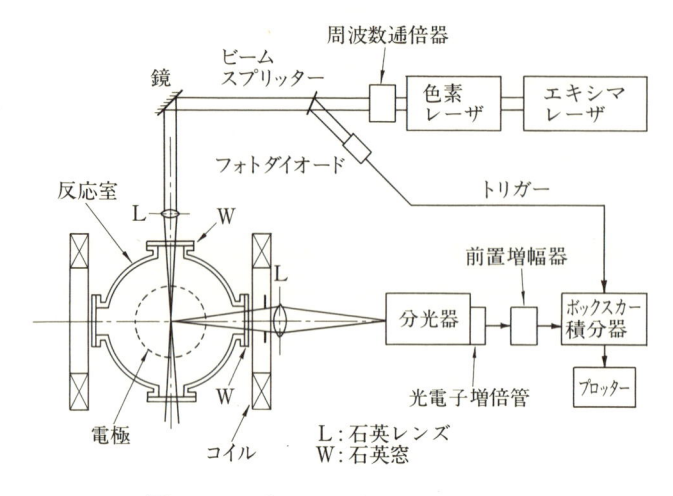

図 5-19　2 光子 LIF 実験装置の例[5.12].

測定とあわせて質量分析，マイクロ波干渉計によるプラズマ計測，自然放出光の観測などをも行い検討している．

Cl 原子検出のための 2 光子励起 LIF 実験システムの概要を図 5-19 に示す．このシステムでは，励起用レーザとしてエキシマレーザ励起波長可変色素レーザを用い，さらに，BBO(β-BaB$_2$O$_4$)結晶による周波数逓倍によって 233.2 nm，0.5 mJ，30 ns パルス幅のレーザ光を得ている．レーザのくり返し周波数は 50 Hz，スペクトル幅は約 0.2 cm^{-1}(約 6 GHz)である．レーザ光はレンズを用いて直径 0.3 mm のスポットで高周波電極から 10 mm 上部に集光させ，LIF 信号はレーザ光とは直角方向から分光器(0.32 m の焦点距離)を用いて光電子増倍管で検出され，増幅器を通してゲート付きボックスカー積分器によって計測された．さらにレーザ光はフォトダイオードによってモニターされた．図 5-20 は関係するエネルギー準位と 725.6 nm の LIF 信号，励起レーザ光の時間変化の例を示している．Cl 原子は 2 光子吸収により 3p^{4}4p(^{4}S$_{3/2}^0$) 準位に励起され，ここから 3p^{4}4s(^{4}P$_{5/2}$) 準位へ遷移して 725.6 nm の蛍光を放出する．この光を観測することによって Cl 原子の密度を求めることができる．主な実験条件は高周波電力 300 W，Cl$_2$ ガス流量 50 sccm，反応器内気圧

§5.3 レーザ誘起蛍光法(LIF)

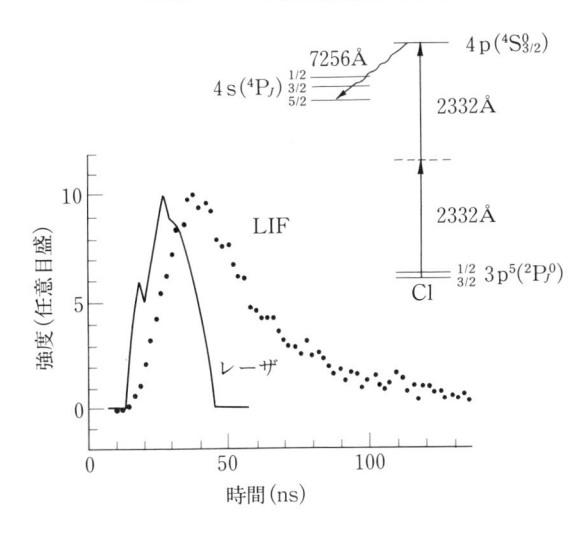

図 5-20 2光子 LIF 測定に関係するエネルギー準位と典型的な励起レーザ光と LIF 信号の時間変化[5.12].

$0.6 \sim 0.0045$ Torr である．プラズマ計測とあわせて，高周波電極上に置かれた多結晶シリコン膜および SiO_2 膜をエッチングする実験も行っている．

図 5-20 には気圧 0.015 Torr のマグネトロン反応性イオンエッチングのばあいの Cl 原子 725.6 nm の 2 光子 LIF 信号と励起レーザパルス(233.2 nm)の典型的な時間変化を示してある．LIF 信号はレーザパルスの終了する付近でピ

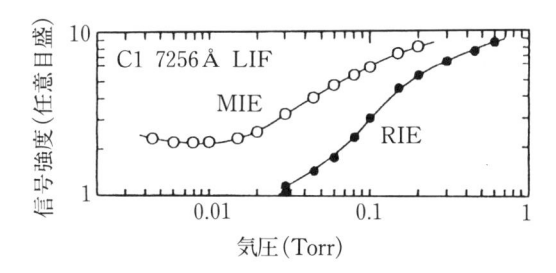

図 5-21 下部の高周波電極中央の位置における電極面上 10 mm での Cl 原子の LIF 信号強度の気圧依存性．マグネトロン反応性イオンエッチング(MIE)と反応性イオンエッチング(RIE)の比較[5.12].

ークに達し,その後指数関数的に減少する.その時定数は約 33 ns である.検出された LIF 信号はレーザ強度の 2 乗に比例して変化し,実験の範囲では飽和していない事がわかる.

図 5-21 はマグネトロン反応性イオンエッチングおよび通常の反応性イオンエッチングの場合について,高周波電極上 10 mm における 2 光子 LIF 信号強度を示してある.気圧の低下とともに Cl 原子の密度は低下するが,マグネト

(a)

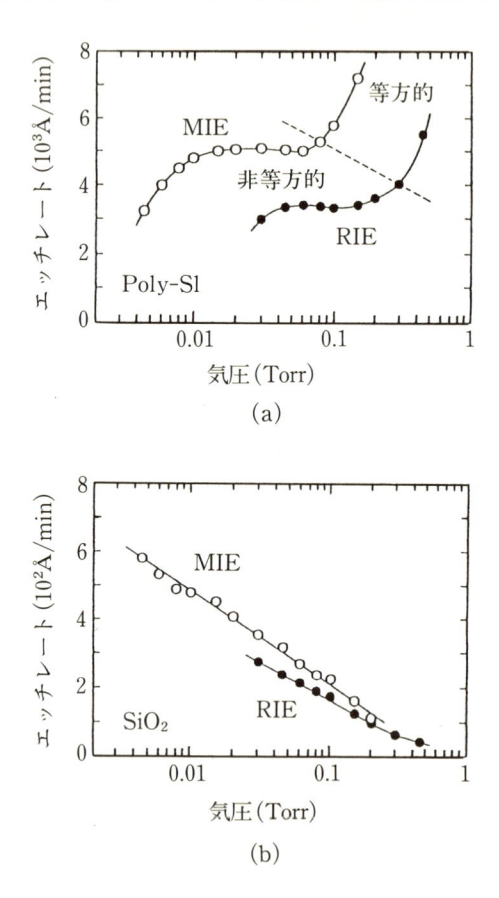

(b)

図 5-22 (a) 多結晶シリコン,(b) SiO_2 膜のエッチレートの Cl_2 ガス圧依存性.MIE:マグネトロン反応性イオンエッチングと RIE:反応性イオンエッチングの比較[5.12].

ロン反応性イオンエッチングの場合には気圧の低い領域でやや上昇する．反応性イオンエッチングに比較してマグネトロン反応性イオンエッチングの場合の方が最大3倍程度 Cl 原子密度が高いことがわかる．別の測定によってマグネトロン反応性イオンエッチングの場合には電極表面の電子密度が約1桁ほど高いので基板に到達するエッチングを行う粒子のフラックスを考えると，マグネトロン反応性イオンエッチングの場合のほうがイオンの量に比較して中性粒子の量が少ないことがわかる．

図 5-22 は塩素ガスの気圧に対して多結晶シリコン膜と SiO_2 膜をエッチングした場合のエッチング速度などをマグネトロン反応性イオンエッチングおよび反応性イオンエッチングの場合について比較して示している．低気圧領域において多結晶シリコン膜において非等方的なエッチングがされていることや，マグネトロン反応性イオンエッチングの方がエッチング速度が速いことがわかる．また，SiO_2 膜に対してはマグネトロン反応性イオンエッチングおよび反応性イオンエッチング両者の速度がほぼ等しいことなどがわかる．以上のことからマグネトロン反応性イオンエッチングの方が選択性の点で優れていることがいえる．さらに，先の LIF 測定の結果とあわせて考えると，マグネトロン反応性イオンエッチングの場合にはイオンの寄与が大きく，このようなことから選択性の向上が見られたものと思われる．

この例からもわかるように，2光子 LIF 測定によって Cl 原子密度の変化がわかり，エッチング機構の解明に役立っている．

5.3.3　レーザ誘起蛍光測定の応用[5.13]

レーザ誘起蛍光の応用としてマルチカスプフィラメント放電プラズマのイオン温度などの測定例を紹介しよう．マルチカスプフィラメント放電プラズマはプラズマ基礎研究や成膜，エッチングおよび核融合プラズマの加熱用イオン源として用いられる装置である．この装置で生成されるプラズマの典型的な値は電子密度 $10^9\,cm^{-3}$，電子温度 1 eV 程度であり，これまでに報告されているイオン温度の典型的な値は 0.5 eV であるが，特にこのイオン温度に着目しての研究が新しく LIF を用いて行われている．LIF 測定は密度のみでなく，熱運

動によるドップラー効果も測定できるので，温度に関する情報も得られる．

　従来，イオン温度 (T_i) はグリッドを用いた静電エネルギー分析器を用いて測定されてきたが，後述のように，LIF を用いて測定した T_i はずっと低い値であり，大きなずれがある．この不一致の原因についていろいろと議論されているが，大づかみにいえば静電エネルギー分析器のエネルギー分解能の低さによるものと考えられる．さらには，静電エネルギー分析器の構造によっても異なる結果を与える．従来の静電エネルギー分析器のグリッドとして，1 cm あたり 40 メッシュのタングステンメッシュを用いた場合は $T_i=0.56$ eV であるのに対して，70 メッシュを用いると $T_i=0.28$ eV という異なる値などが報告されている．そこで，より高いエネルギー分解測定のため，LIF を用いることが考えられた[5.13]．LIF 測定では準安定状態に励起されたイオンの密度と温度を測定することができる．LIF 測定によって得られた結果はイオン温度 $T_i=0.028\pm0.007$ eV で室温の 0.025 eV に近い値であり妥当な値と思われる．また，この実験を通して LIF で測定した準安定励起状態に励起された密度はイオン密度のよい指標であることなどがわかった．

　さてここでは，この実験に用いた装置について説明する．装置はフィラメントを持つプラズマ源と接地電位のメッシュで区切られた主チェンバーの 2 つの部分からなる．主チェンバーの直径は 32 cm で LIF 測定は主チェンバー内で行われた．プラズマ源は 0.18 mm 直径，120 mm 長さのフィラメント 8 本が備えられ，フィラメントには負電位の放電電圧が印加される．その周囲には 19 列の長さ 2.5 cm，直径 2.2 cm のセラミックマグネットがラインカスプ状に配置されている．磁束密度はマグネット表面で 1.05 kG で，マグネット表面は 1 mm 厚さのステンレス板で覆われ，これは接地電位でアノードとなる．主チェンバー中心にラングミュアプローブが設置され，プラズマ電位，電子密度および電子温度が測定できるようになっている．

　LIF 測定は，準安定励起状態イオン (Ar^+)* のドップラー広がりを利用して行った．レーザの波長を変化しながら LIF 信号を測定することで，LIF 信号のラインシェイプが測定でき，これがイオン速度分布に対応することからイオンの温度が計測できる．測定に際して，ノイズ軽減のため工夫を行った結果，

§5.3 レーザ誘起蛍光法(LIF)

最終的にはプラズマからのランダムな蛍光をノイズとして残すのみとなった．つまり，白く輝くフィラメントからの黒体輻射を避けるために検出器の向きを考慮したり，主にチェンバーの内壁を黒化処理することで迷光の軽減を行った．さらに，同一周波数で40回のレーザパルスを照射し，発生するLIF信号を平均し，ノイズを押さえる工夫を行った．

励起用レーザは波長可変色素レーザを用い，くり返し周波数10 Hz，単一軸方向モード400 MHzのスペクトル幅のレーザを用いた．狭いスペクトル幅のレーザにより室温より低い温度の測定にも対応できるように配慮している．測定に際しては，主チェンバーの中央をレーザビームを通し，飽和広がりを避けるためにできるだけ弱い強度のレーザ光を用いる必要がある．このため，レーザビームはビームエキスパンダーで広げプラズマに照射し，一部はビームスプリッターで分割しヨウ素セルに導かれる．ヨウ素セルからの蛍光は波長の較正に用いられる．LIFの光検出はレーザビームと直角方向で行う．プラズマの蛍光はレンズで5 mm幅のスリット上に集光される．このスリットはLIF信号を取り込めるプラズマの空間的な大きさを決める．ここで紹介する実験では，長さ0.5 cm，高さ0.5 cm，幅1 cmの領域からの信号を取込むようになっている．このような配慮を行うことで，空間的分解測定を可能としている．このスリットの直後に，通過帯域0.51 nm幅の干渉フィルターを設置している．これは主にフィラメントの発光を取込んでしまうことを避けるため挿入してある．なお，蛍光は光電子増倍管で検出する．

データ取込みの流れを説明する．光電子増倍管からの信号は帯域300 MHz，ゲイン30 dB前置増幅器を通している．このようなプラズマからの信号およびヨウ素セルからの蛍光の信号はゲート付積分器に導かれる．この積分器において，プラズマからの信号はゲート幅100 nsで観測される．通常のボックスカー積分器は用いず，積分器の出力信号はAD変換され数値的に平均化される．同一のレーザ波長で40回のパルスが平均化される．これらの過程は49の異なる波長の値で行われ，このことを通して蛍光のラインシェイプが得られる．つまり，それぞれランダムな運動をしているイオンのうち，ドップラー効果によって蛍光準位に励起される波長が異なるのであるが，ちょうど励

起用レーザの波長に一致したイオンのみが蛍光を発する準位に励起されるのである．波長を可変すれば，さまざまな速度のイオンを励起することになり，このようにしてラインシェイプがわかればイオン温度が求まる．実際には，速度分布関数をマクスウェル分布としてドップラー広がりを計算し，実験結果とフィッティングを行うことでイオン温度を求めている．

ここではアルゴンガスをプラズマガスとして，イオン温度の計測を考える．そのためにイオンの準安定状態の並進温度をLIFで計測する．レーザ波長を調整してAr^+の$3d'^2G_{9/2}$準安定状態を励起する波長611.492 nmにあわせ，この光により励起状態に励起されたイオンからの波長460.957 nmの蛍光を観測し，前述の方法でラインシェイプから温度が求められる．しかし，ここでひとつの疑問がわくであろう．なぜ，基底状態のイオンを直接測定しないのであろうか．さらにイオンの準安定状態にもいくつかの状態が，なぜ特定の励起状態を利用したのか．それは以下の理由による．いくつかの準安定状態をそれぞれ測定したところ同じ温度であることがわかっている．また，それらは基底状態のイオンとも同じ速度分布関数を持っていることが，いくつかの実験を通して明らかになっている．その主な理由は，基底状態のイオンも準安定状態のイオンも同じ中性原子から生成される，放電中のどの領域においても基底状態のイオンも準安定状態のイオンも断面積の関係からほぼ同じ割合で生成される，基底状態のイオンも準安定状態のイオンもその寿命はほぼ同じである，といったことがあげられている．レーザの波長や蛍光の波長の関係から，準安定状態のイオンのLIF計測が容易であるので，上述の選択を行っている．

このような測定において得られたイオン温度は$T_i=0.028\pm0.007$ eVといった値であり，ほぼ室温に近く妥当な値と思われる．この計測は放電電流，放電電圧，気圧の広い範囲でほぼこの値であり，高い信頼性を持つものである．静電型エネルギー分析器による測定結果とは大きく異なるが，前述のように静電型エネルギー分析器のエネルギー分解能はその構造のちょっとした変化によっても0.2〜0.3 eV程度の結果の違いを与えるように十分なエネルギー分解能を持っていない．このことから低い温度領域の計測には不適であるといえる．

LIFを用いた計測を応用するとこれまで十分な結果を得ることのできなか

ったプラズマ特性の計測にも新たな道を開くものと考えられ，今後，プラズマ物理の基礎的な研究にも大いに役立つものと思える．

§5.4 その他の測定法

　前節で取り上げなかった非発光ラジカル種の測定法のひとつとして**レーザイオン化分光法**[5.14]（Laser ionization spectroscopy）がある．この方法は大別して，非共鳴イオン化を利用するものと共鳴イオン化を利用する**共鳴イオン化分光法**（RIS：Resonance Ionization Spectroscopy）に分けられる．

　RISは波長可変レーザを用い原子・分子を選択的に励起し，さらにこれらをイオン化して生成された電子・イオン対を検出して原子・分子の密度を求めようとするものであり，レーザ分光法中で最も高い検出感度を有する．非共鳴イオン化を利用した測定は，強力なレーザ光を気体に照射すれば非共鳴多光子イオン化が起こる．あるいはこのレーザを固体表面に照射すれば瞬時にプラズマ化して，質量分析器と併用すれば固体の構成粒子の分析が行える．しかし，ここでは主に共鳴イオン化分光法（RIS）による測定を中心に説明する．

　この方法をプラズマ中で適用しようとした場合には，すでに多数のイオンがプラズマ中に存在するので，直接的なイオンの検出は困難である．したがって，RISの時間・空間分解の高いことを生かし，プラズマ中の計測でなくてもよい反応定数の測定などへ適用される．特にシリコン膜や炭素膜の生成ではシリル（SiH_3）やメチル（CH_3）などが関与するが，これらは非発光ラジカルであるのでレーザ誘起蛍光法などでは測定できないが，RISを用いれば感度よく測定できる点で注目を集めている．

　また，プラズマ内粒子に対してRISを適用することを考えた場合，イオン化によって電子・イオン対が生成されることにより，電子温度，電子密度といったプラズマパラメータが変化することを利用することが考えられる．微小なプラズマパラメータの変化が引き起こす放電電圧，電流特性の変化をRIS信号検出の手段として利用する方法である．このような測定法はオプトガルニック分光法と呼ばれている．

i)　　ii)　　iii)　　iv)　　v)
*$\nu=\nu_1$ or ν_2

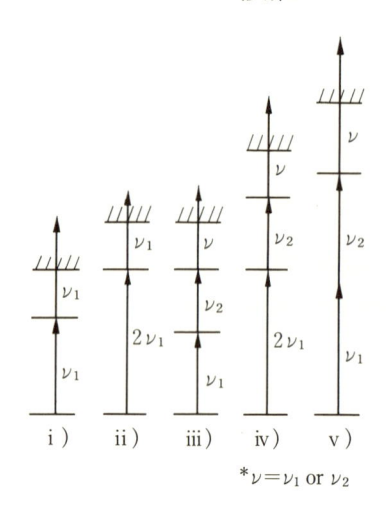

図 5-23 RIS：共鳴イオン化法の種々のスキームに対するエネルギー準位図[5.14].

RIS では原子や分子を励起状態を経由して共鳴的に光イオン化を行い，これによって生成された電子・イオン対を測定することによって原子や分子の検出を行う．**図 5-23** には RIS の原理図を示した．光イオン化の過程はいろいろな過程が考えられる．高出力パルスレーザを用いた場合には光子ひとつで励起されるだけでなく多数個の光子により励起されたり，イオン化が行われる．代表的なスキームを図に示した．i) は ν_1 のレーザ光で励起し，さらに ν_1 のレーザ光で電離を行う場合，ii) は ν_1 のレーザ光の 2 光子で励起し，さらに同じレーザ光で電離する場合，iii) は周波数 ν_1 および ν_2 のレーザ光で段階的に励起し，さらにいずれかのレーザ光で電離する場合，iv) は周波数 ν_1 の 2 光子で励起し，さらに周波数 ν_2 のレーザ光で励起し，いずれかのレーザ光で電離する場合，v) は周波数 ν_1 と ν_2 のレーザ光で励起し，いずれかのレーザ光で電離をする場合である．どのスキームを用いるかは対象とする分子のエネルギー準位やイオン化効率を考慮して選ぶことになる．また励起や電離に際して必ずしも別の波長のレーザ光を用いる必要はない．

実際の装置について考えよう．主な部分としては，励起用レーザ，イオン化用レーザ，電子・イオン対検出装置がある．励起用光源としては，エキシマレ

ーザあるいは Nd：YAG レーザ励起色素レーザが用いられる．出力光を BBO 結晶（β-BaB$_2$O$_4$）を用い第 2 高周波を発生させることを組合せると 205 nm 程度までの波長が得られる．2 光子励起も併用すればほとんどすべての原子・分子を励起できる．イオン化用レーザは励起用レーザをそのまま利用することもできるし，イオン化の選択性を高めるために，高いエネルギー準位を径由してイオン化を行う必要がある．この場合にはもう 1 台可変波長レーザが必要となる．また，2 台のレーザを用いる場合にはビーム交差法を採用することで空間分解能を高めることができる．

　電子・イオン対の検出のためには，二次電子増倍管，比例計数管，円筒あるいは平板形プローブ電極などが用いられる．二次電子増倍管を用いる場合は真空条件下での使用となるが，極めて高感度の検出が行える．一方，プローブ電極を用いる場合には真空から大気圧まで広い条件のもとで使用できる利点がある．また，プラズマ中などで他のイオンの干渉がある場合には，質量分析器をフィルターとして組合せて用いる．

　反応係数測定への応用例を以下に示す．用いられた実験装置の概要図を図 5-24 に示す．Ar で希釈したアセトン（CH$_3$COCH$_3$）に対して，5 mJ の ArF

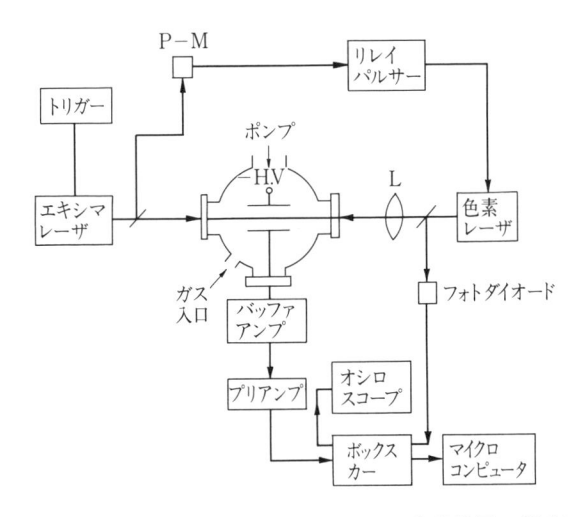

図 5-24　CH$_3$ ラジカルの検出に用いられた実験装置の概略[5.14]．

レーザで光分解,発生した2個のCH₃ラジカルをRISにより測定した．時間・空間変化の測定を行い,反応係数や拡散係数を決定できる．RIS用にはKrFレーザ励起色素レーザを用いた．CH₃ラジカルを波長333.4 nmのレーザ光で2光子励起後,同一レーザで共鳴イオン化した．発生した電子・イオン対は装置内に設けた平行板電極で捕集し,ボックスカー積分器で積算平均された．

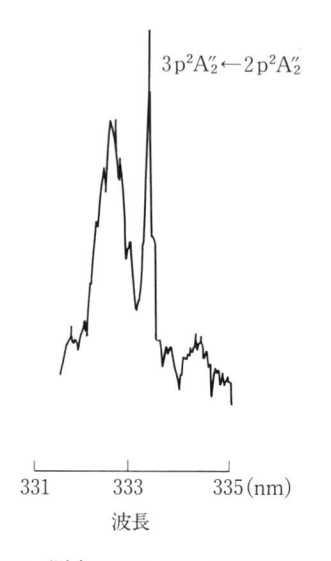

$3p^2A_2'' \leftarrow 2p^2A_2''$

331　333　335 (nm)
波長

図 5-25　測定された CH₃ の RIS 信号[5.14]．

図 5-25 には得られた RIS 信号の例が示されている．解離用レーザおよび RIS 用色素レーザの発振のタイミングを固定して,色素レーザの波長を可変することで図のような RIS の励起スペクトルの結果が得られる．波長 333.4 nm で CH₃ の2光子共鳴波長と一致し,鋭いピークが観測されている．この信号の強度は励起レーザパワーの3乗に比例して変化することから,3光子イオン化によるものであることがわかる．

このような計測システムを用いて CH₃ の再結合係数の導出を試みた例を説明する．解離用 ArF レーザと RIS 用色素レーザの発振タイミングを調整することで,解離生成された CH₃ の時間経過による密度の変化をとらえることができる．測定結果の一例を図 5-26 に示す．ここでは CH₃ の密度に比例する信

§5.4 その他の測定法

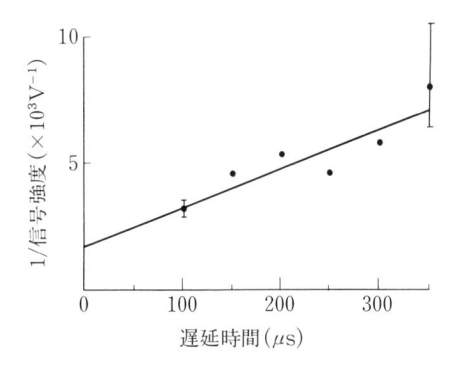

図 5-26 CH_3 分子の共鳴イオン化による信号強度の光分解後の時間依存性[5.14].

号が検出用電極でとらえられるのであるが，その信号強度の逆数をプロットしてある．この結果より CH_3 密度は時間に逆比例して減少していることがわかる．

このような測定結果から CH_3 の再結合速度係数を求めてみる．CH_3 密度 n の時間変化を表す式は

$$\frac{1}{n} = kt + \frac{1}{n_0} \tag{5.9}$$

のように表せる．ここで，k は再結合速度係数，n_0 は解離直後の CH_3 の初期密度である．測定結果のグラフの傾きから，CH_3 密度の絶対値がわかれば，k を決定できる．しかしながら，RIS では簡単には絶対値を決められないので，アセトンの ArF レーザ光に対する既知の吸収断面積 σ と，アセトンの光による解離過程が

$$CH_3COCH_3 + h\nu \longrightarrow CH_3CO + CH_3$$
$$CH_3CO \longrightarrow CH_3 + CO \tag{5.10}$$

のような2段階過程による解離であると考えて，計算によって n_0 を求め，再結合係数を求めた．もちろん，算出にあたっては，レーザビームの半径，量子収率などとともに実験システムに関する詳細な情報を必要とするが，それらについては文献を参照されたい．このような手順を経て，CH_3 の再結合速度係数は $k = 5.3 \cdot 10^{-11}\,cm^3/s$ という値を得ている．これは他の研究によって求めら

れた値とほぼ一致するものである．

　以上のように，共鳴イオン化分光法(RIS)はプラズマ中のイオンを検出しなくてはならないことから制約が大きいが，ほとんどすべての原子，分子に適用可能であり，検出感度も高いことから，紹介したような素過程の研究やプラズマプロセスで作られた薄膜などの評価に対して今後の発展が期待される．

参 考 文 献

5.1 M. Sakakibara, M. Hiramatsu and T. Goto, *J Appl. Rhys.*, **69**(6), 3467(1991).
5.2 P. B. Davies and P. M. Martineau, *Appl. Phys. Lett.*, **57**(3), 237(1990).
5.3 N. Itabashi, K. Kato, N. Nishiwaki, T. Goto, C. Yamada and E. Hirota, *Jan. J. Appl. Phys.*, **27**(8), L 1565(1988).
5.4 W. D. Allen and H. F. Schaefer, *Chem. Phys.*, **108**, 243(1986).
5.5 W. Gordy and R. L. Cook, "Microwave Molecular Spectra (Interscience Publishers, New York, 1970)" Chap. 3.
5.6 橘 邦英, 松井安次, 大西 寛, 向井卓也, 播磨 弘, 第7回プラズマプロセス研究会プロシーディングス, 205-208(1990).
5.7 J. J. O'Brien and G. H. Atkinson : *Chem. Phys. Lett.*, **130**, 321(1986).
5.8 橘 邦英, (社)プラズマ・核融合学会, 第8回専門講習会テキスト, p. 35-48(1995).
5.9 J. P. Booth, G. Hancock, N. D. Perry and M. J. Toogood, *J. Appl. Phys.*, **66**(1)5251(1989).
5.10 K. Tachibana, T. Mukai and H. Harima, *Jpn. J. Appl. Phys.*, **36**(7 A), L 1208(1991).
5.11 橘 邦英, 向井卓也, 結城昭正, 松井安次, レーザ研究, **17**(8), 568(1989) ; K. Tachibana, T. Mukai, A. Yuuki, Y. Matsui and H. Harima, *Jpn. J. Appl. Phys.*, **29**(10), 2156-2164(1990).
5.12 K. Ono, T. Oomori and M. Hanazaki, *Jpn. J. Appl. Phys.*, **29**(10), 2229(1990).
5.13 M. J. Goeckner, J. Goree and T. E. Sheridan, *Physics of Fluids B*, **3**, 2913(1991).
5.14 岡田龍雄, 前田三男, レーザー研究, **17**(8), 536(1989).

第6章

プラズマの診断 3
―分光器の原理と実際―

§6.1 分光器の原理と基本構成

6.1.1 分光測定総論

　分光測定を行うには，まず分光器が必要であることはいうまでもないが，その分光器にはいろいろの種類がある．正確で十分有効な測定を行うためには，使用する分光器の構成を熟知するだけでなく，測定にともなう種々の問題を解決しなければならない．したがって，細心の注意と，多くの経験を積み上げなくてはならない．この章では分光測定を実際に始めるにあたって必要な実践的な技術的な内容について説明する．しかし，一口に分光測定といっても非常に広い内容を含むことになる．これによって我々が直接見ることのできない原子や分子の微視的な世界の状態を，光スペクトルの解析を通じて明らかにすることができる．ここではまず全体を概観した上で基本的な個々の問題を取上げることにする．

　プラズマを対象とする分光を考えた場合，プラズマから放出される光は図 6-1 に示すようにマイクロ波領域から X 線領域まで非常に広い波長範囲にわたっている[6.1]．これまでの分光学上で特に詳細に研究されてきた領域は可視，近紫外領域であり，光子エネルギーにして 2〜5 eV 程度に相当する．これに相当する発光は主に原子・分子の電子励起状態間の遷移によるものである．高温プラズマの場合には電離したイオンからの放出光が多くなり，光子のエネルギーも 10 eV 程度以上となる．波長約 195 nm 以下の紫外光は真空紫外光と呼

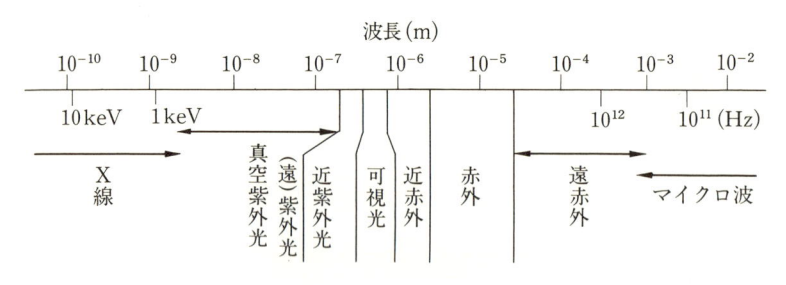

図 6-1 光の分類[6.1].

ばれ，大気中の酸素によって著しく吸収される．このような波長の光を対象とする場合には，分光器内部や光の経路を真空に保つか，酸素の侵入を防ぐために分光器内も含めて光路内に窒素ガスを封入する必要がある．また，半導体などのプラズマプロセスにおいては，分子状ラジカルの挙動の知見が必要となる．これらの測定には，振動回転準位間の遷移を利用することが多いので，赤外光の分光測定が対象となる．

本章では主に可視・近紫外光の分光について説明するが，分光測定によって求めようとする量についても多岐にわたる．様々な励起準位の相対的な分布密度を測定するとき，熱平衡状態が仮定できる場合には電子温度を見積ることができ，さらに，イオンの発光のドップラー広がりからイオン温度を決めることができる．また，第4章でも紹介したように分子の振動温度，回転温度なども導出できる．

分光測定法も第4章，第5章で述べてきたように，プラズマからの発光を分光器によって分析する方法，レーザ光などのプラズマ中での吸収を測定する方法，レーザ光によりあるエネルギー準位に励起し，そこからの蛍光を測定する方法など多岐にわたる．

色々な点で分光測定は広範囲の内容に関係するが，本章では最も基本的であり，かつ利用範囲の広い分光計測法について，これに用いる機器や実際に遭遇する問題点についてのみ，できるだけ具体的に説明する．これらを踏まえることでより高度な分光測定を行えることが期待できる．

6.1.2 分光器の基礎

　分光器は光のスペクトルを測定するための光学装置で，分散素子として回折格子やプリズムを用いた分散型と呼ばれるものと，光の干渉波形をフーリエ変換によって光スペクトルに変換する干渉分光計と呼ばれるものの2種類がある．前者は紫外から赤外領域で用いられるが，後者は赤外領域で使用されることが多い．分解能や波長精度といった分光器の基本性能は，後者のほうが原理的に優れている．機械精度など技術上の問題点が克服されれば，紫外・可視領域でも干渉分光計が用いられるようになると予想される．分散型分光器の代表的な種類をあげれば，プリズム分光器，回折格子分光器などがある．分光器は分光測定の心臓部に相当する重要なものである．干渉分光計としては，光の干渉現象を利用したファブリ-ペロー干渉分光器などもあるが，これらについては文献[6.3]などを参照されたい．

　分散型分光器は観測方法，使用目的によりスペクトルを写真で記録する分光器，スペクトルの強度を測定する分光光度計，1個の射出スリットで十分に狭い波長幅の光を分離するモノクロメータなどに分けられる．本章では特に最も広く用いられることの多い回折格子モノクロメータを中心に説明する．

　回折格子分光器は分散素子として回折格子を用いたもので，回折格子として反射型と透過型とあるが，圧倒的に反射型回折格子が多く用いられている．反射型回折格子は金属の表面にダイヤモンドカッターで微細な刻線を施した機械刻線回折格子，フォトレジストに干渉縞を焼付け製作するホログラフィック回折格子がある．これらオリジナル回折格子を原型とした複製品(レプリカ)が色々な機能をつけて市販されている．

　回折格子はさまざまな方向に光を回折させるので，プリズムなどに比較して暗い．そこで，回折格子からの回折光の強度分布は刻線の溝型に大きく依存するので特定の方向に大部分のエネルギーが回折するように鋸歯状の溝型が用いられている．これをブレーズド回折格子という．これにより回折光のエネルギーの大部分を特定の方向に集中でき，効率の高い分光をすることができる．

　図6-2に回折格子の拡大図を示す．鋸歯状の広い平面と回折格子平面とのな

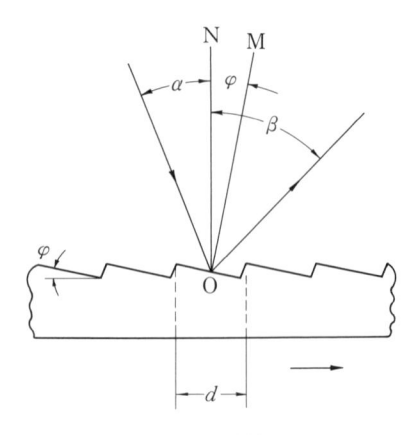

図 6-2 回折格子.

す角度をブレーズ角という．回折格子平面の法線 NO と角度 α で入射してきた光が角度 β で図のように回折する場合を考えると，光の波長 λ との間には

$$\lambda = \frac{2d \sin \varphi}{m} \tag{6.1}$$

の関係がある．ここで，λ は光の波長，d は格子定数，m は整数であり，$m=1$ の波長をブレーズ波長と呼ぶ．例えば，1200 本/mm の回折格子があり，ブレーズ角を 10.4° とすると，ブレーズ波長は 300 nm となる．

一般に，波長 λ の平行光線が格子平面に入射角 α で入射して，回折角 β の方向に回折すると

$$d(\sin \alpha + \sin \beta) = m\lambda \tag{6.2}$$

という関係が成り立つ．ここで，m はスペクトルの次数と呼ばれる．回折光を効率よく分光するには，入射光と回折光が溝の平面で反射の法則を満たすように設定するとよい．

実際の分光器は回折格子，コリメータ，スリットを組合せて構成される[6.4]．図 6-3 は分光器内の光路図の一例を示す．入射スリットを通して入ってきた光はコリメータによって平行光線となり，回折格子（グレーティング）で回折分散する．分散された光のうち出射スリットの方向成分に対応する特定の

§6.1 分光器の原理と基本構成

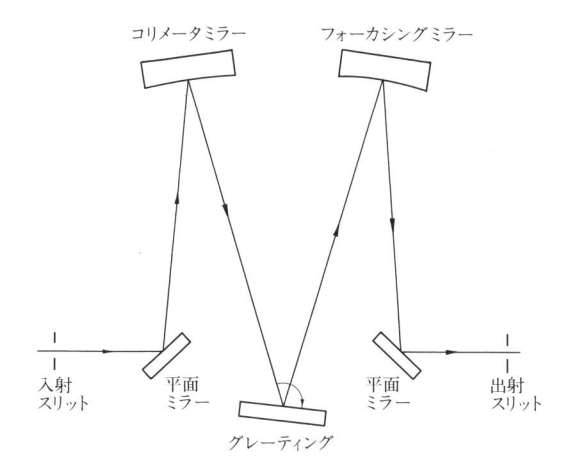

図 6-3 分光器光路図の例[6.4].

波長成分のみが出射スリットから出射され，検出器に達する．一方，光強度は弱くなり，分光測定には高い検出器感度が要求されることになる．スリット幅に対する理論分解能は

$$\text{理論分解能 (nm)} = \text{スリット幅 (mm)} \times \text{理論逆線分散 (nm/mm)} \quad (6.3)$$

で与えられる．逆線分散値とは分散性能を表す量で，波長差 $\Delta\lambda$ の 2 本のスペクトル線が分光器の焦点面上で Δx だけ離れているとすると，$\Delta\lambda/\Delta x$ を逆線分散という．図 6-4 に焦点距離 250 mm の分光器を例にして逆線分散値の例を示す．図に示すように波長によって逆線分散値は変化する．図 6-5 はスリット幅の変化に対する理論分解能と実測分解能の例である．

スリット幅を狭めれば分解能は高くなるが，検出器に達する光量は減少する．実際の分光測定などにおいて，測定したスペクトルがノイズと同レベルに微弱な場合において，すぐ隣接して他のスペクトルが存在しなければ，スリット幅を広げ分解能を犠牲にすれば，ノイズと比較して十分な光強度で観測できる．正確に分解能を知る必要がある場合には，輝線スペクトルランプを利用して実測するとよい．一般に低気圧放電を利用したランプでは，スペクトルの広がりは主にドップラー広がりであり，温度にもよるが 0.5 GHz 程度であるの

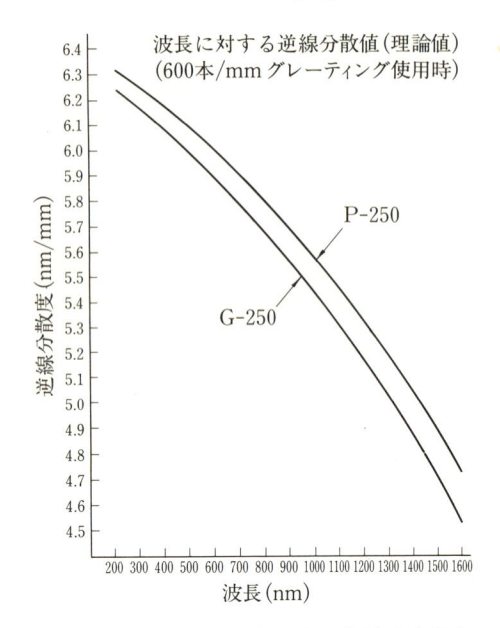

図 6-4 逆線分散値と波長の関係[6.4]．日本光学工業株式会社製モノクロメータ G-250（Czerny-Turner 型），P-250（放物面光学系）の例．

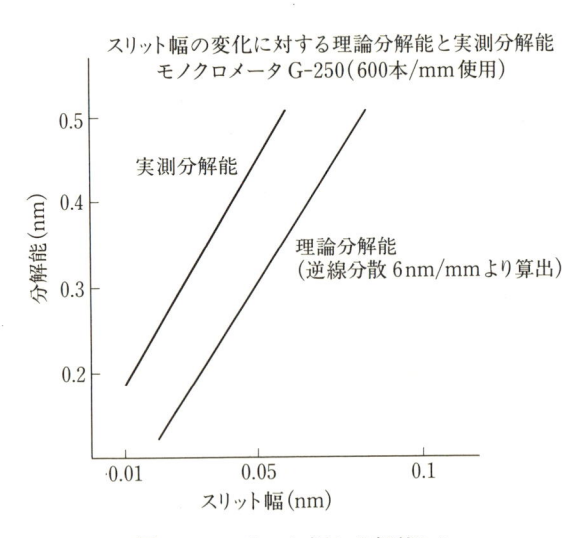

図 6-5 スリット幅と分解能[6.4]．

§6.1 分光器の原理と基本構成

で，可視光の周波数は 10^{15} Hz 程度であることを考慮すれば，ほとんど線スペクトルとみなせる．

　回折格子を用いた分光器の分光効率は波長に対して一定でなく大きく変化する．原因の大部分は回折格子の回折光効率にある．使用する波長領域で効率よく測定を行うには適当な回折格子を選択する必要がある．図 6-6 には回折格子の違いによる回折光効率の変化の例を示した．回折光効率の最大値を示す波長を，前述のように，ブレーズ波長と呼ぶ．短波長側を特に調べたければブレーズ波長が短波長側にある回折格子を選択すればよい．また，1 つの回折格子を用いて，異なる 2 つの波長のスペクトル強度を比較する必要が分光測定ではよくあるが，このような場合には回折光効率の違いも，光検出器感度の波長依存性の他に考慮する必要がある．また，回折格子分光器の規格のひとつに焦点距離が記載されているが，これは回折格子で回折された光がどの程度の距離の位置に焦点を結ぶかを表している．波長の違いで分散される角度が異なってくるが，より遠くの位置でスリットなどで選択して観測するならば，より細かく波長別に分解されるので，一般に焦点距離の長い分光器ほど高い分解能を持つことになる．

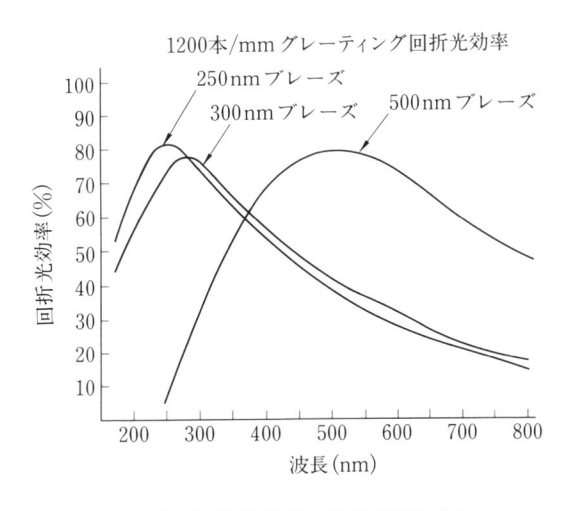

図 6-6　回折光効率の波長依存性[6.4]．

回折格子分光器のうちでダブルモノクロメータと呼ばれるものがある．これは名前の示すように2つ（あるいは3つ）の回折格子を用いており，特に迷光を極端に軽減できる特徴を持つ．迷光とは，分光器内部を予期しない光路を経て出射スリット側に出てくる光であり，測定可能限界の下限を制約するひとつの要因である．例えば，迷光の大きさは入射光に対して，普通の回折格子分光器では 10^{-3}〜10^{-4} 程度の割合であるのに対してダブルモノクロメータでは 10^{-8} 程度の割合となり，かなりの改善が期待できる．

実際の使用にあたって注意することのひとつに，高次スペクトルも同時に観測してしまう場合があるということがあげられる．広い波長範囲の光を含む光源を分光する場合に，出射スリットからは一次のスペクトルの他に二次，三次など高次のスペクトルが同時に出てくる．例えば分光器の目盛を 700 nm にしたとき，350 nm の二次のスペクトルも同時に観測してしまうことにも注意したい．例えば，光源波長範囲 320〜1600 nm，測定波長範囲 400〜700 nm の場合を考えてみよう．測定波長 640 nm より短波長側では問題はないが，640 nm より長波長側では 320 nm 以上の光の二次スペクトルが同時に出射スリットに出てくる．したがって，長波長側を測定する場合には，640 nm 以下のスペクトルを遮断するフィルターを使用することで，このようなことを回避する必要がある．

6.1.3 基本的な発光分光測定システム

プラズマの発光分光測定の基本的なシステムを図 6-7 に示す．プラズマから放射された光は集光系によって集光され分光器の入射スリットに導入される．

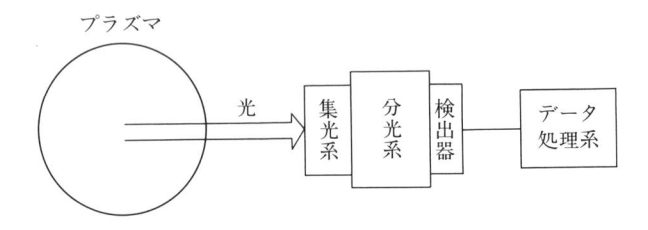

図 6-7 分光測定システムの概念図．

§6.1 分光器の原理と基本構成

可視・紫外光を対象とする場合，集光には一般にレンズが用いられる．分光器を通して分光し出射スリットから出てきた各波長の光は光電変換素子などの検出器によって電気信号に変換され，データ処理系を経て処理記録される．

　プラズマの局所的な発光を分光する際に，最近は光ファイバーケーブルがよく用いられる．プラズマからの発光の空間分布を測定する際にも光ファイバーと適当なレンズを組合せることで，光ファイバーのフレキシビリティーを利用して手軽で扱いやすい．注意すべき点は光ファイバーの分光損失特性である．特に短波長側で損失の大きなものもあるので光ファイバーの選択にあたっては分光特性を知った上で準備する必要がある．

　光ファイバーは誘電体による光導波路であり，コアと呼ばれる中心付近の屈折率の高い部分とクラッドと呼ばれる周辺の屈折率の低い部分の境界で全反射をくり返しつつ，コアの中を光が伝搬する．光通信などのために光ファイバーに関する研究開発は盛んに進められ，現在では $0.2\,\mathrm{dB/km}$ といった極低損失のファイバーも得られている．光ファイバーの材料は大きく分けてガラス，プラスチック，液体があげられる．ガラスファイバーは石英系ガラスファイバーと多成分系ガラスファイバーに分類される．通信用としては損失の少ない石英系ガラスファイバーが主に使われており，分光計測にも他のものに比較して近紫外の透過特性が優れているのでよく使われる．プラスチックファイバーは安価であることから照明用に用いられたりするが，特に低損失を必要としない場合には分光計測の一部に用いることも可能である．ガラスファイバーの直径は $0.1\sim0.3\,\mathrm{mm}$，プラスチックファイバーの直径は $0.5\sim1\,\mathrm{mm}$ 程度である．また，最近市販されるようになった液体ファイバーは高い光エネルギー密度を伝送できることが特徴で，光源装置の出力端に用いられたりしている．

　分光計測系には集光などの目的のためにレンズが使われる．分光測定に用いる場合には材質による種々の波長の透過特性も気をつけなければならない．通常の可視光を対象とする場合には，さほど注意をしなくてもよいが，紫外光や赤外光を対象とする場合には気をつけよう．紫外光に対しては溶融石英を材料とするレンズなどを用いる必要があるのに対して，赤外光の場合にはこの波長域の透過特性に優れている材料で作られたレンズが必要となる．赤外光をよく

透過させる材料としては，NaCl 単結晶，KBr，ZnSe といったかなり特別な材料を必要とする．NaCl は潮解性があるので取扱いが面倒であるし，ZnSe は赤外光も透過させるが可視光もある程度透過させるので光学部品の位置決めなどがしやすいが，毒物であるのでこれも取扱いに注意を要する．このようなことから，赤外波長域では集光をさせる場合にはレンズよりも凹面鏡などがよく用いられる．

§6.2　分光器使用の実際

6.2.1　スペクトルの同定・解析[6.5]

　計測に用いる分光システムにも依存するが，スペクトルの同定を行うためには，あらかじめどの波長のスペクトルがレコーダーあるいはコンピュータディスプレー上のどの位置に現れるかを確認しておくことは最低限必要なことである．分光器には通常波長を表す目盛が付いているが，おおよその目安を与える程度であることが多い．また，最近ではコンピュータ制御の分光器も多く使われているが，やはり波長の較正は不可欠である．あらかじめ波長が既知である複数のスペクトルを観測し，同じ計測システムで被測定対象プラズマの放出光を観測し，これらを比較すると調べたいスペクトルの波長を正確に知ることができる．

　プラズマ中の原子から放出されるスペクトルはある規則性を持つ線スペクトルである．原子は原子核を中心として，周囲に電子が運動しているわけであるが，この電子のエネルギー状態の変化にともなうスペクトルを放出する．一方，分子ガスから放出されるスペクトルは，可視域付近では，分子の電子励起状態間の遷移ではあるが，さらにそれぞれの電子励起状態の分子は振動励起や回転励起も付加されるので，複雑になり，種々の準位からのほぼ連続したいわゆるバンドスペクトルとなる（図 6-8 参照）．一般にプラズマからの発光は，たとえ分子ガスだけを封入した放電でも，すぐに解離生成物が作られるので，原子からの発光もともなうことが多い．

§6.2 分光器使用の実際

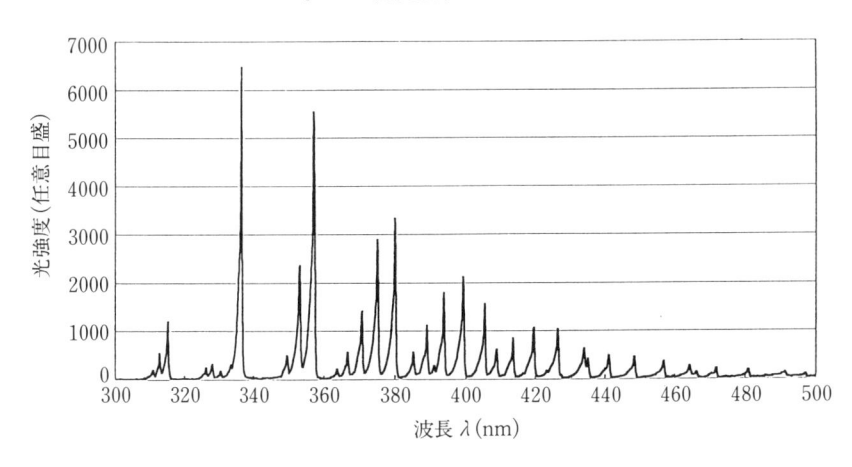

図 6-8 窒素分子の低気圧グロー放電プラズマからの発光.
マルチチャンネル分光システム(浜松ホトニクス社製 PMA-50)にて測定.

　個々のスペクトルを吟味するには，これまでの研究で集積されたスペクトル表を手元に置き，解析を進めなければならない．そのためには，原子スペクトルについては，H〜Uまでのほとんどすべての元素について，1000〜200 nm の主なスペクトルの波長とアーク，スパーク，放電(低圧放電の意味)時の放出光の強度について記述してある MIT 波長[6.6]が信頼できる文献のひとつである．放電状態によって各種スペクトル強度が異なる理由は，主に電子衝突励起に関与するプラズマ中の電子の平均エネルギーが異なるためである．0.1 nm あたり平均14本ものスペクトルが載っている．また，分子スペクトルについては，"The Identification of Molecular Spectra"[6.7]がある．波長順に種々の分子のバンドヘッド(Band head)の波長，シェイド(Shade)の方向，外見の特徴などが記述されている．バンドヘッドの波長とは，図 6-8 に示した N_2 分子からの発光スペクトルを例として説明すれば，窒素分子は電子励起状態の振動回転準位から下のエネルギー準位へ遷移する際に光放出をするのであるが，多くの隣接するスペクトルからなっている．分光器の分解能が十分に高ければ多くの線スペクトルの集まりが観測されるはずであるが，実際にはこれらが重なり合って図のように観測される．数 nm の幅で何本かのピークが見られるが，

このひとかたまりのうちスペクトルが密集して最も高いピークの波長をバンドヘッドの波長という．ひとつのピークは実は多くの回転準位からのスペクトルの集まりであるが，シェイドの方向とはこれらが短波長側に尾を引くか長波長側に尾を引くかをシェイドの方向と呼んでいる．

　実際に実験によって得られるスペクトルの波長の決定法について述べる．一般にはグラフ用紙を使って，測定したスペクトルの波長の決定や再確認を行うことができる．すなわちグラフ用紙の縦軸には図6-9に示すように分光測定によって得たスペクトルを貼りつけ，前述の波長表などによって明確に確認できるいくつかのスペクトルの波長を書き入れ，横軸には観測範囲の波長を等間隔で目盛る．既知のスペクトルから横軸に平行に線を引き，横軸の該当波長の目盛位置から縦軸に平行に線を引き，両者の交点に印をつける．この作業を何点か行うと，交点はほぼ直線的に並ぶ．もし，この線から大きくずれる交点があれば，既知と思っていたスペクトルを取り違えていることになる．このように

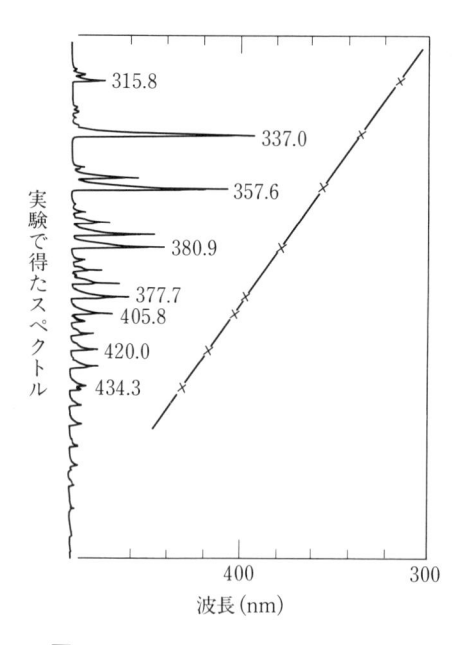

図6-9　窒素のスペクトルと分散曲線．

して得られた交点を結ぶ滑らかな曲線(回折格子分光器ではほぼ直線)を利用して，既知のスペクトルの間にある未知のスペクトルの波長が，このスペクトルから横線に平行な線を引き，曲線との交点から縦軸に平行に横軸まで線を引くことで求まる．求まった波長と前述の波長表から何の原子の発光であるかがわかる．最近では，分光器とコンピュータを組合せて分光測定が行える簡便なシステムも多く市販されているが，分光器内部の回折格子などの微妙な機械的なずれも大きく影響するので基本に忠実に作業をする必要もある．

このようにして，スペクトルの波長が同定されれば，プラズマ内の情報を解析することができる．すなわち，スペクトルの強度から励起粒子の相対的な密度，2つのスペクトルの強度比からは励起温度(あるいは電子温度)，スペクトル形状からドップラー広がりを考えて温度といった物理量が，第4章，第5章に記述した方法で決定することができる．

6.2.2 光検出器

分光器によって得たスペクトルは，従来は写真乾板などに記録することが行われていたが，現在ではほとんど受光素子を用いて電気信号として記録される．光-電気変換素子にも多くの種類があり，代表的なものとして，電子管に分類されるもの，半導体素子に分類されるもの，さらにこれらとは異なる分類に入るものがあるが，それらをまとめて表6-1に示す．

表 6-1 光検出器一覧．

		波長域	特徴
電子管	光電子増倍管 光電管	紫外-近赤外	超高感度 高速応答 高速応答，低ノイズ，優れた直線性
半導体	フォトダイオード 赤外フォトダイオード CCDイメージセンサ	紫外-可視 赤外 紫外-可視	小型，ラインセンサ，堅牢 小型，ラインセンサ，堅牢 イメージセンサ
その他	熱電型検出素子		波長依存性なし 低応答速度 低感度

電子管の種類では，まず最もよく使われる高感度の光電子増倍管があげられる．これは受光素子の中で極めて高感度，高速応答性を持つ検出器である．円柱状の電子管の上面から光を取込むヘッドオン型光電子増倍管と，円柱の側面から光を取込むサイドオン型光電子増倍管の2種類に大別される．図6-10にはヘッドオン型光電子増倍管の構造を示す．陰極(光電面)，集束電極，電子増倍部，陽極のすべてを真空容器内に収めたものであるが，光が光電面に入射すると光電子が発生し，電子増倍部で二次電子放出により多段階の電子増倍が行われ，陽極で増倍された電子を集め電気信号とする．紫外，可視，近視外光の測定に用いられる．また，光電子増倍管の分光感度特性は，光電面の材料と入射光の通過する増倍管の窓材料の特性に大きく左右される．

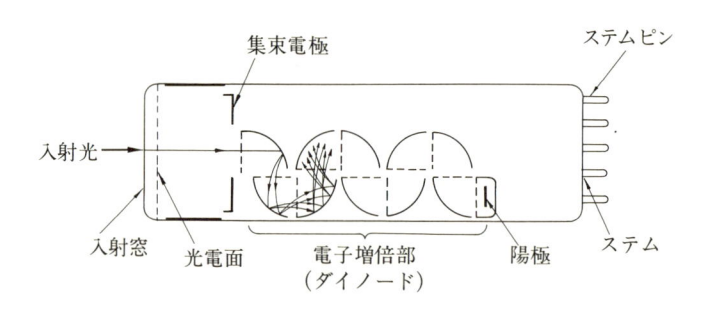

図 6-10 ヘッドオン型光電子増倍管[6.8]．

光電子増倍管とは別に光電管と呼ばれるものもある．これは光電効果による光電子放出を利用した二極電子管で，光強度などの測定に用いられる．入射光束に対して良好な直線性を持つことが優れているが，現在ではあまり使用されず，固体の光検出器に置き換えられつつある．

以上の電子管方式のほかに，半導体関連の技術開発が盛んになって多くの半導体受光素子が使われるようになってきた．フォトダイオードは半導体のPN接合に光が入射すると電圧を発生する光起電力効果を利用した受光素子である．S/N，応答速度，直線性が改善され分析機器にも使われるようになった．主な特徴は，応答速度が速く，光電変換直線性が優れている点があげられる．また，暗電流が少なく，感度波長範囲が広い，機械的強度に優れるなどの点が

特徴である．Si, SiPIN, GaAsP, GaP など紫外〜近赤外用のものと，Ge, InAs, InSb などの赤外光用のものなどがある．

最近では半導体素子を一次元あるいは二次元状に並べた各種イメージセンサもよく使われるようになった．イメージセンサはマルチチャンネル分光システムなどに多用されている．それらのいくつかについて説明しよう[6.8]．MOS 型の検出器としては N-MOS リニアイメージセンサ，C-MOS リニアイメージセンサがある．いずれも 128 個から 1024 個の素子を直線状に並べたものであり，一次元のイメージをとらえることができる．それぞれについて特徴をあげれば，N-MOS リニアイメージセンサは優れた出力直線性を持ち，一つ一つの素子の性能が均一であるユニフォミティが優れている．そのため，マルチチャンネル分光測光などの精密測光に適している．一方，C-MOS リニアイメージセンサは光検出器としての性能は N-MOS リニアイメージセンサに比較してやや劣るが，IC の生産技術を生かして読み出し用 C-MOS 信号処理回路を内蔵するなどして，外付けの信号処理回路の構成を簡単にでき，5 V 単一電源で駆動することが可能なため，取扱いが容易である．主な用途としては簡易分光測光などに用いられる．

微弱光測光用イメージセンサとしては CCD エリアイメージセンサがある．これは CCD 素子を光検出器とする二次元のイメージセンサである．表面入射型 CCD エリアイメージセンサおよび裏面入射型 CCD エリアイメージセンサの 2 種類が市販されている．表面入射型 CCD エリアイメージセンサは一般のビデオカメラに使用されるインターライン型 CCD とは異なるフルフレームトランスファ(FFT)型 CCD と呼ばれている素子を用いている．100%が有効受光面となっており，微弱光を高感度に検出する用途に適する．一方の裏面入射型 CCD エリアイメージセンサは 90%以上という高い量子効率と紫外域での高感度を特徴とする微弱光検出用イメージセンサであり，同様に微弱光測光，蛍光分光などに用いられる．

その他，イメージセンサとしてはアンプ付きフォトダイオードアレイ，InGaAs リニアイメージセンサがあげられる．アンプ付きフォトダイオードアレイは信号処理回路などを持ち，シンチレータとの組合せにより，X 線の検出

などに利用される．InGaAs リニアイメージセンサは近赤外用イメージセンサで，128，256 素子の InGaAs PIN フォトダイオードアレイと C-MOS 信号処理 IC を一体化したものである．ダイオード部を電子冷却したタイプの製品もある．主な用途は近赤外マルチチャンネル分光測光などに使われる．

　また赤外域の光検出用の検出器には，InAs 光起電力素子，InSb 光起電力素子，MCT(HgCdTe)光導電素子，PbS および PbSe 光導電素子などがある．InAs 光起電力素子，InSb 光起電力素子は Ge および InGaAs フォトダイオードと同じく PN 接合を持った光起電力素子で，感度波長範囲は 1～4 μm である．応答速度が速く，S/N がよいという特徴を持っている．主な用途は分光光度計などに使われる．PbS，PbSe 光導電素子は赤外線の入射により抵抗値が減少する光導電効果を利用した半導体素子であるが，同じ波長域の他の検出素子と比べて感度が高く，室温動作が可能なため広く利用されている．MCT(HgCdTe) 光導電素子は，PbS，PbSe 光導電素子と同様に赤外線の入射による抵抗値減少を利用した半導体素子である．MCT 結晶は HgTe と CdTe の組成比を変えることによってエネルギーギャップを変えることができ，種々の分光感度を持った検出素子を作ることが可能である．

6.2.3　光電子増倍管の利用

　最も利用されることの多い光検出器である光電子増倍管の実際的な問題について，いくつかの事項に触れておく．前述のように，光電子増倍管は入射光が側面から入るサイドオン型と，電子管の頭部から入るヘッドオン型に大きく分けられる．サイドオン型は反射型光電面が用いられて比較的安価で高い増倍率が得られる．一方ヘッドオン型は透過型光電面が採用され，この光電面は入射窓の内側になる．ヘッドオン型は構造上感度の均一性が優れている特徴を持ち，受光面の広さは $10\ \mathrm{mm}^2$〜$100\ \mathrm{cm}^2$ にも及ぶものが作られている．

　光電面で光が電子に変換されるが，変換効率(陰極感度)は入射光の波長に依存する．陰極効率と入射光の波長の関係を分光感度特性と呼ぶ．この特性の長波長側は光電面の材料によって決まるが，短波長側は入射窓の材料によって決まる．

§6.2 分光器使用の実際

特性に大きく影響する窓材料には，主に4種類の材料が使われている．それぞれについて，以下のような特徴がある．硼硅酸ガラス：最もよく使用される材料で近赤外から約300 nmまでの光を透過する．UV透過ガラス：名前の示すとおり約185 nmまでの紫外光を透過させ，硼硅酸ガラスと同じ程度よく使用される．合成石英：約160 nmまでの紫外光を透過する．石英の膨張率はバルブのステムの膨張率と大きく異なるのでガラス部分と段つぎを行っている．このため機械ショックに弱い欠点を持つ．MgF_2：ハロゲン化アルカリは紫外光の透過性が優れているが，潮解性がある欠点を持つ．MgF_2は中でも潮解性がかなり低く実用的な窓材である．115 nmまでの紫外線をよく透す．窓材料は主に短波長側の限界を決め，陰極材料は長波長側の限界を制限する．特に，長波長側での感度を上げた材料を用いた場合には，光電子増倍管を常温で用いると熱的に発生する暗電流が大きい欠点があるが，このような場合には光電子増倍管を冷却して用いたりする．

暗電流とは光電子増倍管に入射する光が全くない状態でも出力される微小な電流のことである．この値が光電子増倍管の検出能力の下限を規定するので重要である．また，この暗電流は印加電圧が増加すると指数関数的に増加する．光電面や電子増倍を行うダイノードに用いられている材料は非常に仕事関数の小さな材料が使われているので，常温でもわずかな熱電子放出を行っている．これが暗電流の原因の第1にあげられる．したがって，光電面を冷却しながら光電子増倍管を用いることは，熱電子放出を押さえる意味で有効な方法となる．次に考えられる原因は残留ガスのイオン化である．光電子増倍管の中にわずかに残存する気体が電子と衝突し電離され，生成されたイオンがダイノードに衝突し二次電子を発生し，ノイズパルスが発生するという機構がある．次に考えられる原因は電子管周囲のガラスの発光がある．光電子増倍管の内部で本来の電子軌道から逸脱した電子が周囲のガラスにあたり発光を引き起こし，これがノイズとなる場合がある．これに対しては，ガラスの内側に導電性のコーティングを施し，光電面と同電位にすることで軽減が図られている．次に考えられる原因は漏洩電流である．光電子増倍管のソケットやステムを通して微弱な電流が流れる．これを防ぐにはこれらの部分を十分清浄に保つ必要がある．

光電子増倍管を低温状態，低電圧で動作させている場合の暗電流のほとんどは，これが原因であるといわれている．

各種の分光測定において光電子増倍管に要求される性能について考えてみよう．測定のタイプを光の吸収測定，散乱光測定，蛍光測光，発光分光測定などといくつかに分類する．それぞれの場合にどのような性能が要求されるのであろうか．吸収測定においては，どの波長の光が吸収されたか調べるため，光の波長を連続的に変えながら試料に照射し，光がプラズマに入る前とプラズマから出たあとの光の強さを光電子増倍管で比較するが，光電子増倍管には，幅広い分光感度特性，高い安定性，少ない暗電流，高い量子効率，良好なヒステリシス特性といった性能が要求される．量子効率とは光電面から出てくる光電子数を入射光子数で割った値で％で表される．ヒステリシスとは光電子増倍管に印加する電圧を変化させたり，光が入射したりすると適正な出力に達するまで数秒間にわたって，出力が変動することをいう．これは軌道を外れた電子が電極支柱や管壁を帯電させることによる現象である．メーカーはそれぞれある程度の対策を施してはいるが用途によっては問題となる．

散乱光測定にはレーザレーダなどが用いられる．これは光源であるレーザ光の特徴を活かし，高精度の測距，エアロゾルの散乱を利用した大気観測などに用いられるものであるが，パルスレーザが多いので，高速時間応答特性，さらに微弱光の測定となるので，少ないダークカウントと高利得といった性能が要求される．蛍光測光としては，例えばLIF測定などにおいて上述と同様，高速時間応答特性，少ないダークカウントと高利得といった性能が要求される．

高温高密度プラズマの分光測定でも，トムソン散乱，ドップラー効果を利用した電子密度・電子温度計測システムに光電子増倍管が使用されている．さらには，弱電離プラズマの解離生成物の測定や分子の振動温度や回転温度の測定にも利用されている．このような測定においては微弱光検出能力が高いこと，高い量子効率，ゲート動作可能といった性能が要求される．

このように利用する目的によって様々な性能が必要であるが，メーカーは多くの種類の光電子増倍管を作っており，その中から使用目的に合致する製品を選択することになる．

6.2.4 マルチチャンネル分光システム

　従来の分光計測では分光器（この場合にはモノクロメータ）によってある特定の波長のみを選び出し，その強度を光検出器により電気信号として記録し，回折格子などの分散素子の光路に対する角度を徐々に変化し，異なる波長の光強度を記録するということのくり返しによって，各波長に対する光強度を測定していた．この方法では計測を完了するまでにある程度の時間を要し手間どる．ある波長範囲のスペクトルのすべてを同時に観測できれば便利である．従来の光検出として写真乾板を用いる方法はマルチチャンネル分光のひとつといえるが，写真の濃度から光強度に変換することは手間がかかるし，くり返し操作も簡単ではない．ボタンひとつで，ある波長範囲のスペクトルが瞬時に測定できれば便利である．このような目的でCCD素子あるいはリニアイメージセンサと電子回路，パーソナルコンピュータを組合せたマルチチャンネル分光システムが市販されている．

　図6-11にはマルチチャンネル分光システムの構成図の例を示す．入射スリットを通って分光器内に入った被測定光は，回折格子（グレーティング）により分散される．モノクロメータでは出射側にスリットを設け，特定の波長の光のみを出射し光検出していたが，マルチチャンネル分光システムでは出射スリッ

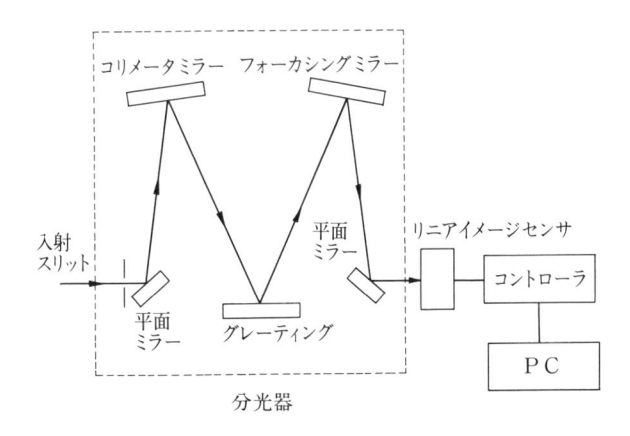

図6-11　マルチチャンネル分光システム．

トは設けず，この位置に例えばフォトダイオードを直線状に多数並べたリニアイメージセンサをおく．このようにすると個々のフォトダイオードはダイオードの位置で決まる特定の波長の光のみを電気信号へと変換する．すべてのフォトダイオードの信号を集め，パーソナルコンピュータで再構成することで，ある波長範囲のスペクトル強度分布を得ることができる．この図では直線状に並べたフォトダイオードの部分をリニアイメージセンサと呼んでいる．

リニアイメージセンサは前述のように，ひとつの半導体集積回路内にフォトダイオードやCCD素子を512個あるいは1024個を直線状に並べたワンチップとして作られ市販されている．紫外～可視域ではMOSリニアイメージセンサ，可視域ではCCDイメージセンサ，近赤外域ではInGaAsリニアイメージセンサ[6.8]などがある．

時間的に変化するプラズマを計測する必要がある場合には，時間分解計測を行う．上述の方法を採用した場合，リニアイメージセンサからデータを読み込むため数10 msecの時間を要する．したがって，より高速の時間分解測定が必要な場合には，6.2.5に記した高速時間分解計測法などの工夫を行うか，測定対象がくり返し現象である場合には，ゲート回路などの電子回路を用いて，例えば放電開始から順次データを取込むタイミングを変化させながら，くり返し測定によって時間経過を追うようにする．

6.2.5　超高速時間分解分光システム

時間的に変化するプラズマを計測する必要がある場合には，時間スケールの程度に応じてシステムの工夫がいる．例えば，くり返し現象であるプラズマの変化をとらえるのであれば，ゲート回路を組合せ，前項6.2.4のマルチチャンネル分光システムでも対応できるが，単発の現象を問題にしたり，ピコ秒スケールの時間分解測定をする場合には，どうしても特別の工夫が必要になってくる．

ここで紹介する超高速時間分解分光システムとは，分光器とストリークカメラを組合せたシステムである．さらに，ストリークカメラの出力はパーソナルコンピュータで解析される．システム構成の概略図を図6-12に示す．

§6.2 分光器使用の実際

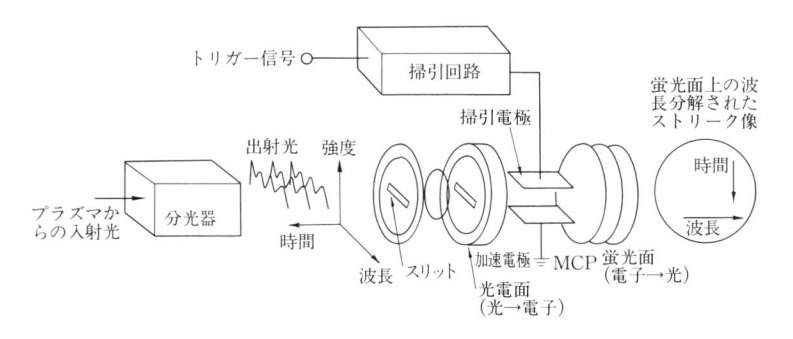

図 6-12 超高速時間分解分光システム．

まず，ストリークカメラについて説明をしよう．これはマイクロ秒からピコ秒程度の高速光現象を観測する装置で，電子的な流しカメラということもできる．図 6-12 で説明すれば，水平方向のスリットから入射した光は光電面で電子に変換される．この電子は加速電極で加速され，右端手前の蛍光面に向かう．その間に掃引電極間を通過し，この電極に加えられた時間的に増大する電位差により電子流は偏向を受ける．微弱な電子流はマイクロチャンネルプレートにより増倍され蛍光面に衝突し，光に変換される．この光は CCD 受光素子などにより電気信号に変換され，コンピュータで解析される．つまり，CCD の受光面の上端から下端にわたって，時々刻々と変化する光情報が記録されていることになる．より高速な掃引のためには，掃引電極に加える三角波の立上がりを速くすることで実現される．現在のところ最小時間分解は 0.5×10^{-12} 秒程度である．

分光測定に用いるには，プラズマからの発光を回折格子分光器に入射し，本来の出射に設けられたスリットを取り除けば，例えば水平方向に波長分解された光が出てくる．これをストリークカメラに導けば，波長分解された光の時間分解像が記録できる(**図 6-13**)．

例えば，ヒューズに過大電流が流れ溶断する瞬間にアーク放電の発光をともなう．このアーク現象の解明と制御は遮断特性の優れたヒューズの開発にとって重要な関心事となっている．ストリークカメラを用いたマルチチャンネル分

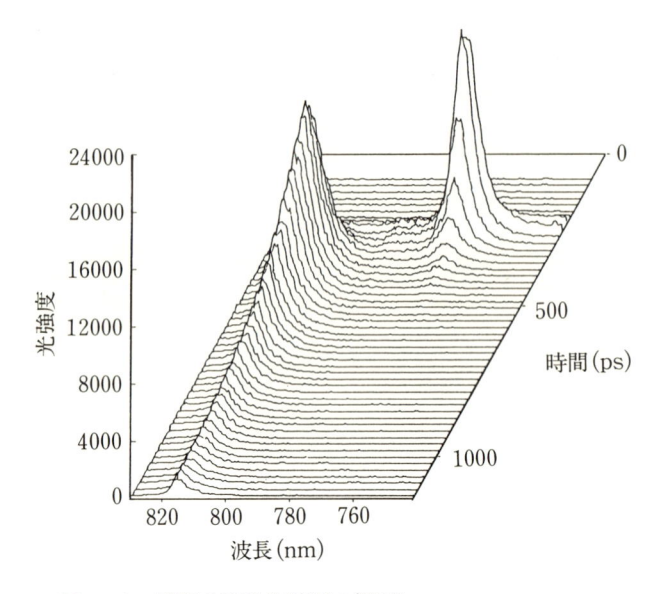

図 6-13　時間分解分光計測の例[6.9].
　　　　色素レーザ励起 AlGaAs 蛍光スペクトル測定.

光システムを用いれば，このような単発現象で生成されたプラズマの時間分解測定が容易に行える．溶断アークプラズマ中の測定で，粒子種，分子の振動温度や回転温度，電子温度などに関する情報が得られ研究に大いに役立つことが報告されている[6.10]．

6.2.6　フォトンカウンティング[6.8]

極微弱光測定法としてフォトンカウンティング法が開発され，天文測光，化学発光測定，生物発光測定などに利用されてきた．プラズマ関係ではアフタグロープラズマの測定などに利用される．ここではフォトンカウンティング法について説明する．光電子増倍管の光電面に多くの光子が入射する場合，出力パルスは図 6-14(a).のように密集したパルスとなり，結果的には図 6-14(b)のように，ゆらぎを持った直流の出力電流が得られ，この値から光の強度を判断する．光電子増倍管への入射光強度をどんどん弱くしていくと，光電子増倍管

§6.2 分光器使用の実際

からの出力パルスは図 **6-15** に示すようにパルス間隔が広がり，離散的なパルスとなる．このような状態では，これらを平均して電流値を計測するより，パルス数をカウントする方が S/N 比や安定性の点で優れている．このように光パルスをカウントする方法をフォトンカウンティング法という．

(a)

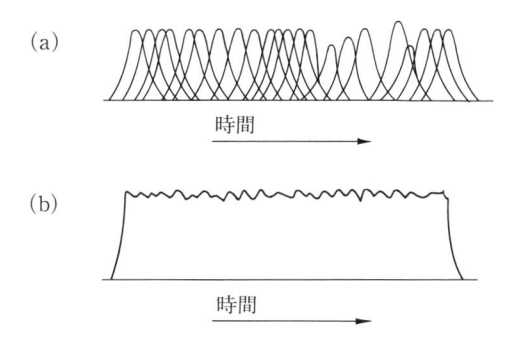

(b)

図 6-14 光電子増倍管の出力（多数光子入射時）．
(a)出力パルス，(b)平均化出力．

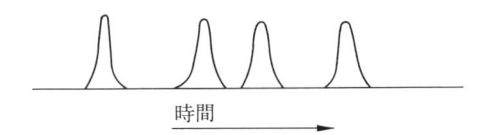

図 6-15 光電子増倍管の離散パルス出力(少数光子入射時)．

しかし，単純にパルスをカウントするだけでは正確な測定はできない．その理由は，光電子増倍管などでは，前述のように，たとえ光の入射がなくても，暗電流による振幅の小さいパルス(ダークカウント)が多数存在する．また不定期に入射する宇宙線によって発生する振幅の大きな宇宙線パルスが存在するため，これらとの区別がつかないからである．そこで光電子増倍管の出力パルスの波高分布を考慮して，図 **6-16** に示すように LLD(下限)と ULD(上限)の間に入る振幅のパルスのみをカウントすることで，計測に不必要な雑音成分を取り除き正確な測光ができる．この基準内のパルスのみを選び出す電子回路部は

ディスクリミネータと呼ばれる．以上のように雑音成分を取り除き，微弱光の計測ができる方法をフォトンカウンティングと呼んでいる．

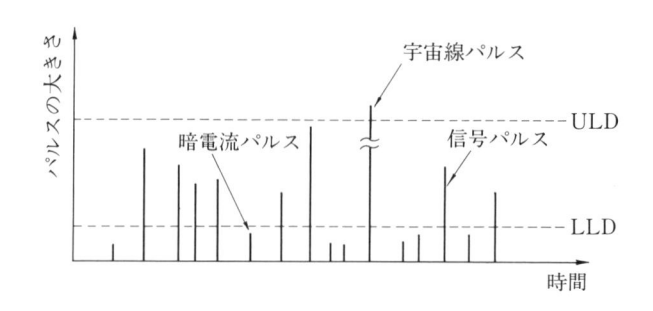

図 6-16 光電子増倍管の出力パルスとディスクリミネーションレベル．

§6.3 分光計測のトラブル対策

分光計測を十分に行うには周囲の状況をある程度整えることが必要である．最も一般的なことは外光の侵入であるが，可視域の計測では，肉眼によってその存在をかなりの程度認識できるので，研究室の窓に暗幕を設置することや暗室を使うことでほぼ解決できる．実際に測定を始めてみると，大きく分けて2つの要因によって，十分なデータをとることができないことにしばしば出会う．その1つは外来電波ノイズである．分光計測では微弱な電気信号を取扱う場合が多いが，電源ラインを経由したり空中を伝播して外来電波ノイズが計測用電子回路に入り込み，計測を乱す．2つめは使用機器の振動である．特に干渉計を用いた計測では深刻である．光の波長を考えると扱う寸法はnm以下であるため，研究室の床を伝わる極微弱な振動が光学系に伝わったり，真空ポンプの回転による振動や人の移動による振動のために，安定した測定ができない場合がある．ここでは，主にこの2点について解決のヒントを述べる．

6.3.1 電磁シールドルーム

プラズマの分光計測を行う際に，極めて安定した計測環境を提供する仕組み

は電磁シールドルームである．プラズマの生成のためには，高周波電源，マイクロ波電源，パルス電源，直流高電圧電源が必ずといってよいほど使われ，その電力も数10 W〜数kW，場合によってはそれ以上の電力の電磁波を扱っている．これらの供給電力はプラズマの状態によって反射され，空中に放射され，計測機器にとっては極めて悪い状態がもたらされる．たとえ直流放電によって生成したプラズマであっても，プラズマの性質上多くの不安定性を持ち，様々な電磁波を放射しており，これが微小信号を扱う電子回路に入り込む．

さらに，多くの場合，プラズマの実験室だけが孤立して建っていることはまれで，隣接して多くの実験室があるのが一般的な状況である．他の実験室からもノイズは伝播し，例えばモーター関係，高電圧関係，大気浄化関係の実験室の多くは電磁ノイズの発生源である．

より一般的でどこにでもある電気製品である蛍光灯も，あるいは，最近多くなったパーソナルコンピュータも電磁ノイズの発生源であるし，室内に張りめぐらされているLANケーブルも発生源である．

これらの電磁ノイズが空間を伝播して悪影響を与える場合もあるが，忘れてならないのはAC 100 Vの商用電源を伝わって計測機器に入り込む場合も多いことである．

以上のような電磁的なノイズの影響から分光計測機器を回避させるのに最も有効な手段は，測定装置を電磁シールドルーム内に設置することである．もちろん計測器に供給される電力も十分なラインフィルターを介して注意深く導入されることが必要である．最近の分光システムはコンピュータでデータを解析するケースが多いが，コンピュータからの電磁ノイズが問題となる場合には，コンピュータはシールドルーム外に設置する方がよい場合もある．

製品としてはGHzオーダーまでの電磁波に対して効果的なシールドルームが市販されているが，費用的に高価であることが難点である．原理的にはいわゆる静電シールドを行えばよいので，アルミ板とベニヤ板によって手作りでもシールドルームは作れ，かなりの効果が期待できる．

6.3.2 分光システムの防振

　分光システムが機械的に振動を受けると安定した計測の妨げとなる．特に干渉計を用いた測定においては nm 以下の光学部品の位置変化が大きな影響を及ぼす．この程度の振動を人体は感じないが，どうしても取り除くことが必要なことがある．気体レーザの両端の反射鏡もファブリ-ペロー型共振器を構成しているわけであるが，鏡に微小な振動が加われば発振モードが変化してしまう．6.2.5 で述べた超高速時間分光システムなどにおいては，分光器部とストリークカメラは機械的には比較的簡単な結合で定盤上に並べられるが，これらの位置関係が振動により変化すれば，時間軸や波長軸にずれを起こしてしまう．

　プラズマ関係の実験室においては，真空装置に必要なロータリーポンプ，メカニカルブースターポンプなど重量が大きく，高速で回転する機械が多く，振動に関する環境は極めて悪い状態と考えられる．

　回折格子分光器 1 台のみを用いるような計測では問題とならない場合が多いが，計測システム全体を除振する必要にはしばしば出会う．対策のひとつは主な振動の発生源である真空ポンプ類の振動を床に伝えないようにすることが考えられる．そのためには真空ポンプと床の間に防振ゴムや空気ばねを挿入し，振動を床に伝えないようにする工夫が必要である．

　計測システムの除振については空気ばねやコイルばねによる除振システムを設置する定盤を高剛性定盤とするとよい．定盤の内部が蜂の巣状の形状をしたハニカム定盤が一般的である．これらを注意深く用いることで，安定した分光測定が行える．

参 考 文 献

6.1 プラズマ・核融合学会編,「プラズマ診断の基礎」第6章, 名古屋大学出版会 (1990).
6.2 物理学辞典編集委員会編,「物理学辞典」, 培風館 (1992).
6.3 工藤恵栄,「分光の基礎と方法」8章, オーム社 (1985).
6.4 日本光学工業株式会社, Nikon モノクロメータ P-250, G-250 使用説明書 (1974).
6.5 藤岡由夫編,「分光学」第1章, §5, 講談社 (1967).
6.6 "M. I. T. Wave Length Tables", The M. I. T. Press (1969).
6.7 R. W. B. Pearse and A. G. Gaydon, "The Identification of Molecular Spectra", Third Edition, Chapman and Hall Ltd. London (1963).
6.8 浜松ホトニクス(株)ホームページ, http://www.hpk.co.jp
6.9 浜松ホトニクス(株), "分光測光システム" カタログ, 1997年10月版.
6.10 漆原, 小野, 堤井, 電気学会誌, **119-A**, 37 (1999).

第7章
プラズマ気相反応を用いた各種応用

§7.1 広がるプラズマ応用

　プラズマは正と負の電荷を持った荷電粒子の集まりであるが，デバイ長よりも大きい体積では，電気的中性を保ちながら，ひとつの安定した物質状態として定常的に存在しうる．また，プラズマを構成する電子とイオンは極めて小さく，かつ電界磁界によって加速，制御できるので，原子，分子レベルでの微細な仕事をすることが可能である．したがって，プラズマの応用は近年ますます広がりを見せてきている．

　プラズマの応用は，プラズマ全体が持つ集団的なエネルギーを熱源として利用するものと，粒子が持つ運動エネルギーを，個々に独立的に工具として利用するものとに大別される．

　熱源的利用のばあいは，プラズマを構成する電子，イオンおよびプラズマ中に混在するラジカルや準安定粒子など各種中性の活性粒子は，単にそれらが持つ運動エネルギーを，衝突によって対象物に与えるという同じ働きしかしない．それに対して，工具的利用のばあいは，電子，イオンおよび中性の活性粒子は，それぞれ異なった働きをし，その役割や働きに応じたエネルギーの与えかたをする．

　プラズマの熱源的利用は，古くから行われている核融合研究や，アークプラズマによる鋼材の溶断，溶接のほか，最近では，**表7-1**で示されるように，瞬時に高温を立上げできる特徴を生かして，**超微粒子の合成**，**プラズマ溶射**，**プラズマ焼結**，**プラズマ冶金**や**プラズマ減容**など，広い分野で活用されている．

表 7-1 プラズマの熱源的利用.

種　類	内　　容
従来の応用	鋼材の溶断，溶接，核融合研究
プラズマ溶射	高融点金属，合金，酸化物系，炭化物系セラミックス溶射膜の生成
微粒子合成	金属化合物，合金，セラミックス材料による 0.1μm 以下の超微粒子の合成
プラズマ焼結	上記超微粒子を 2〜3 分程度で超高速焼結
プラズマ冶金	直接製鉄法，各種合金製造，金属精錬
プラズマ減容	ゴミ，廃棄物および焼却灰の溶融固化，再生利用

表 7-2 プラズマの工具的利用.

種　類	内　　容
光技術	各種光源，気体レーザの励起，プラズマディスプレー
元素分析	各種分光，ICP-AES，ICP-MS による極微量組成分析
薄膜形成	ダイヤモンド，アモルファスシリコンなど各種薄膜の堆積
エッチング	半導体 IC および各種電子デバイスの蝕刻，灰化
表面処理，改質	材料の密着性向上，各種電気的，光学的性質の変化
環境技術	電気集じん機，各種有機，無機系有害物質の分解，無害化処理，オゾンの合成

　一方では，プラズマの工具的利用に関しては，**表 7-2** で示されるように，まずプラズマを応用した光技術があげられる．これには従来からの照明用光源や気体レーザの励起と，最近話題のプラズマディスプレーなどがある．プラズマ粒子の励起による発光を，分光分析することによって，プラズマ中の原子，分子の組成を知ることができるが，**ICP-AES**(誘導結合プラズマ発光分光分析装置)と **ICP-MS**(誘導結合プラズマ質量分析装置)では ppt(ppm のさらに百万分の一)レベルの含有元素の検出が可能である．

　1970 年代に入ると，プラズマは IC のエッチング，薄膜の形成，表面処理，表面改質など，材料プロセスの分野で広く使われるようになった．さらには最

近では，フロンガスやNO_x，SO_xなど大気中有害物質の無害化，都市ゴミや産業廃棄物の分解，焼却灰の減容処理など，環境技術の分野でも，脚光を浴びるようになってきた．

材料工学から環境工学へと，プラズマ応用の範囲は限りなく広がりつつある．これらの応用は，気体レーザの励起や微量元素の組成分析などのように，プラズマの気相反応のみを利用するものと，エッチングや薄膜成長などのように，プラズマの固相反応をも考えなければならないものがある．しかしいずれも，プラズマ気相反応の直接的，または間接的利用であり，最先端技術として，すでに他の書物で詳しく記述されているものが多い．したがって，ここでは最近急速に注目されてきた，比較的新しくかつプラズマ気相反応の利用を主とする環境技術への応用についてのみ，以下の節で述べることにする．

§7.2 環境技術におけるプラズマ応用

環境技術へのプラズマ応用は，歴史が古く，オゾン生成に使われたのはすでに100年以上も前のことである．その後間もなく，1905年頃に，カリフォルニア大学のコットレルによる電気集じん装置の発明があり，当時工場から排出される硫酸ミストなどの公害物質の除去に威力を発揮した．

電気集じん装置は，その後も活躍しつづけているが，環境技術の中で，プラズマが再び注目されてきたのは，最近新しく発生し，重要な問題となっている環境汚染物質の処理に，プラズマが極めて有効な手段になりうることが，認識されてきたからである．

プラズマ環境技術の特徴は，一般には次の2点に要約される．まず，プラズマは高エネルギー粒子によって構成されているので，従来の技術に比べて，コンパクトな装置で，迅速かつ大量に対象物を処理することができる．さらには，プラズマ反応を制御することによって，有害な二次生成物の発生を最小限に抑えることができる．すなわち，プラズマ技術は高効率でかつクリーンな技術であるともいえる．

現在主に応用されている代表的なものには，フロンガスやNO_x，SO_x，VOC

など有害ガスの分解，オゾンの生成，ゴミ，廃棄物の処理や減容などがあげられるが，オゾンの生成以外は，技術的には始まったばかりのものが多い．また，固体や高濃度の気体処理には，高温熱プラズマが用いられ，比較的低濃度の処理には低温非平衡プラズマが用いられている．すでに実用化されているものもあるが，開発途上にあるものも多い．以下それぞれの具体例について説明する．

7.2.1 大気汚染物質の分解と無害化処理

A. フロンガスの分解

フロンガスは塩化フッ素系の有機物で，臭素系のハロンガスとともに，成層圏のオゾン層を破壊することで知られている．これらは，**オゾン層破壊物質**(Ozone Destruction Substance，略して **ODS**)と呼ばれ，地球温暖化への寄与率は約24％で，炭酸ガスの55％に次ぐ大きなものとなっている．

国連環境計画の中に設置されている**ODS破壊技術諮問委員会**(UNEP Ad-hoc Technical Advisory Committee on ODS Destruction Technologies)の調査によると，現在世界中で使用，貯蔵されているフロンとハロンの量はおよそ200万トンとなっている．それに対して，主要各国が持っている有害廃棄物焼却装置の処理容量は全体で約年間250万トンであるが，すでに他の有害物質の処理に使われているので，ODS分解のための余力はこのうちの10％程度と推定される．さらには，既存の設備がODS分解時に発生する腐蝕性ガスに耐えるためには，炉に供給するODS濃度を薄くしなければならないので，処理能力をさらにその1％とすると，結局全世界にある現有装置のODS処理容量はわずか年約2500トンにしかならない．これでは今後回収が見こまれる約10万トンのフロンの処理には到底間に合わないので，早急に対策が必要である．そのために，高効率が期待されるプラズマ法が注目されるようになったのは，自然の成りゆきであると思われる．

わが国では，資源環境技術総合研究所および東京大学，東京電力，日本電子，新日本製鉄，日鉄化工機，日鉄技術情報センターなど，産官学7機関が共同で研究グループを結成し，平成2年7月から本格的な「プラズマによる

§7.2 環境技術におけるプラズマ応用

ODS 分解装置」の開発に取組み，世界で初めて実用規模スケールの特定フロンおよび特定ハロンの分解，無害化に成功し，かつ実証プラントを稼動させている[7.1]．

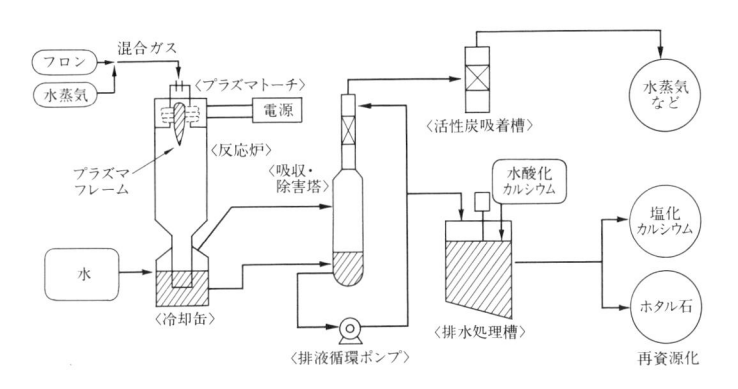

図 7-1 フロン分解システムの概要図[7.1]．

実際に使用した実用的なプラズマによるフロン分解システムを**図 7-1** に示す．プラズマの発生には，比較的大容積が得られる高周波誘導型トーチを用い，直径 61 mm，長さ 200 mm の円筒管に巻きつけたコイルに，周波数約 4 MHz の高周波電力を，最大 182 kW 入力できるようになっている．

あらかじめ配管内で混合されたフロンと水蒸気をプラズマトーチ内に導入すると，熱プラズマによって電離，解離され，以下のような反応で安定したフッ化水素，塩化水素および二酸化炭素になる．すなわち

$$CCl_2F_2 + 2H_2O \longrightarrow CO_2 + 2HF + 2HCl \tag{7.1}$$

これらの高温分解ガスは，猛毒のダイオキシン類を 300°C 付近で再合成しやすいので，下部の冷却缶内で直接水面下に潜らせることで，80°C 程度の温度まで急冷される．その後，次の除害塔内で水と交流接触させて，酸性成分を吸収除去し，一部を抜き出して排水処理槽に導入する．一部の蒸気は，活性炭吸着槽を経て，水蒸気として放出される．

排水処理槽内に導入された廃液は，有害物質であるフッ化物イオンが含まれているため，水酸化カルシウムを添加して，次のような反応で無害化する．す

なわち

$$2HCl + 2HF + 2Ca(OH)_2 \longrightarrow CaCl_2 + CaF_2 + 4H_2O \qquad (7.2)$$

(7.2)式の反応で得られるホタル石(CaF_2)は沈殿分離され，フッ素原料として再利用される．

この装置では，すでに定格出力100 kWで，フロン12(CF_2Cl_2)とハロン1301(CF_3Br)を，それぞれ50 kg/時以上，分解率99.999％の高速高効率で処理することが可能となっている．

焼却法で使っている通常の焼却炉では，大量のフロンを送りこむと，炉の温度が下がって不完全燃焼を起こしたり，発生した高濃度のHClやHFによって炉材を傷めるので，内径1.3 m，長さ10 mの大きさのものでも，フロンの処理量は，15 kg/時程度にしかならない．

それに比べると，プラズマによる処理法は，小型装置で高速の処理ができるほか，さらには次のような利点がある．すなわち，電源スイッチを入れるだけで，瞬時に必要な高温に達するので，焼却炉のように炉全体を高温に保つ必要がなく，装置の自動化や運転の休止，再開などの操作が簡単である．

また，プラズマ法によるフロンの反応相手は水蒸気だけであるので，空気や助燃剤がいらず，排ガス処理装置もコンパクトになり，火災の危険性が少なく安全で大量の処理ができる．

B. NO_x, SO_x のプラズマ処理

自動車エンジンからの排気ガスや，燃焼炉からの燃焼ガス中に含まれる「ノックス(NO_x)」，「ソックス(SO_x)」と呼ばれる窒素酸化物と硫黄酸化物は，光化学スモッグや酸性雨の原因となる重要な大気汚染物質であり，対策が必要である．

これらの汚染物質の回収法として，従来は触媒による「脱硝」とアルカリ水洗浄による「脱硫」法などが使われているが，脱硫と脱硝を別々に行わなければならない，脱硫の過程で生ずる大量の廃水を処理するための大規模施設が必要など，効率やコスト，設備などの面でいろいろと問題が多い．これらの解決法として，近年，装置のコンパクト化，高効率化が期待できるプラズマ法に関

§7.2 環境技術におけるプラズマ応用

心が寄せられている．

　プラズマ法を用いると，NO_x，SO_x が同時に処理できる．現在行われている一般的な反応プロセスの流れを図 7-2 に示す．まず NO_x，SO_x を含んだ排煙，排ガスをプラズマチェンバー内に導入し，アンモニア (NH_3) を添加して，大気圧下での放電を行う．このばあい，被処理対象となる NO_x と SO_x は，大気に比べて低濃度であるので，熱プラズマではなく，第 3 章で述べた各種低温非平衡プラズマが用いられる．

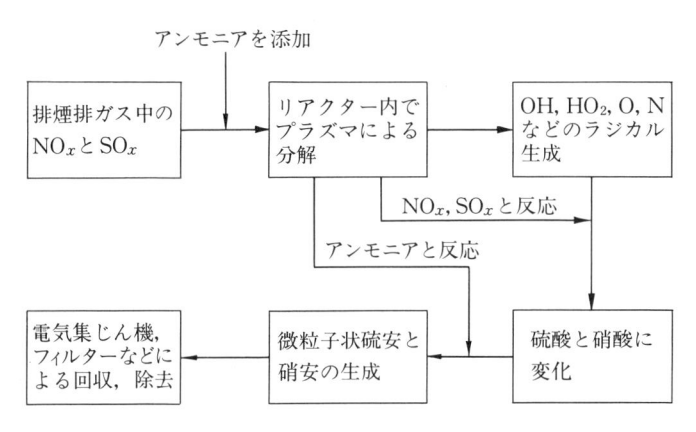

図 7-2　プラズマによる NO_x，SO_x 処理の流れ図．

　放電によって空気および空気中に含まれる水分が，高速電子との衝突で電離，解離，励起され，OH や H，N，O，HO_2 などのラジカルを生成する．これらのラジカルが，NO_x，SO_x と色々複雑な反応を経由して，最終的には硝酸 (HNO_3) と硫酸 (H_2SO_4) に変化するが，その主な反応のいくつかは以下のように示される[7.2]．すなわち

$$\left.\begin{array}{l} NO+OH \longrightarrow HNO_2, \quad HNO_2+O \longrightarrow HNO_3 \\ NO+O \longrightarrow NO_2, \quad NO_2+OH \longrightarrow HNO_3 \end{array}\right\} \quad (7.3)$$

$$\left.\begin{array}{l} SO_2+OH \longrightarrow HSO_3, \quad HSO_3+OH \longrightarrow H_2SO_4 \\ SO_2+O \longrightarrow SO_3, \quad SO_3+H_2O \longrightarrow H_2SO_4 \end{array}\right\} \quad (7.4)$$

(7.3)式と(7.4)式などを経て生成された硫酸と硝酸は，あらかじめ混入されてあるアンモニア(NH_3)とさらに以下のように反応して硝酸アンモニウムNH_4NO_3と硫酸アンモニウム$(NH_4)_2SO_4$になる．すなわち

$$\left. \begin{array}{l} HNO_3 + NH_3 \longrightarrow NH_4NO_3 \\ H_2SO_4 + NH_3 \longrightarrow (NH_4)_2SO_4 \end{array} \right\} \quad (7.5)$$

NH_4NO_3と$(NH_4)_2SO_4$はそれぞれ硝安と硫安と呼ばれるエアロゾル状の物質で，人工肥料として知られている．これらは電気集じん機やフィルターなどによって分離回収され，肥料として再利用できる．

アンモニアの添加は，NO_x，SO_xの分解によって生成された硫酸や硝酸を，微粒子状の硫安や硝安に変えて，分離回収するためのものであるが，アンモニアを添加せずに，水膜などで放電生成物を直接分離回収する方法なども，色々と開発されている[7.3]．

プラズマによるNO_x，SO_xの処理には，大気圧下での低温非平衡プラズマが用いられるので，プラズマに対するエネルギー注入効率が問題になる．一定の投入電力によって，より大きい容積で，より高密度のプラズマが生成できることが好ましいが，そのためには，すでに前述のように，多くの放電形式やその組合せおよび電圧印加法などを工夫した放電リアクターが開発されている．

効率的なエネルギー注入法として，最近では，電子ビーム照射法が注目されている[7.2]．電子ビーム法は，加速器の配置を工夫することによって，比較的広範囲に，かつ均一にビームを照射し，プラズマを生成することができる．有害物質の分解には，プラズマ中の電子のほか，加速入射された電子ビームも直接かかわるので，効率よく行える．

これまでに数10kW出力の電子加速器を用いて，石炭や都市ゴミ燃焼排煙の脱硫，脱硝処理のパイロット試験が行われ，90%以上の脱硫，脱硝率が得られている．また，数ppm程度の比較的低濃度の窒素酸化物が含まれる自動車トンネルの換気ガスに対するパイロット試験でも，窒素酸化物が効率よく，安定して除去されることが確められている．これらの成果をもとに，すでに多くの実用試験のためのパイロットプラントが稼動している[7.4]．

以上述べた多くの装置や方法は，各種触媒の併用などにより，さらに採算性

の向上が可能であり，今後の発展と実用化が期待される．

C. 揮発性有機物質の無害化

半導体産業をはじめとするあらゆる産業分野で，洗浄や塗装工程に使われているトリクロロエチレン($ClCHCCl_2$)や四塩化炭素(CCl_4)などの**揮発性有機物質**(Volatile Organic Compounds，略して**VOC**)は**有機溶剤**また**有機溶媒**と呼ばれ，発ガン性があることから，従来からそれらによる大気や地下水の汚染が問題となっている．

生産現場から大量に発生するVOCのほかに，最近では，建物の建材や内装塗料などから出てくる微量のVOCも，頭痛や疲労感，のどの痛み，涙目，鼻づまりなど，「**シック・ビルディング・シンドローム**(Sick building syndrome)」と呼ばれる症状を引き起こす原因とされている．また，健康とは直接関係はないが，果物倉庫や運搬船，トラックなどでは，果物から出るエチレンなどのVOCが，果物自体の腐敗を促進することなどが知られている．

生活環境の向上を目指して，米国では1990年に空気浄化法の改正があり，連邦レベルや州レベルで，トルエンや塩化メチルを含む数百種のVOCが放出規制の対象になっている．カリフォルニア州では，レストランから排出される極めて低レベルのVOCまでが問題にされている．わが国でも最近ホルモンかく乱物質を含め，VOCに対する関心が高まっており，遅かれ早かれ規制の対象となることが考えられる．

VOC処理技術としては，従来は活性炭による吸着方式，触媒方式，燃焼方式などが用いられているが，一般にVOCは大気中で100から1000 ppm程度と極めて低濃度であるので，どの方式も，消費エネルギーやコスト，メンテナンスなどの面から見て，満足できるものではなかった．

それに対して，プラズマ処理法は，コンパクトな装置で効率よく，かつ低コストで処理できる，触媒方式のようにVOCの種類によって触媒を換えたりしないですむ，メンテナンスが容易である，などの利点が予想される．

低濃度VOCのプラズマ処理は，基本的には前述のNO_x，SO_xの処理と同じ原理で，同じリアクターによる低温非平衡プラズマが用いられる．沿面放電

や無声放電などによって生成されたプラズマ中の高速電子は，VOCを迅速に，かつ効率よく分解する．放電のタイプやリアクター構造にもよるが，大気中1000 ppmのトリクロロエチレンを90％分解するのに必要な投入電力は，被処理ガスがリアクター内部に滞留する時間が1.5秒のばあい，わずか0.5 W程度ですむという実験結果が得られている[7.5]．これは，エネルギーに換算すると，空気1リットルに対し約30ジュールであり，極めて高効率である．

　VOCは日常生活の広い空間に，極めて低濃度で分布しているので，VOCの処理装置は，小型で居室内に設置されるものが多い．このような装置は，**空気清浄化装置**と呼ばれ，従来は活性炭吸着方式や触媒方式が使われていたが，これらにプラズマ分解方式を組合せれば，さらに装置のコンパクト化と高効率化が可能となる．また，放電によって生成されたオゾンは，外部に放出せずに，リアクター内部で脱臭，殺菌の役割をさせることで，一石二鳥の効果が期待できる．

　しかし，VOCのプラズマ処理では，処理対象となるVOCの種類が多種多様である点，前述のNO$_x$，SO$_x$の処理のばあいと大きく異なる．したがって，分解にともなって新たに発生する二次生成物の抑制と制御が必要である．

　プラズマによるVOCの無害化処理の研究は，始まってまだ日が浅い．各種VOCの分解や二次生成物の生成過程などを十分解明し，VOCを選択的かつ効率的に分解，無害化できる技術を確立することが，今後実用化するための重要課題であると思われる．

7.2.2　プラズマによる物質の合成

A.　オゾンの生成と利用

　オゾン（Ozone，化学記号O$_3$）は，特異なにおいを持つ微青色の気体で，融点 -193°C，沸点 -112°C，常温でも自然に分解して酸素原子と分子になるので，酸化力が極めて強い．その強い酸化力による殺菌作用と洗浄作用，漂白作用は多くの分野で利用されているが，特に上下水道の滅菌処理に多く使われている．

　上下水道のオゾン処理は，ヨーロッパでは古くから行われているが，アメリ

§7.2 環境技術におけるプラズマ応用

カと日本では，これまでは塩素処理が主体であった．しかし，大量の塩素使用によるトリハロメタンなどの発ガン性塩素化合物の発生が予想されることから，アメリカ環境保護局（EPA）は1987年，塩素処理を最小限にするために，飲料水処理基準の大幅な改訂を行い，オゾン処理法への転換が行われるようになってきた．

わが国では1974年頃から，下水やし尿処理施設にオゾンが利用されていたが，1990年頃から，上水道をも含めて，オゾン処理法が着実に普及しつつある．上水道に関しては，オゾン処理は，かび対策とトリハロメタンなど有機塩素化合物の低減が主目的であり，活性炭処理と組合せて，効果をあげている．また，現在関心を集めているクリプトスポリジウム原虫の殺菌や環境ホルモンの分解にも有効である．

一方，下水道に関しては，従来の塩素消毒では，残留塩素や有機塩素化合物などの消毒副生成物が，放流水域の生態系や水道水源に悪影響を及ぼすことが懸念されている．オゾン処理法を用いれば，これらの問題が回避されるのみならず，水環境保全のための脱色，消毒，有機物分解などの効果も期待できる[7.6]．

このように，環境技術の分野でも，オゾンの利用範囲は広がる一方であるので，大量のオゾンを効率的に発生させることが，ますます必要となってきている．オゾンは常温で分解するので，保存ができず，使用時に発生させるしかない．オゾンの発生法としては，消毒用のオゾン水を作る「水電解法」があるが，これは用途に限りがあり，また大量発生に向かない．現在，実用的なオゾンの合成には，ほとんどが酸素プラズマ法を用いている．

これは，大気圧下にある空気または純酸素ガスを用い，放電による低温非平衡プラズマを生成し，プラズマ中の粒子反応を利用してオゾンを合成するものであるが，主な反応過程としては次のものが考えられている．すなわち

$$\left. \begin{array}{l} O_2 + e \longrightarrow 2O + e \\ O + O_2 + O_2 \longrightarrow O_3 + O_2 \end{array} \right\} \quad (7.6)$$

実際の反応過程はほかにも色々あって，まだ十分解明されていない．また，添加ガスなどがあるばあいには，さらに複雑になる．

実用的なオゾン発生装置はオゾナイザーと呼ばれ,ほとんどが第3章で述べた無声放電を利用したものであるが,古くからある二重管方式の「ジーメンスタイプオゾナイザー」が有名である.

最近では,オゾンの収率を向上させるために,沿面放電などを組合せたものも研究されている.純酸素を原料とする工業用大型オゾナイザーでは,すでに毎時60kg以上のオゾンを発生する大容量のものが開発されている.

空気を原料とするオゾナイザーのオゾン発生効率は,純酸素の約半分にすぎないが,原料の供給が便利であることから広く普及し,実用装置の大部分を占めている.空気オゾナイザーのばあい,六フッ化硫黄(SF_6)などの不活性ガスを添加することによって,オゾンの発生量を約30%向上させるなどの工夫が行われている.現在,空気を原料とするオゾナイザーには,工業用大型装置で毎時30kgのものから,室内用小型装置で毎時10g程度までのものが市販されており,用途に応じた多くの分野で活躍している.

オゾンのプラズマ合成は,環境技術における最も古い応用であり,ほぼ完成された技術でもある.オゾン発生法の詳細については,すでに多くの文献や書物があるので[7.7],それらを参考にしていただくことにし,本書では割愛する.

B. その他の応用

プラズマは高速電子によって,原子分子のレベルで効率よく物質を分解し,分解生成物によって新たな物質を合成することができるので,環境技術の分野でも,不用となった廃棄物を分解処理して,資源物質として回収再利用することが考えられる.

廃棄プラスチックの一種である熱硬化性不飽和ポリエステル樹脂を,高周波放電水素プラズマ中で分解処理した結果,メタノール,エタノール,アセトンなど13種類の生成物が合成された実験などが報告されている[7.8].

このようなプラズマ合成による廃棄物の処理と再資源化は,他にも色々と試みられている.技術的にはまだ始まったばかりであるが,環境技術の中におけるプラズマ応用のひとつの方向として,今後の発展が期待される.

7.2.3 ゴミ，廃棄物の処理とプラズマ減容

A. ゴミ，廃棄物のプラズマ処理

わが国における産業廃棄物や都市ゴミの年間総排出量は，平成5年度厚生省統計で約5000万トンに達し，その大部分が減容の後，埋立て処分されている．減容の方法としては，加熱による焼却または直接溶融などがほとんであるが，焼却炉のばあい，発生する排煙，排ガスの処理のほか，難燃性および不燃性物質の対策が必要である．また，燃焼した後に残る焼却灰の量もぼう大で，再処理が必要である．

燃焼方式に対して，近年登場してきた熱プラズマ方式は，瞬時に数千から数万度の高温を立上げできることから，注目されている．熱プラズマによる減容処理は，超高温雰囲気の中で，重金属類などを含め，難燃物，不燃物を高速で一括処理できる，コンパクトな装置で，施設規模に応じたプラズマトーチの出力，基数，配置などの選択や調整ができる，操作が容易である，などの利点を持っている．

現状ではコストなどの理由から，通常のゴミ類は依然として燃焼処理に頼らざるを得ないが，プラズマ処理は特殊なゴミ類，例えば医療器具や医療現場からの排出物，原子力発電所や核燃料施設からの低レベル放射性廃棄物の処理などに使われている．

原子力発電所から発生するコンクリート，保温材などの低レベル放射性を帯びた無機物，金属類の処理は，圧縮，切断，溶融した後，200 l ドラム缶にモルタルで充塡固化する方法がとられている．それらの溶融手段として，熱プラズマが用いられている．比較的熱効率がよい移行型プラズマトーチを用いた**回転炉床式プラズマ溶融炉**(Plasma Arc Centrifugal Treatment Process，略してPACT)による処理装置が，すでに実用化されつつある[7.9],[7.10]．

B. 熱プラズマによる焼却灰の減容処理

超高温を特徴とする熱プラズマは，難燃物，不燃物で構成される焼却灰の減容，再処理には特に有効である．現在わが国では，最終的に埋立て処分される

焼却炉から出てくる焼却灰は，年間約600万トンにも達する．狭い国土では，埋立て処分場の確保が容易ではなく，また，焼却灰中には，有害な重金属類やダイオキシン類が含まれており，最終処分場における二次公害防止対策なども，新たな問題となってきている．

したがって，熱プラズマを用いて，焼却灰を溶融固化し，容積をさらに低減するとともに無害化する方法が，注目されている．この方法によって得られる溶融スラグは，土木，建築材料として再利用することも可能である．

焼却灰のプラズマ減容処理装置は，すでに実用機が開発され，稼動しているが，その処理システムの概要を図7-3に示す[7.11]．プラズマの発生には移行型プラズマトーチを用い，上部のトーチと下部の炉底電極間に直流電圧を印加し，プラズマを炉内に噴出させる．

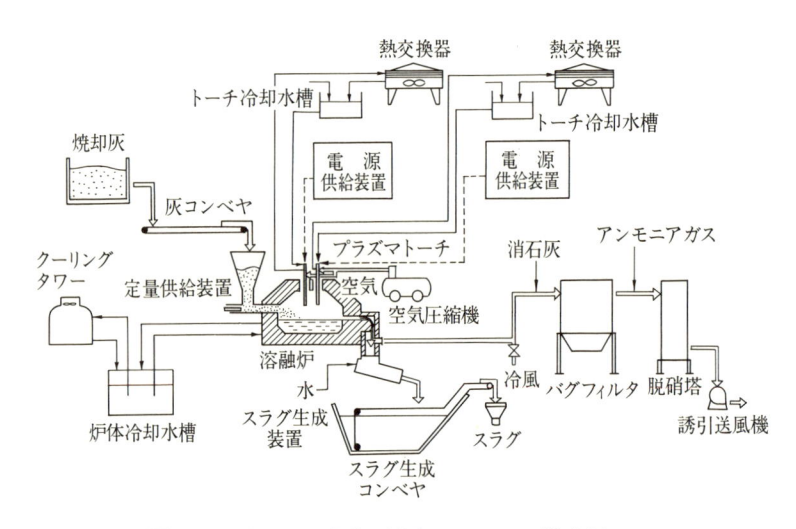

図7-3 プラズマ溶融，減容システムの構成図[7.11]．

焼却灰はコンベヤに乗って，供給装置から連続かつ定量的に炉内に注入され，高温プラズマ流によって溶融減量された後，水を添加して，スラグ生成装置に排出される．一部の残留ガスは，消石灰とアンモニアガスによる処理の後，脱硝塔を経て放出される．

実際の減容処理では，焼却灰の容積は約 1/2 に減容され，その中身はおおよそ 86.4% のスラグ，5.7% の溶融金属，3% の排ガスおよび 4.9% のダストとなっている．

スラグの組成は，元の焼却灰とほぼ同じで，SiO_2，Al_2O_3，CaO などが主成分で，微量の Zn，Cd，Pb などの有害重金属をも含有しているが，溶出試験から無害となる基準値以下であり，埋立て処分のみならず建材としての有効利用も可能である．また溶融金属の主成分は鉄と銅であるが，特に銅は 20〜30% の高品位で，銅精錬原料としてリサイクルできる．さらには，焼却灰中に含まれていたごく微量のダイオキシン類有害ガスも，プラズマ溶融により，ほぼ完全に分解，無害化されていることが確められている．

以上述べてきた環境技術におけるプラズマ応用は，すでに多種多様な分野にわたっているが，今後さらにその範囲の拡大が予想される．プラズマ処理は，コンパクトな装置で高速かつ高効率の処理が行える，有害な二次生成物の発生が抑えられる，などの利点を持つため，極めて有用な技術として期待される．

しかし，プラズマ環境技術は，始まってからまだ日が浅いこともあって，一部のすでに実用化されているものを除いて，多くは研究開発の途上にある．

今後，プラズマ技術を環境処理の分野で，十分普及させるには，生産性の向上によるコストの低減が必要である．すなわち，採算がとれるようにしなければならない．そのためには，エネルギー注入効率のよい放電形式と放電装置の開発，無駄のない処理システムの構成，さらにはプラズマ反応過程の解明によるプロセスの効率化など，解決すべき問題が多くある．

これらの問題を乗り越えて，クリーンな技術であるプラズマが，環境処理技術の主役となる日は，決して遠くないものと期待される．

参 考 文 献

7.1 植松, 竹内, 水野, 環境管理, **31**, 33 (1995).
7.2 徳永興公, 静電気学会誌, **19**, 296 (1995).
7.3 水野 彰, 静電気学会誌, **19**, 289 (1995).
7.4 橋本昭司, 電気学会誌, **119**, 278 (1999).
7.5 小田哲治, 電気学会誌, **119**, 268 (1999).
7.6 本多, 広辻, 電気学会誌, **119**, 281 (1999).
7.7 日本学術振興会プラズマ材料科学第153委員会編, 「プラズマ材料科学ハンドブック」, オーム社 (1992).
7.8 下瀬久晴, 近畿大学大学院工業技術研究科物質化学専攻修士論文 (1998).
7.9 赤川吉寛, プラズマ核融合学会誌, **73**, 946 (1997).
7.10 辻 行人, プラズマ核融合学会誌, **73**, 949 (1997).
7.11 竹中伸也, 電気学会誌, **119**, 285 (1999).

索　引

あ
アーク放電 …………………………… 78
ICP ……………………………………… 71
ICP-AES …………………………… 224
ICP-MS ……………………………… 224
Einsteinの関係式 …………………… 13
温かいプラズマ効果 ………………… 98
アフタグロープラズマ ……………… 60

い
ECR …………………………………… 71
ECRプラズマ ………………………… 88
イオン-原子交換 ……………………… 31
イオンスパッタリング ……………… 87
移行型プラズマトーチ ……………… 116
一次反応 …………………………… 37, 53
移動度 ………………………………… 10

え
HWP …………………………………… 71
エッチング …………………………… 70
沿面放電 …………………………… 85, 107

お
ODS ………………………………… 226
ODS破壊技術諮問委員会 ………… 226
オゾン層破壊物質 ………………… 226

か
CARS法 …………………………… 157
回転準位 ……………………………… 20
回転励起 ……………………………… 20
回転炉床式プラズマ溶融炉 ……… 235

か
解離 ……………………………… 20, 21
解離再結合 …………………………… 25
解離性電子付着 ……………………… 73
解離性光離脱 ………………………… 30
解離付着 …………………………… 29, 45
拡散 …………………………………… 8
拡散係数 ……………………………… 9
可視色素レーザ吸収法 …………… 158
荷電分離 ……………………………… 13
可変波長半導体レーザ …………… 162
完全電離 ……………………………… 78

き
気相反応 ……………………………… 1
基底状態 …………………………… 20, 124
揮発性有機物質 …………………… 231
吸収係数 …………………………… 126
吸収測定法 ………………………… 129
協合離脱 …………………………… 30, 47
共振器内レーザ吸収法 …………… 166
強制伸長型プラズマトーチ ……… 117
共鳴イオン化分光法 ……………… 187

く
空気清浄化装置 …………………… 232
駆動 …………………………………… 10
駆動速度 ……………………………… 10
クラスタリング反応 ………………… 31
グローコロナ …………………… 105, 109
グロー放電 …………………………… 77

け
現代陽光柱理論 ……………………… 42

こ

- 高温熱プラズマ ……………………… 3
- 高周波誘導型プラズマトーチ …… 117
- 固相反応 ……………………………… 1
- コヒーレントアンチストークスラマン
  分光法 ………………………… 129, 150
- コロナ …………………………… 85, 105
- コロナ放電 ………………………… 85

さ

- 再加熱効果 ………………………… 64
- サイクロトロン運動 …………… 82, 89
- サイクロトロン角周波数 ………… 83
- 再結合 ……………………………… 25
- 最適気圧 …………………………… 80
- 三体再結合 ………………………… 27
- 三体衝突付着 ……………………… 45
- 三体付着 …………………………… 29

し

- ジーメンスタイプオゾナイザー … 107
- 磁気中性線放電プラズマ ………… 103
- 磁気中性点 ………………………… 102
- 自己吸収法 …………………… 129, 157
- 自乗平均速度 ……………………… 6
- 自然放射 ……………………… 124, 129
- 自然放射係数 …………………… 125
- 自然放出 …………………………… 124
- シック・ビルディング・シンドローム
  …………………………………… 231
- 弱電離プラズマ …………………… 77
- ジャンプ …………………………… 97
- 自由行程 …………………………… 4
- 縮退度 ……………………………… 127
- 準安定粒子 …………………… 20, 66
- 衝突解離 …………………………… 73
- 衝突周波数 ………………………… 6
- 衝突電離係数 ……………………… 80
- 衝突の確率 ………………………… 6
- 衝突頻度 ………………… 6, 79, 82, 83
- 衝突付着 …………………………… 29
- 衝突離脱 …………………………… 30
- 衝突励起 ………………………… 124
- 衝突励起断面積 ………………… 129
- 振動準位 ……………………… 20, 137
- 振動励起 …………………………… 20

す

- スイッチング反応 ………………… 31
- スーパマグネトロンプラズマ発生装置
  …………………………………… 87
- ストリーマ ………………………… 85
- ストリーマコロナ ……………… 105
- スロットアンテナ方式 …………… 90

せ

- 静電プローブ法 ………………… 122
- 赤外半導体レーザ吸収法 ……… 158
- 遷移 ……………………………… 123
- 線スペクトル ……………………… 23

そ

- 速度方程式 …………………… 125, 130
- 損失係数 …………………………… 8
- 損失反応 ……………………… 37, 54

た

- 堆積 ………………………………… 70
- 弾性衝突 ………………………… 2, 3
- 弾性衝突の断面積 ………………… 4

ち

窒素イオンの第1負帯 ……………23, 64
窒素の第1正帯 ………………23, 64
窒素の第2正帯 ……………………23
窒素分子の第2正帯 ………………133
超微粒子 …………………………223
直接電離……………………………19

て

低圧 ICP………………………………96
低温弱電離プラズマ ………………2
低温非平衡プラズマ………2, 77, 144
デューティーサイクル………………61
電荷交換……………………………31
電荷交換再結合……………………27
電荷交換反応………………………45
電子サイクロトロン共鳴……………84
電子サイクロトロン波………………89
電子親和力…………………………28
電子的状態……………………20, 131
電離エネルギー……………………18
電離確率 ………………………19, 79
電離周波数…………………………19
電離断面積…………………………18
電離頻度……………………………19

と

導電率………………………………15
ドリフト………………………………10

に

二次反応 ………………………37, 53
二重電子再結合……………………25
二重電子付着………………………30
二体再結合…………………………25
ニューマグネトロンプラズマ………87

ね

熱電離…………………………77, 78
熱プラズマ………………3, 78, 114
熱平衡プラズマ……………………78

は

ハイブリッド型プラズマトーチ …117
発光遷移……………………………22
発光分光法………………………123
パッシェンの法則…………………80
バリア放電………………………106
反転分布状態……………………126
バンドスペクトル……………………23
反応係数……………………………19
反応速度係数………………………19
反応速度定数………………………18

ひ

PIG 放電 ……………………………87
非移行型プラズマトーチ ………115
光吸収分光法 …………………123, 129
光吸収(法) ……………………124, 157
光電離………………………………77
光離脱………………………………30
非弾性衝突 …………………………2
非発光遷移…………………………22
火花電圧……………………………80
非平衡プラズマ……………77, 114
表皮効果……………………………98
表皮効果の深さ……………………98
表面波………………………………99
表面波励起プラズマ ……………95, 99
ピンクアフタグロー…………………64

ふ

VOC…………………………………231

負イオン-正イオン再結合 …………25
輻射励起 ………………………124
付着………………………………28
付着反応…………………………72
部分放電……………………85, 105
プラズマ化学 ……………………2
プラズマ減容 …………………223
プラズマCVD …………………61
プラズマ焼結 …………………223
プラズマトーチ ………………115
プラズマパラメータ………35, 121
プラズマ物理 ……………………2
プラズマ冶金 …………………223
プラズマ溶射 …………………223
フランク-コンドン係数 ………24
フランク-コンドンの原理 ……23
フローイングアフタグロープラズマ62
分光法 …………………………122

へ

平均自由行程……………………4, 79
平均自由時間 ……………………6
ヘリコン波 ………………………92
ヘリコン波プラズマ ……………88
ペレット充塡式放電 …………109

ほ

放射再結合 ………………………25
放射性付着 ………………………29
放電最適気圧領域 ………………81
放電電離 ……………………77, 78
ポテンシャル曲線 ………………20
ホローカソード効果 ……………55

ま

マイクロ波法 …………………122

マグネトロン発振器 ……………87
マグネトロンプラズマ …………86
マルチスロットアンテナ ………90

む

無声放電……………………85, 106

も

モードジャンプ …………………93

ゆ

UHF帯 …………………………91
有機溶剤 ………………………231
有機溶媒 ………………………231
誘導結合プラズマ ………………95
誘導放射 ………………………124
誘導放射係数 …………………126
誘導放出 ………………………124

よ

予備電離 …………………………84

ら

ラーマ半径 ………………………82
ラジカル ………………………157

り

リジターノコイル ………………90
離脱 ………………………………28
離脱反応 …………………………72
粒子束 ……………………………8
両極性拡散 …………………10, 13
両極性拡散係数 …………………13

る

累積電離 ……………………20, 61

ルウイス-レイリー・アフタグロー 64

れ
励起……………………19, 124

レーザイオン化分光法 ……………187
レーザ吸収法 …………………………158
レーザ誘起蛍光法 ………129, 158, 170

著者略歴
堤井　信力（ていい　しんりき）
1960年　東京大学理学部物理学科卒　理学士
1965年　同大学院電気工学博士課程修了　工学博士
1965年　武蔵工業大学講師，1966年　助教授を経て
1974年　武蔵工業大学教授(電気電子工学科)，現在に至る．
　　　　1966年から1968年にかけて，カナダ ヨーク大学付属宇宙科学実験研究センター研究員，専攻はプラズマ工学，プラズマプローブ計測．電気学会プラズマ研究専門委員会幹事，委員長，応用物理学会プラズマエレクトロニックス研究会代表幹事など歴任．

著　書　電磁波の基礎(内田老鶴圃)　プラズマ基礎工学 増補版(内田老鶴圃)
　　　　初等電気磁気学(内田老鶴圃)
　　　　現代のプラズマ工学(講談社ブルーバックス)　静電気のABC(講談社ブルーバックス)

小野　茂（おの　しげる）
1973年　武蔵工業大学電気工学科卒　工学士
1975年　同大学院電気工学専攻修士課程修了　工学修士
1985年　学位取得(東京工業大学)　工学博士
1975年　武蔵工業大学電気工学科助手，その後講師，助教授を経て
1997年　武蔵工業大学教授(電気電子工学科)，現在に至る．
　　　　1980年 カナダ ヨーク大学付属宇宙科学実験研究センター客員研究員．1987年から1988年にかけて，ポーランド ワルシャワ工科大学およびカナダ マクマスター大学客員研究員．専攻はプラズマ工学，気体レーザ，分光計測．
　　　　電気学会プラズマ技術委員会幹事，応用物理学会プラズマエレクトロニクス研究会幹事，電気学会誌編集委員，日本物理学会放電分科世話人などを歴任．
　　　　プラズマの分光測定に関する論文多数

2000年4月28日　第1版発行

プラズマ気相反応工学

著　者　堤　井　信　力
　　　　小　野　　　茂
発行者　内　田　　　悟
印刷者　山　岡　景　仁

著者の了解により検印を省略いたします

発行所　株式会社　内田老鶴圃　〒112-0012 東京都文京区大塚3丁目34番3号
　　　　電話　03(3945)6781(代)／FAX　03(3945)6782
　　　　　　　　　　印刷/三美印刷K.K.・製本/榎本製本K.K.

Published by UCHIDA ROKAKUHO PUBLISHING CO., LTD.
3-34-3 Otsuka, Bunkyo-ku, Tokyo, 112-0012 Japan

U. R. No. 501-1

ISBN 4-7536-5047-2 C3055

プラズマの基礎事項を図と実例でわかりやすく示す.

プラズマ基礎工学　増補版

堤井　信力　著
A5判・296頁・本体3800円

[内容主目]
第1章　序論-プラズマの基礎量　プラズマの温度と密度　デバイ長とプラズマ角周波数他　第2章　プラズマの生成　序論-電離の方法とプラズマの生成　放電によるプラズマの生成他　第3章　プラズマの診断1——プローブ法　序論-プラズマ診断の意味と診断法の分類　ラングミュアプローブ　連続媒質プラズマ中におけるプローブ測定　ダブルプローブ法　トリプルプローブ法他　第4章　プラズマの診断2——マイクロ波法　序論-プラズマ中における電磁波の伝播　自由空間透過法によるプラズマの測定他　第5章　プラズマの診断3——光計測法　光学的方法によるプラズマの測定　干渉法による密度の測定他　第6章　実用プラズマの諸特性　プラズマの応用-気体レーザとプラズマプロセッシング　炭酸ガスレーザのためのCO_2混合ガスプラズマ　PCVDのためのシラン混合ガスプラズマ

初等電気磁気学

堤井信力　著
A5判・216頁・本体2500円

第1章　静電気現象　第2章　誘電体と導体　第3章　電流　第4章　電流による磁界　第5章　磁気現象と磁性体　第6章　電磁誘導現象　第7章　電磁波　練習問題の解　付録

電磁波の基礎

堤井信力　著
A5判・196頁・本体2000円

序論-マクスウエルの方程式と電磁気現象／自由空間における電磁波の基本性質／境界における電磁波の振舞／導波管および空胴共振器／電磁輻射とアンテナ／電磁波の発生／光導波路と光共振器／付録—ベクトル解析

イオンビームによる物質分析・物質改質

藤本文範・小牧研一郎　共編
A5判・360頁・本体6800円

1　イオンビーム物質分析　RBS／ERD／NRD／PIXE／ISS／SIMS／AMS　2　イオンビーム物質改質　イオン注入技術／イオン注入による表層改質／イオンビームデポジション／クラスターイオンビーム技術／ダイナミックミキシング／イオンビーム加工